MATERIALS & ENGINEERING

자동차 재료공학

김순경 김운회
박재우 이진우

진샘미디어
SAEM

PREFACE

급속한 문명의 발달과 더불어 산업구조도 첨단화되고 있다. 산업의 변화가 빠르게 이루어지면서 기계장치와 더불어 자동차도 무한 경쟁의 시대를 맞이하게 되었다. 수요자의 요구에 따라 새로운 모델의 자동차를 개발하기 위해 디자인에서부터 재료개발에 이르기까지 국경을 초월하여 많은 노력을 하고 있다. 이렇게 빠르게 발달하고 있는 고도의 기계문명은 여러 가지 요인이 있겠지만 재료의 발달을 빼 놓을 수 없다. 오늘날 높은 문명의 발달은 첨단재료의 뒷받침이 없이는 불가능했을 것이다.

특히 기계구조물의 하나인 자동차는 문명의 발달과 더불어 대중교통의 수단으로서 생활의 중요한 기반을 차지하고 있다. 자동차의 구성 재료도 여러 가지 사회적 요구를 반영하면서 진화되어 왔다. 21세기 자동차산업에 다가올 커다란 변화는 인공지능 기술과 재료분야가 될 것으로 보고 있다. 따라서 기계부품과 마찬가지로 자동차 재료는 매우 중요한 연구 대상이 되고 있다.

자동차를 비롯한 기계 산업에서는 지속적인 재료 개발과 효율적인 제품생산을 할 수 있는 많은 중견 기술자의 양성이 필요하다. 따라서 현장의 기술자나 대학생들에 대한 전문적인 지식을 제공하여 새로운 재료를 개발하고 적용 할 수 있는 관련 전문교재의 개발이 필요하다.

이 교재는 공과계열의 자동차와 기계공학을 공부하는 학생은 물론 관련 산업의 현장에서도 재료의 기본적인 교육 할 수 있도록 기초적인 이론과 원리를 중심으로 그림과 표를 많이 사용하였다. 자동차와 기계재료에 가장 많이 사용되는 금속 재료의 기초적 이론에 대해 이해하기 쉽게 했다. 각론에서는 자동차의 발전과정을 간략하게 살펴보고 금속재료의 기초적인 이론에 대해 살펴보았다. 그리고 자동차용 강판의 제조공정과 특성을 살펴보고 자동차 부품별 주요 재료의 특성을 금속별로 비교하여 쉽게 접근 할 수 있게 하였다. 그 밖에도 자동차에 사용되는 비철금속 재료와 비금속 재료 등에 대해서도 실제 자동차에 적용되는 부품을 중심으로 나타냈다.

이상과 같이 자동차 재료를 중심으로 기초적인 이론과 실용적인 내용을 중심으로 구성하였다. 따라서 자동차공학과뿐만 아니라 기계계열 관련학과에서도 사용할 수 있도록 하였고, 현장 기술자가 필요로 하는 전문적인 내용도 다수 포함되어 있다.

이 교재는 아직도 미비한 점이 많이 있으므로 지속적으로 보완하여 좋은 교재가 될 수 있도록 여러분의 아낌없는 지도 편달을 기대하면서, 이 책의 출간을 위해 협조를 아끼지 않은 진샘미디어 출판사 여러분께 감사드립니다.

2016년 2월

저자 씀

CONTENTS

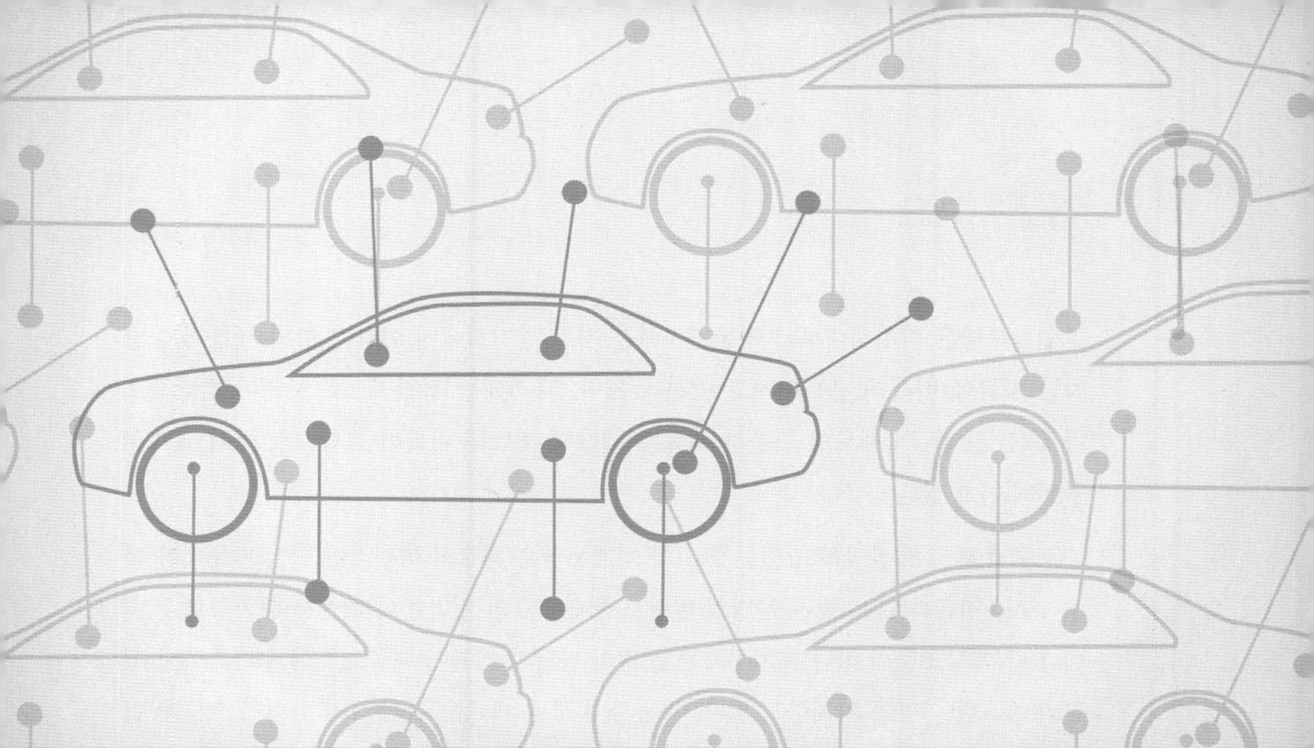

CHAPTER 1

자동차 · 기계 재료

1.1 개요

인류문명은 석기시대부터 청동기시대를 거쳐 철기시대에 이르기 까지 새롭게 등장하는 재료에 따라 구분되어지고 발전해 왔다. 과거에는 점진적으로 문명이 발달했으나, 지금은 비금속재료인 고분자 재료나 세라믹 재료를 비롯해 복합재료 등이 급속히 발전해 가고 있다.

오늘날 빠르게 발달하고 있는 고도의 기계문명은 재료의 혁신적인 발달 때문이라 볼 수 있다. 지금과 같은 높은 문명의 발달도 첨단재료의 뒷받침이 없이는 불가능했을 것이다. 기계구조물의 하나인 자동차는 문명의 발달과 더불어 대중교통의 수단으로서 생활의 중요한 기반을 차지하고 있다. 자동차의 구성 재료는 여러 가지 사회적 요구를 반영하면서 진화되어 왔다.

21세기 자동차산업에 다가올 커다란 변화는 인공지능 기술과 소재분야가 될 것으로 보고 있다. 이러한 소재는 자동차 산업의 새로운 변화를 가져오는데 가장 큰 인자가 될 것이다. 따라서 기계부품과 마찬가지로 자동차 재료는 매우 중요한 연구 대상이 되고 있다.

본 장에서는 자동차의 발전과정을 연대별로 구분하여 개략적으로 살펴보고 자동차와 재료의 변천과정을 나타냈다.

1.2 자동차의 발전과 재료

1.2.1 자동차의 발전

자동차의 가능성은 15세기경 레오나르도 다빈치에 의해 태엽의 힘으로 바퀴를 돌리는 3륜차가 창안되었고, 1599년 네덜란드 헤이그에서 물리학자 시몬 스테핀이 풍력을 이용한 4륜차를 만들었다. 그리고 1650년 독일의 시계 기술자인 한스하우트가 태엽으

그림 1.1 뉴턴의 증기차(1680)

그림 1.2 벤츠의 3륜 자동차(1885)

로 가는 차를 만들었고, 영국의 물리학자 뉴턴이 증기차를 구상하였다. 뉴턴의 지주차(그림 1.1)는 뉴턴이 증기력을 원동력에 이용하려고 시도하는 과정에서 탄생한 자동차였으나, 모형실험에 그쳐 실제 운행 되지는 못하였다. 벤츠의 3륜 자동차(그림 1.2)는 수평 단기통에 고압 전기장치와 표면 기화기가 부착된 4사이클 엔진을 개발, 1885년 이 엔진을 장착한 3륜 자동차를 완성해 시험 운행하였다. 또한 1886년 특허를 취득하게 되었다.

그 당시 내연기관의 원리를 생각해 낸 네덜란드의 물리학자 호이겐스는 실린더 내에서 화약을 폭발시켜 피스톤을 움직이게 하는 소위 화약기관을 발표하기도 했다. 1827년 프랑스의 발명가 옹시뽀르 빼꿰르는 자동차가 커브를 돌 때 안쪽과 바깥바퀴의 회전수가 다르다는 것을 알아냈다. 1829년 영국인 W · H 제임스가 마차에 보일러를 실은 증기자동차를 만들어 도심을 활보했으며 3년 뒤 속력에 있어 중요한 3단 변속기어도 고안해 냈다.

프랑스 로렌지방 출신의 병기 제작자 니콜라스 죠셉 퀴노의 증기차는 1769년에 만든 1호차가 만족스럽지 못해 재차 만든 2호차가 최초의 증기 자동차(그림 1.3)였다. 4명을 태우고 시속 3.5km를 달림으로서 천연현상이 아닌 인위적인 동력으로 움직이는 세계 최초의 자동차이다.

최초의 메르세데스(그림 1.4)는 1901년 다임러가 설계한 강판 프레임과 서스펜션, 라디에이터, 핸들을 갖추고 있는 진정한 의미에서 현대 자동차의 기본형을 확립한 차라그 할 수 있다.

그림 1.3 퀴노의 증기차(1771)

그림 1.4 메르세데스(1901)

그림 1.5 포드의 T모델 (1908)

그림 1.6 닷지 승용차(1919)

포드사는 T모델(그림 1.5)을 시작으로 1914년부터 자동차 본격 양산체제에 돌입하여 자동차 대중 보급화의 단계로 접어들었다. 1931에 설립된 닷지는 화려한 색깔에 3,500cc, 최고속도 80km의 "닷지1호(그림 1.6)"를 내놓았다. 이 시기부터 자동차의 모델경쟁이 시작되었으며 이 같은 경향은 현재까지도 보편화되었다.

1939년 2차 세계대전의 발발로 세계 자동차 산업은 정체되었고, 군수용으로만 그 명맥을 유지하였다. 전쟁이 끝나 다시 부흥기에 접어들면서 눈부신 발전을 하게 되어 지프(jeep: 그림 1.7)형 차의 생산도 가속화 되었다. 폴크스바겐(그림 1.8)은 정권을 잡은 히틀러가 포르쉐 박사에게 지시하여 탄생시킨 독일 최초의 국민차로 1940년대 말부터 20세기 후반까지 세계 최고의 베스트셀러 자동차가 되었다.

크라이슬러의 임페리얼(그림 1.9)이 개발된 1950년대에 접어들어 미국에서는 메이커마다 대형, 고마력 모델을 경쟁적으로 내놓았다. 이 같은 경향은 "BIG3"의 경영철학을 낳게 되었다. 닷산(그림 1.10)을 개발한 일본의 닛산은 세계 자동차 시장에 무서운 강자로 등장하였고, 소형 상용차와 일반 승용차 간에 공동부품을 사용해 경제성을 높였다.

그림 1.7 지프(1940)

그림 1.8 폴크스바겐(1932)

그림 1.9 크라이슬러 임페리얼(1950)

그림 1.10 닛산의 닷산(1963)

1.2.2 자동차의 재료

현재 자동차와 가장 유사한 최초의 자동차는 1769년 퀴뇨 대위가 제작한 3륜의 대포 견인차이다. 이 증기기관은 증기를 발생시키는 부분과 정밀 가공한2개의 실린더, 피스톤, 커넥팅 로드와 크랭크로 구성되었다.

19세기 초에는 수많은 증기구동 방식의 차가 만들어졌으며, 내연기관에 관한 많은 연구가 활발하게 이루어졌다. 내연기관을 사용하는 현재 자동차의 원형은 1885년 독일의 G. 다임러에 의해 개발된 가솔린 기관 이륜차와 C. 벤츠에 의해 제작된 가솔린 기관 삼륜차라고 말할 수 있다. 19세기말부터 20세기 초에는 포괄적이고 광범위한 의미의 차가 개발되어 선을 보인 시대였으며, 자동차 경주의 인기도 높아서 기술적으로도 오늘날과 같은 자동차를 형성하는 다양한 기술이 개발되었다.

특히 알루미늄 소재가 미션 케이스(그림 1.11) 등과 같은 주요부품의 재료로 사용되고, 공기 주입방식의 타이어가 처음으로 도입되면서 현재의 자동차가 탄생할 수 있었다. 따라서 이 시기를 기술개발 시대라고 할 수 있다.

1908년 미국의 H. 포드는 T형 후드를 개발하였으며, 이 차는 컨베이어를 이용한 생산 시스템을 도입하여 보다 값이 저렴한 자동차의 양산화에 성공하였고, 이후 18년에 걸쳐 약 1500만 대가 제조 판매되었다. 미국의 총기산업과 자전거 산업에서 도입한 부품의 규격화와 표준화를 바탕으로 생산효율을 높였다. 그리고 대량 생산방식을 자동차에 도입하였을 뿐만 아니라, 조립공정에서도 이동식 조립방법을 적용하여 체계화된 대량생산 방식을 확립하였고, 생산효율의 향상을 바탕으로 원가도 대폭적으로 감소시켰다.

재료 측면에서는 바나듐강의 개발이 큰 몫을 담당하였으며, 이러한 성과에 힘입어 자동차의 공업화와 대중화가 시작되었다. 포드 자동차는 견고하고 고장이 없으며 운전이 쉽고 불필요한 장식을 줄인 기능중심의 저렴한 가격으로 인해 많은 대중의 지지를 얻어 대중화를 촉진시켰다.

한편, 전쟁 중에는 자동차가 무기나 부상병의 후송과 병력을 이동시키는 수단이었다. 언제, 어디서라도 빠르고 자유롭게 운송할 수 있는 수단으로써 유효성을 유감없이 발휘하여, 자동차의 실용적 가치가 인식되는 계기가 되었다. 자동차의 공업화와 대중화가 가속되어 자동차의 실용화 시대로 접어들게 되었다. 표 1.1에는 자동차 생산대수의 추이를 나타냈다.

그림 1.11 알루미늄 미션 케이스

표 1.1 자동차 생산대수의 추이

시대	기술개발	양산화	실용화	산업화	마찰연구	환경 친화
기간	1900~1910	1911~1935	1936~1955	1956~1970	1971~1980	1981~현재
생산 대수 (천대/년)	10 이하	8,000	15,000	30,000	40,000	50,000

1919년에 합성수지가 절연 재료로 처음 사용되었다. 공업 분야의 급속한 발전으로 1920년대 후반에는 박판용 냉간 압연기에 의한 얇은 강판의 양산과 프레스에 의한 차체 가공기술의 발달로 철판으로만 구성된 지붕을 장착한 세단차(그림 1.12) 등의 밀폐 공간을 확보한 자동차의 등장과 함께 성능도 급속하게 향상되었다.

이러한 변화를 바탕으로 마케팅 전략에 기초를 둔 많은 모델을 라인에서 생산하였던 GM이 포드를 추월해 최고의 자리를 차지하였다. 이것은 현재도 적용되지만, 대중화 시대의 자동차는 단지 가격뿐만 아니라 대중의 요구를 파악하여 그 요구를 공업생산에 적합한 규모로 종합하여 대중을 리드하면서 새로운 모델을 제공해 가는 것이 중요하다.

2차 세계대전이 끝나고 미국에서는 자동차의 수요가 급속히 확대되었고, 고품격화,

그림 1.12 완성된 자동차

즉 차체의 대형화와 엔진마력의 증대, 그리고 화려한 디자인이 진행되어 왔다. 그러나 이들의 지나친 경쟁에 대해 대부분 소비자들이 외면하는 결과를 초래하였고, 그 결과 자동차 본연의 특성을 갖춘 실용성과 경제성이 높은 소형이면서 경제적인 자동차가 주류를 이루면서, 세컨드 카와 서-드 카의 붐을 타고 새로운 성장기가 도래하게 되었다. 일본의 경우 자동차의 선구자적인 활동은 제 2차 세계 대전 전부터 있었지만, 실질적으로는 전후 여러 가지 시책에 의해 급속히 성장해 왔다. 일본에서는 전쟁이 끝난 후, 자동차는 실용적인 운송수단으로써 인식되었다.

그러나 국내 자동차 산업은 고속도로가 개통되고 산업화가 급속하게 진행되던 1970년대부터 시작되었으나, 1990년대 마이 카 붐이 일어나면서 급속하게 수요가 증가되어 생산량도 크게 성장하게 되었다.

이와 동시에 자동차 산업은 수많은 기초자료나 관련부품의 생산을 동반하는 선두산업으로써 위상을 정립하게 되고, 자동차 산업의 자립육성 정책과 조화를 이루어 산업의 육성과 동시에 도로건설을 포함한 파급효과가 진행되는 등 자동차 산업화의 시대로 접어드는 계기를 이루었다. 이러한 추진정책들 중 철강, 기계, 화학, 석유 등의 중화학공업부문의 정비도 함께 진행되었다. 철강으로 보면 압연공정의 근대화, 제철 · 제강 공정의 대용량화에 더하여, 일관성 있게 진행되어 온 양산화 및 철강의 제품의 고품질화가 이루어져, 국제 경쟁력을 가지게 됨으로써 자동차의 발전에 큰 기여를 하게 되었다. 그림 1.13과 1.14에서는 각각 제철에 사용되는 철광석과 제철소 용광로의 사진이다. 이들 산업기반의 확립에 의해, 자동차의 보급은 급속하게 진행되었다. 그러나 이러한 급

그림 1.13 철광석

그림 1.14 제철소 용광로

속한 자동차의 보급증가는 기존의 사회 시스템 중에 여러 가지 문제점을 발생시키는 결과를 낳았다. 예를 들어, 교통지체의 증가, 교통사고의 증가와 같은 교통안전 문제, 또 진동, 소음이나 대기오염과 같은 환경문제 및 2회에 걸친 석유위기로 대표되는 에너지 문제가 발생하였다. 이는 자동차와 사회의 마찰시대라고 말할 수도 있다.

이러한 부정적인 요인들을 사회와의 융화라는 측면에서 「저공해 차」, 「저연비 차」와 같은 자동차의 개발이 적극적이면서도 대규모로 전개되어 왔다, 일반적인 자동차는 다양한 재료로 구성되어 있으며 전 재료분야에 걸쳐서 신소재의 개발과 개선이 이루어지고 있다. 예를 들어 탄화수소, 일산화탄소, 질소 산화물로 인한 배출가스를 저감하기 위한 서멀 리액터용 내열강의 개발, 현재도 주류를 이루고 있는 촉매의 개발이나 경량화를 위한 고장력 강판의 개발, 알루미늄 합금과 수지의 응용확대를 위한 기술개발, 또 Ni, Cr, Mo 등의 자원 절약을 겨냥해 저합금강의 개발 등과 같은 대단히 넓은 범위에 걸쳐 연구개발이 진행되어 많은 성과를 올리고 있다. 또, 소재부터 자동차의 생산까지 각 공정의 합리화, 에너지 절약 기술이 착실하게 진행되어지고 있다. 예를 들어, 납 쾌삭강부터 삼원 쾌삭강으로 발전하여 납(鉛)문제를 해결하고 가공성을 향상시켰다. 제강기술의 발달로 초저탄소 강판을 개발하여 우수한 가공성을 지닌 강판을 개발하였고, 비조질강의 개발이나 알루미늄 주조분야 및 폴리머 분야에 걸친 프로세스의 개발이 진행되고 있다.

자동차 산업을 지탱하였던 폭넓은 산업분야의 향상과 자동차의 구조설계의 향상(그림 1.15)은 자동차의 성능, 품질, 신뢰성을 높일 수 있는 계기가 되었다. 즉, 이와 같이 종합적으로 자동차를 둘러싼 산업이 성장한 것은 자동차의 고성능, 고품질, 고신뢰성이라는 3박자를 갖추면서 자동차 산업을 향상시키는 원동력이 되었다.

이와 같은 국제 경쟁력의 향상은 자동차의 수출을 촉진하는 결과를 가져왔지만, 이는 무역마찰의 원인이 되고 있어 세계화에 대한 검토 필요성이 높아지고 있다. 그리고 국내에서는 고성능화와 쾌적성이나 가치관의 다양화에 의한 고객의 욕구, 즉 감성에 부응할 수 있는 자동차 제조가 주요 현안이 되고 있다.

신소재 개발 붐이라 할 수 있는 시기에는 세라믹과 같은 복합재료와 급랭 알루미늄 분말합금 등 다양하고 새로운 고기능 재료가 많은 연구기관에서 연구되었지만, 대량생

그림 1.15 자동차의 이미지 형상들

산 체제로의 적용은 부분적일 뿐 거의 실현되지는 않고 있다. 새로운 재료에 대한 기술을 경제적으로 도입하는 것은 미지수이므로 적용이 대단히 어렵고, 또 품질보증과 같은 기술영역도 양산에 적합하도록 개발하는 방안이 필요하다고 생각된다. 아주 어려운 문제지만 광범위한 재료분야의 개발은 도전이 기대되는 분야이다. 지금까지 자동차 산업의 역사에서 볼 수 있었던 것처럼 소재에서부터 자동차 산업을 어떻게 이끌어가야 할 것인가는 이것을 이용하고 있는 고객의 협력을 얻어 과제를 극복해 갈 필요가 있다.

1.3 자동차 재료의 변천

1.3.1 구성 재료의 개발

자동차 재료로 사용되는 물질은 성질이나 특성을 알아보기 위해서 여러 가지 과학적 방법을 동원하고 있다. 즉, 화학분석으로 물질이 갖고 있는 성분으로부터 조성과 성질을 알아보고 현미경으로 물질의 미세한 상태조직을 조사하여 물질의 성질과 그 변화과정을 규명하고 있다. 특히 외력에 대한 자료의 거동을 측정하는 기계식 시험 결과는 기계의 강도설계에 있어 중요한 기초 자료로 사용된다.

자동차 재료는 기계의 발달에 따라 고온 저온의 상태 또는 변동, 충격적 외력 등 폭넓은 조건에서의 재료시험이 중요하다. 또한 마멸, 부식, 그리고 열에 대한 내구성 등도

공학적으로 측정하여야 할 중요한 성질이다. 또한 X선과 전자선을 이용하여 물질의 미세한 조직과 성분으로부터 분자 원자적 물질구조까지지도 해명할 수 있게 되었다. 따라서 재료에 대한 연구가 급속히 전진되면서 신재료의 개발이 활발하게 촉진되고 있다.

금속 재료가 기계에 많이 쓰이는 이유는 강하고 단단하며 소성가공이 용이하며 우수한 가공성과 경제성이 있기 때문이다. 금속은 용융점과 비중이 표 1.2와 같이 달라 유연하게 사용할 수 있다. 그러나 소재 생산 기술의 발달에 따라 많은 종류의 비금속 재료가 자동차 재료로 대체되고 있다. 철강 재료는 그림 1.16에서 보는바와 같이 자동차를 구성하고 있는 재료의 약 50%를 점유하고 있다. 알루미늄은 비중이 2.7로 가볍고 재생성이 우수하고 기계적 성질도 좋아 경량화를 위하여 철강 재료의 대체 재료로 사용되고 있는데 주로 피스톤, 실린더 헤드 등의 엔진 부품과 열교환기, 휠 등의 재료로 사용되고 있다.

또한 플라스틱 재료는 경량화, 장식성, 방청성과 성형성이 우수하므로 외판, 범퍼, 엔진부품, 연료탱크 등의 재료로 사용되고 있다. 그리고 가능성 세라믹스가 각종 센서, 히터 등에 사용되고 있다. 특히 구조용 기능성 세라믹스는 내열성과 내마멸성이 우수하므로 엔진부품으로 사용하려는 시도가 계속되고 있다.

표 1.2 금속의 용융점과 비중

구분	금속	용융점(℃)	비중
중합금 (고용융점)	철(Fe) 니켈(Ni) 구리(Cu)	1.535 1.455 1.083	7.86 8.90 8.96
중합금 (저용융점)	아연(Zn) 납(Pb) 주석(Sn)	419 327 232	7.14 11.34 7.30
경합금	알루미늄(Al) 마그네슘(Mg)	660 650	2.70 1.74
신금속	티탄(Ti) 베릴륨(Be) 지르코늄(Zr)	1.668 1.277 1.852	4.51 1.85 6.49

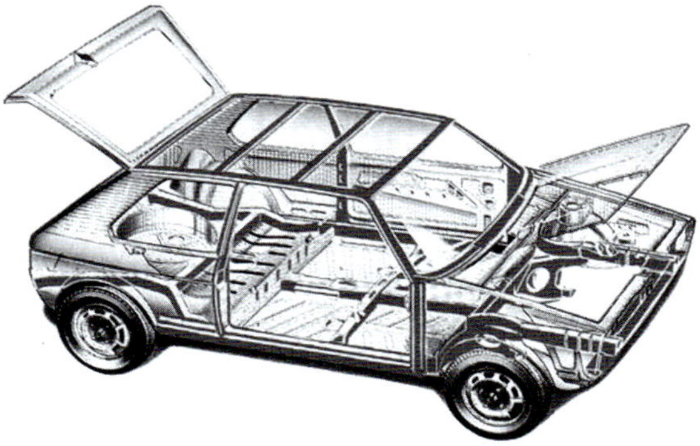

그림 1.16 자동차의 주요 재료

1.3.2 부품제조와 기계 가공성

자동차를 구성하고 있는 모든 재료는 제조방법에 따라 필요한 모양과 알맞은 크기로 제조하여 사용된다. 자동차 재료는 아무리 좋은 기계적 성질을 가지고 있어도 가공성이 나빠 가공비용이 많이 들게 되면 사용에 제한을 받게 된다.

일반적으로 강도가 큰 재료는 성형가공이 어렵다. 자동차 재료의 가공에는 주조성, 소성 가공성, 용접성, 절삭성 등의 여러 가지 가공성이 우수한 재료를 사용하여 생산 공정을 단축하고, 대량 생산함으로써 생산 단가를 낮추고자 노력하고 있다.

1.4 재료의 경량화와 외관성 및 안전성

1.4.1 경량화

연비 향상을 위하여 양질의 재료를 사용하고 부품을 소형화하여 자동차의 무게를 줄여나가고 있다. 자동차 재료의 경량화 조건은 다음과 같다.

① 비중이 작은 재료를 사용한다.

② 구조를 되도록 간단하게 하여 사용재료를 감소시킨다.

③ 두께가 얇아도 성능이 좋은 재료를 사용한다.

이상과 같은 조건에 부합되는 재료는 고장력 강판, 알루미늄, 플라스틱 및 복합재료 등이 있으며 이를 사용하여 경량화와 연료비를 줄이는 효과를 이루고자 하고 있다. 경량화에 따른 자동차 성능의 향상은 그림 1.17과 같다.

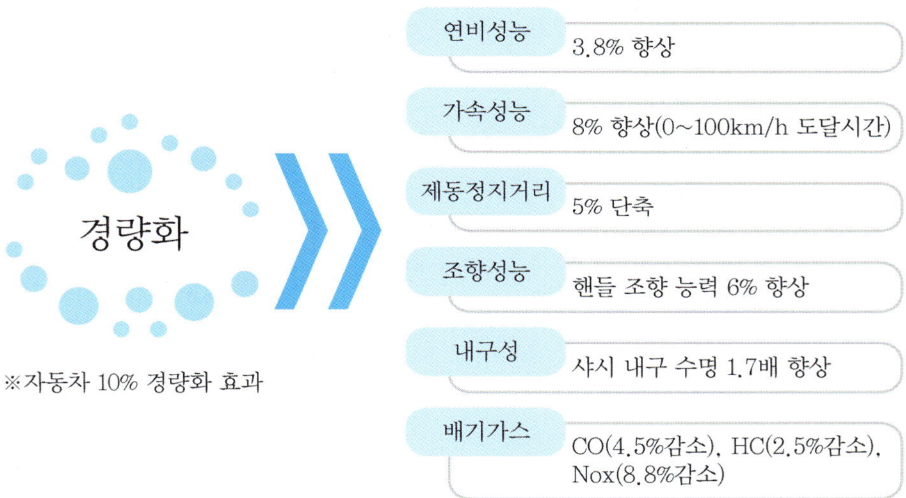

그림 1.17 자동차 경량화의 효과

표 1.3 승용차의 소재별 중량(단위 : kg)

구 분	2000cc급	1500cc급	1000cc급	550cc급
주 철	9.0	4.9	2.4	2.1
보 통 강	694.0	493.0	333.0	287.8
특 수 강	187.5	104.7	91.3	78.9
동 합 금	16.4	11.3	8.5	7.3

구 분	2000cc급	1500cc급	1000cc급	550cc급
알루미늄 합금	52.2	36.0	27.1	23.4
연	5.9	6.3	5.7	4.9
아연·카드뮴·주석	3.7	2.9	1.6	1.4
유리	43.7	30.1	22.7	19.6
세라믹스	0.1	0.1	0.1	0.1
섬유	32.1	22.4	18.5	16.0
플라스틱	94.7	82.5	62.2	53.8
천연고무	12.1	3.4	2.3	2.0
합성고무	23.1	18.8	13.4	11.6
도료	19.8	12.7	9.6	8.3
종이·목재	15.5	8.0	4.0	3.5
기타	47.2	32.9	23.6	20.3
전체중량	1,257.0	870.0	626.0	541.0

* 자료 : 일본 닛산 자동차

1.4.2 외관성

제품의 수명과 소비자의 다양한 요구, 그리고 다품종 소량 생산에 부응하기 위해서는 제품의 외형도 중요하게 생각하는 디자인에도 큰 비중을 두어야 한다. 특히 아름다운 외관과 유선형이 중요시 되는 자동차는 새로운 디자인에 알맞은 재료의 선택이 외관을 향상 시키게 된다.

자동차의 차체는 프레스 가공에 의해 대량생산되고 있으므로, 설계자가 요구하는 아름답고 새로운 모양으로 제작하려면 프레스 가공성이 우수한 인성이 좋은 재료가 요구된다. 또한, 외관을 아름답게 하려면 Ni, Cr 또는 황동 등으로 도금을 하거나 도장으로 마무리를 하게 되므로 도금이 용이하고 부착성이 좋은 재료가 요구된다.

1.4.3 안전성

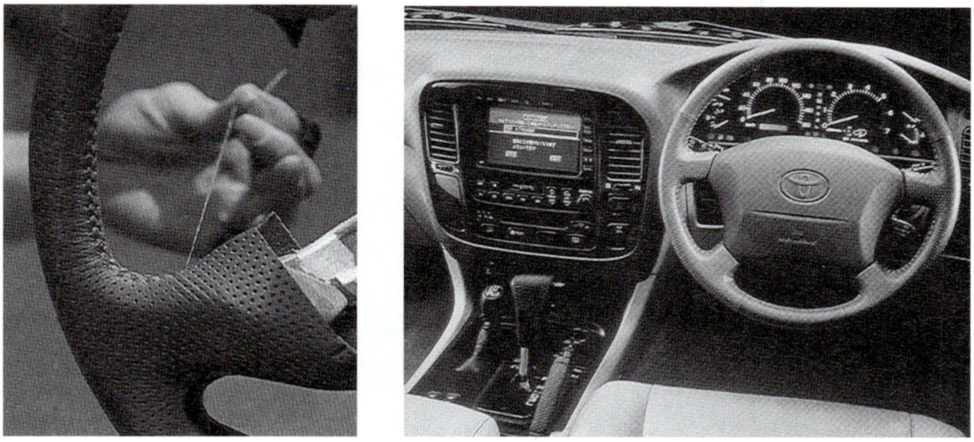

그림 1.18 자동차의 주요 재료 충격 흡수 핸들

인성, 내마멸성, 내피로성이 큰 재료를 사용하여 굽힘과 균열, 그리고 파괴 등이 발생되지 않도록 하여 안전성을 높인다. 또한 플라스틱 등의 연질재료를 사용하여 구조적으로 충격 에너지를 흡수시켜 충격에 의한 피해를 감소시킨다. 예를 들면, 그림 1.18의 충격 흡수 핸들이나 안전벨트, 에어 백, 충격 흡수식 범퍼 등에 사용하는 플라스틱이나 철망과 위험부위에 사용하는 경질 고무 등이 모두 안전성을 고려한 자동차 재료이다.

금속 재료는 주로 자동차의 구성 재료로 사용되는데, 요구되는 모든 조건을 만족시키지 못하는 경우도 있어 열을 받는 부분이나 단열 부분, 그리고 전기 절연 부분에는 비금속 재료를 사용할 때가 많다.

최근 화학공업의 발달과 더불어 강도와 내구성에 있어 금속 재료와 대등한 성질을 가진 플라스틱과 같은 비금속 재료가 개발되어 내식성과 조형성이 요구되는 부품에 이들 재료가 많이 사용되고 있다.

그림 1.19과 같이 자동차 공업에 사용되는 비금속 재료에는 플라스틱, 연삭용 재료, 윤활재료, 고무, 유리, 가죽, 섬유, 페인트, 접착제 등이 있다.

또한 지금까지 사용하던 재료보다 우수한 특성과 고도의 기능을 가진 새로운 재료인 신소재가 있다. 최근 실용화 되고 있는 신소재는 형상 기억합금, 초전도합금, 초내열합금, 파인세라믹, 복합재료, 제진합금(制振合金) 등이 있다.

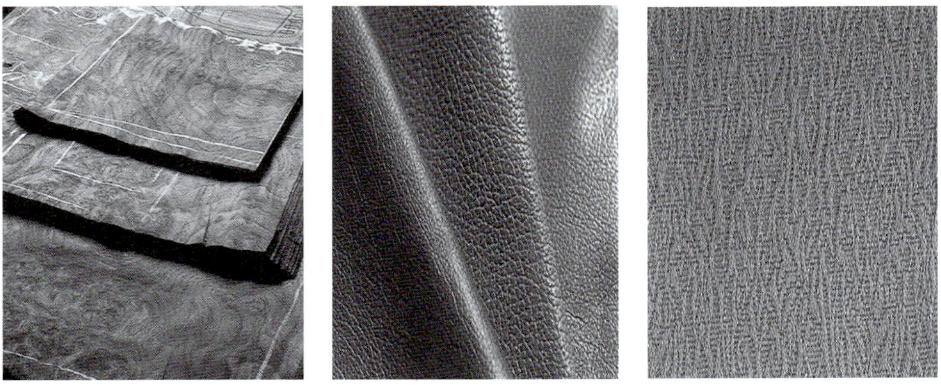

(a) 무늬목　　(b) 가죽　　(c) 천

그림 1.19 자동차용 비금속 재료

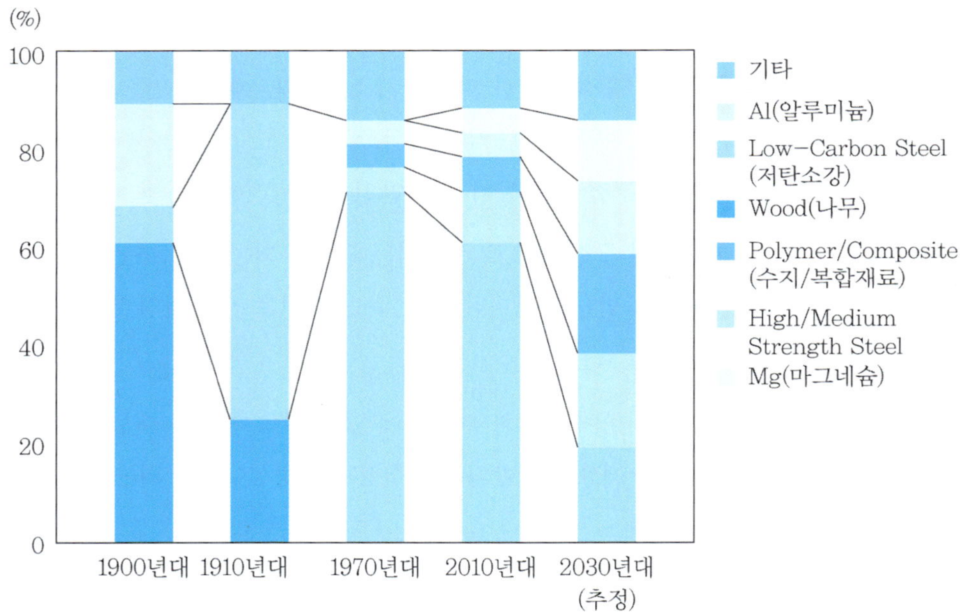

* 자료 : Oica President 'steel & Automobile'

그림 1.20 자동차 원재료 구성 비율

그림 1.20은 원재료 구성비를 나타낸 도표로서, 자료가 준비된 1973년부터 1992년까지의 변화를 나타내고 있다. 전체적으로 보면 철강 재료가 81%에서 72%로 9%가 저하한 반면, 알루미늄 합금이 2.8%에서 6%로 3.2%가 증가, 또 수지가 2.9%에서 7.3%로 4.4%가 증가하고 있다. 이러한 증가는 제 2 차 오일 쇼크 때문에 연비향상을 위한 경량화 기술인 복합 재료와 알루미늄화가 진행된 시기이다.

(1) 강판 · 강관

강판은 주로 프레스로 성형된 차체 이외의 구조용 재료로 사용되기 때문에 성형 가공성 개선을 중심으로 개발이 진행되어 왔다. 초기 자동차의 생산단계에서는 철판의 제조기술이 성숙되지 않았기 때문에 심가공(deep drawing)용 강판은 미국에서 주로 생산 공급되었다.

하지만, 그 후 일본을 중심으로 한 철강업계의 많은 연구개발로 IF강이 발명되면서 극저탄소강이 중심기술로 되었고, 연속 소둔과 주조공정의 대폭적인 기술개발이 이루어져, 현재는 세계를 이끌고 있다.

그리고 1970년대의 초에는 캐나다 등의 북미지구와 북 유럽지구의 한랭화에 따라 다량의 눈이 도로에 장기간 쌓이게 되고, 이를 제거하는 제설제인 염화칼슘에 의해 발생된 염해에 의한 차체부식이 사회적으로 문제가 되어, 차체의 방청(防錆) 성능이 많이 향상되었다. 도장공정의 개선과 함께 전기 아연도금 강판과 용융 아연도금 강판이 개발되어 그 사용량이 증가하고 있다.

고장력 강판은 2차에 걸친 오일쇼크에 의해 차체의 경량화 요구로 개발되었으나, 고강도와 함께 성형성이 우수한 재료로 개발하고자 소재의 주조 공정을 포함한 연구가 진행되어 다양한 성질의 고장력 강판이 탄생되었다. 그리고 고장력 강판과 더불어 BH(Bake-Hardening) 강판이나 DP(Dual Phase) 강판과 같은 특색 있는 자동차용 소재도 개발되어 그 사용량이 점차 증가하고 있다.

거품 경제의 붕괴로 자동차의 대형화와 고급화에 대한 기호가 점차 줄어들면서 자동차의 경량화에 대해서도 규격화 등 별도의 방법이 사용되고 있다. 그리고 고장력 강판의 사용비율이 저하되는 경향을 나타내는 시기도 있었지만, 향후 더 높은 연비향상과 같은 요구특성은 쉽게 변하지 않는 사항이기 때문에 장기적인 안목으로 볼 때 그 사용량은 증가할 것이다.

스테인리스 강판은 1975년부터 배기가스 규제 강화에 따라 배기가스 후처리를 위한 서멀 리액터, 촉매 컨버터에 사용되면서 사용량이 증가해 왔다.

1980년대 중반부터는 배기가스 후처리 방법인 3원 촉매가 주류였지만, 배기가스 경로는 부식 환경이 가혹하기 때문에 내식성이 좋은 스테인리스 강판·관이 사용되기 시작하였다. 다른 스테인리스 강판의 응용에는 극박판을 이용한 실린더 헤드 가스 킷을 시작으로 메탈 가스 킷과 같은 새로운 기능을 발휘하는 영역에 사용되고 있다.

(2) 특수강·구조용강

특수강, 구조용강은 일반적으로 봉 혹은 선재의 형태로 공급되어 주조나 절삭가공을 통하여 부품으로 사용되었다. 때문에 소재에 대한 주조기술의 진화와 하나의 적용 대상에 대해서 단지 소재로만 보지 않고 그 부품이 제조 완성될 때까지의 제조공정에 대해서도 어떤 것이 적합한가 하는 관점에서 재료의 개발이 진행되고 있다.

탄소강에는 절삭공정의 효율향상을 위한 납 쾌삭강의 사용과 소재의 개량화가 진행되어 사용량이 점점 증가되고 있다.

특수강에는 먼저 소재의 제조공정 개선으로 로 외의 정련기술을 응용한 초청정강을 개발하여 고품질화와 동시에 균질화의 기본 기술로 활용하고 있다.

또, 1970년대 말 부품제조 공정에서의 조질 열처리 공정이 불필요하게 된 비조질강이 개발되어 사용되기 시작하였다. 그 후에도 탄성이 낮은 점을 개선한 고강도 고탄성 비조질강이 계속적으로 개발되어 용도를 확대하고 있다.

합금강 분야는 1970년대 중반부터 Ni, Mo과 같은 합금원소의 자원적인 과제에 대해서 저합금화가 진행되고 있다.

그 밖에 고효율 생산을 위한 냉간 단조용 강이나 신속 질화강 등 넓은 범위에 걸쳐 재료의 개선이 전개되고 있다.

(3) 알루미늄 합금

자동차의 원재료에서 알루미늄 합금은 꾸준히 증가하고 있다. 이것은 두 번의 오일쇼크로 인해 연비향상을 위한 경량화 기술로 알루미늄 합금의 채용이 증가되었기 때문이다.

그림 1.21에서는 자동차에 사용되어지는 알루미늄 합금의 양을 나타내었다. 자동차에서 알루미늄 합금의 사용량은 주조재가 대부분이며 1980년에는 약 90%이었으나 1990년에는 약 80%로 감소되었다. 상대적으로는 감소되었지만 양적으로는 1980년부터 1990년까지 1.8배 정도로 증가하였다.

자동차 생산대수의 증가나 대형화에 따라 사용량이 약 35%정도가 증가하고 있어 알루미늄 합금의 적용범위는 넓어졌다고 말할 수 있다. 그 중에서도 양산성이 높고 두께의 조절이 가능한 다이캐스팅 제품의 증가가 뚜렷하게 나타나고 있다. 이것은 제조 공정의 대형화와 함께 큰 부품에도 응용이 가능하게 되었고 제조과정 자체의 대량생산에

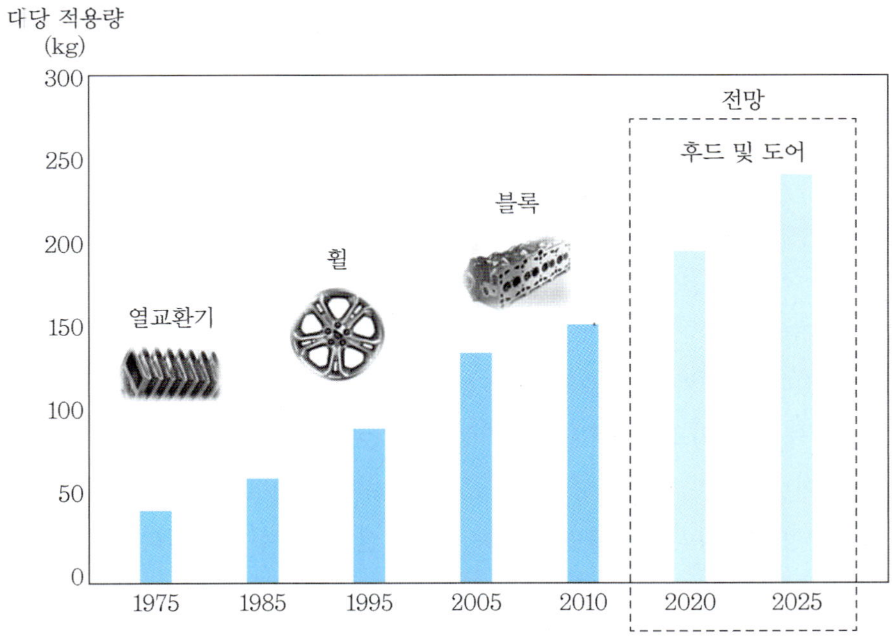

* 자료 : Ducker Worldwide 2011

그림 1.21 자동차용 알루미늄 합금의 사용량의 추이

서도 효율성이 증가되고 품질향상 기술의 개발에 따라 용도도 많이 확대되었다.

양적으로는 여전히 적지만 판형태의 압출재료가 자동차 부품으로 적용되는 정도는 1980년대 중반부터 급격히 증가하고 있다. 이것은 자동차의 경량화 목표 중에 에어컨 증발기(evaporator)와 콘덴서를 알루미늄으로 만들고 에어컨 장착율의 증가에 의한 것으로 판단된다. 알루미늄 라디에이터는 대기 분위기에서 제조가 가능하고, 또 방청성능이 높은 용착기술이 개발되었기 때문에 그 적용이 더욱 늘어나고 있다. 또 압출재의 경우, 임의의 단면형상으로 가공하기 쉬운 특징을 살린 범퍼 빔 재나 휠 파이프와 같은 새로운 용도에도 적용되고 있으므로 사용량의 증가가 기대되며, 앞으로도 그 사용량은 더욱 늘어나갈 것으로 생각된다.

단조재료는 1980년대 후반 무렵에 자동차의 고성능화나 고급화와 같은 분위기에서 재료의 특성을 살리면서 점차 증가해 왔지만, 최근 엄격한 경제 환경에서는 그 적용이 재인식되고 있다. 미래의 경량화 기술은 최근 확립한 기술의 결과에 기초를 둔 새로운 연구개발이 바람직 할 것으로 생각된다. 다른 알루미늄 합금분야에서는 섬유복합 강화재료, 과공정 급랭의 고분말 알루미늄 합금 등, 알루미늄 합금의 약점인 내열성이나 강성의 향상을 도모하고, 구조재로서 한층 더 우수한 기계적 성질을 목표로 한 연구개발이 진전되고 있다. 유감스럽게도 아직 그 응용의 범위는 내마모성 향상에 한정되어 있어, 앞으로 연구개발이 더욱 필요하리라 생각된다.

(4) 수지

수지재료는 그 다양한 특성을 살려서 운전자와 밀접한 위치에 있는 내장재로 많이 이용되고 있다. 제 1 차 오일 쇼크를 계기로 경량화가 추진되면서 수지의 사용량도 증가하였다. 특히, 폴리프로필렌은 내충격성의 향상과 함께 고강성화 기술이 적용된 것으로 가격이 저렴하며 재활용성이 좋은 장점이 있어 사용비율이 크게 증가하고 있다. 또, 수지 성형 가공성의 장점을 살려 부품 통합화 설계에 의한 경량화와 동시에 비용 면에서도 경제적인 개발이 진행되어 범용 엔지니어링 플라스틱의 용도로 확대되고 있다. 1992년도에는 자동차에 사용된 수지 중 15%를 차지하기도 했다.

수지는 금속에서는 볼 수 없는 친근한 촉감과 통기성이나 성형 가공성이 좋고 가벼운 장점이 있어 매우 다양한 종류로 자동차에 이용되어 왔다. 그러나 오늘날 리사이클과 같은 환경문제나 범세계적인 경제 환경에서는 수지재료가 종합적으로 재검토되어야 할 시기라고 생각하고 있다. 최근에는 부품제조 공정의 개발도 급속히 진전되고 있어 합리적인 설계와 소재 사양의 통합과 같은 문제는 자동차 제조업체가 공동으로 해결해야 할 과제로 생각된다.

(5) 고무 재료

고무는 고체 재료 중에서 가장 유연한 특징을 가지고 있으므로 실(seal), 패킹, 벨트, 방진 마운트와 같은 부품들의 원재료로 사용된다. 충격과 진동을 완충시키는 기능을 가지면서 이들을 연결하는 기능도 가지는 것으로 다양한 조건과 환경에서 사용되고 있다. 고무는 사용 환경과 온도, 오일, 연료 등 사용조건에 따라 여러 갈래로 나누어지므로 신뢰성 향상이 개발의 기본이 되고 있다. 고무 재료의 개선변화를 그림 1.22에 나타낸 것으로 다양한 종류의 고무 재료가 용도에 맞게 개발되고 있는 것을 알 수 있다. 이것을 적절히 응용하여 자동차의 신뢰성을 향상시키고 있다.

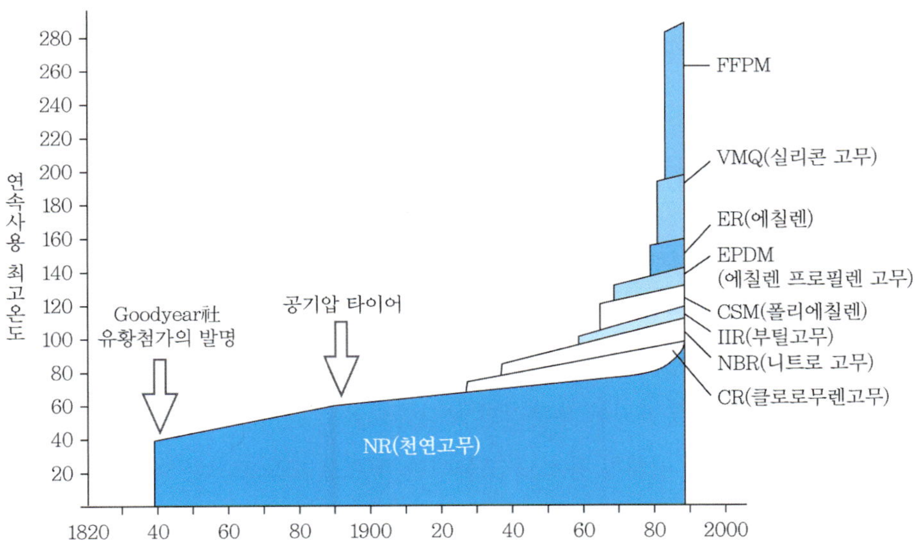

그림 1.22 고무재료와 최고사용 온도범위

(6) 유리

초기에는 바람막이 평판 유리로 시작한 자동차용 유리는 가공방법의 개선과 기능부가에 의한 고기능화가 진행되었다. 1920년대의 맞춤유리는 강화유리에 따른 안전대응이 목적이었고, 1940년대는 곡면유리, 1960년대는 방폭(防爆)이나 안테나 내장형 유리가 개발되었으며, 1970년대는 3차 곡면유리 개발에 따른 디자인 자유도가 향상 되었다. 또 최근에는 에어컨 장착 비율의 대폭적인 증가에 따라 에어컨의 효율을 향상시키는 방법으로서 열선차단 유리, 열선반사 유리가 개발되어 자동차의 실용적인 연비향상에 기여하고 있다. 향후 더욱 다양하고 고기능화된 유리개발이 진행되리라 생각된다.

1.5 차체의 종류

현재 여러 자동차 회사에서 생산되어 시판되고 있는 승용차 차체의 대부분은 제각기 평면형태의 모양을 가지는 패널과 부품을 조합시켜 평면과 곡면을 연결하여 맞추는 프레임이 없는 모노코크 차체의 구조를 채택하고 있다.

1.5.1 모노코크 차체(monocoque body)

모노코크 차체의 구성과 구조는 그림 1.23과 같이 프레임이 없으며 차체와 프레임이 일체식으로 되어 있어 사람과 화물에 의해 가해지는 하중은 차체가 직접 받게 된다. 이 같은 차체는 중량이 가볍고 유효 공간을 크게 할 수 있는 장점이 있고, 바닥면도 낮출 수가 있으므로 하중이 분산되어 부분적인 보강만으로도 큰 강도를 얻을 수 있다. 볼트 등에 의한 조립이 아닌 일체형 용접 구조물이란 뜻으로 모노코크란 이름이 붙여진 것이다.

(a) 용접 작업

(b) 조립 작업

그림 1.23 모노코크 차체의 용접과 조립

(1) 모노코크 차체의 장점

- 냉연 강판을 필요한 형상으로 프레스 성형한 후 점용접에 의하여 차체를 제작하므로 경량화와 고강성을 얻을 수 있다.
- 프레스 가공이 필요 없는 얇은 냉간 압연 강판의 점용접으로 제작 가능하므로 자동화가 가능하다.
- 차체의 높이를 낮게 할 수 있어 객실의 공간이 넓고 주행 시 안정성이 우수하다.
- 얇은 강판으로 구성되어 있어 충돌시 국부적인 변형은 크지만 객실부분에 미치는 영향은 작다.

(2) 모노코크 차체의 단점

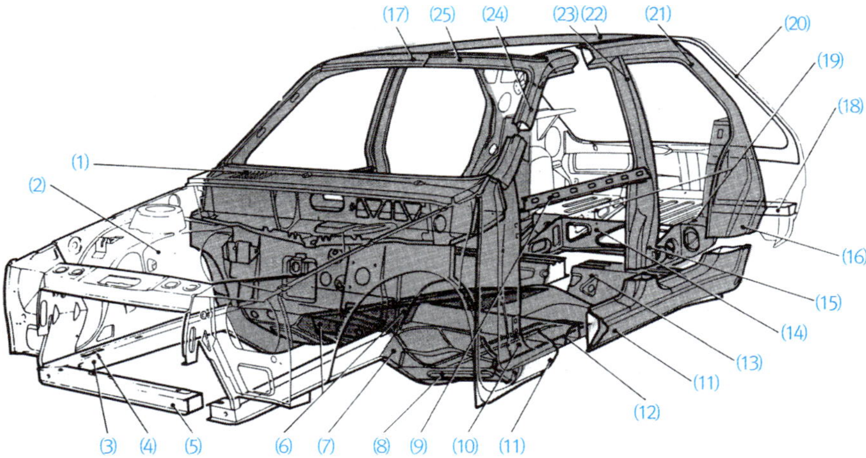

흰색 : 충격시 변형이 쉬운 부위　　　　검은색 : 변형시 보기 흉한부분

(1) 카울 탑 (2) 휠 하우징 (3) 충격흡수 프레임 사이드 멤버 (4) 안전부위 (5) 프론트 크로스 멤버 (6) 톤 넬 (7) 용접 사이드 멤버 (8) 횡 사이드 멤버 (9) 프론트 도아 보강재 (10) 프론트 도아 필러 부위 (11) 2중 사이드 실 어셈블리 (12) 정면 좌석 밑의 크로스 멤버 (13) 뒤 좌석 밑의 크로스 멤버 (14) 뒤 서스펜션용 크로스 멤버 (15) 중앙 도아 필러 하부 (16) 뒤 도아 필러 하부 (17) 용접된 정면 지붕 레일 (18) 뒤 크로스 멤버 (19) 뒤 프레임 부분 (20) 해치백 프레임 (21) 뒤 도아 필러 상부 (22) 뒤 지붕 크로스 멤버 (23) 뒤 도아 필러 상부 부위 (24) 정면 도아 필러 상부 부위 (25) 정면 지붕 골격

그림 1.24 차체의 주요 구성부품

- 엔진과 섀시가 차체에 부착되어 있으므로 진동과 소음이 크다.
- 충돌에 의한 손상형태가 복잡하여 복원 수리가 어렵다.

1.5.2 프레임 부착 구조

승용차의 차체는 모노코크차체가 대부분이지만 프레임이 일부 사용되고 있으며 화물차 등에는 아직도 많이 사용되고 있다. 프레임을 사용하는 자동차는 엔진, 서스펜션, 조향(steering)장치 등을 프레임에 직접 고정시킨 후 고무제품의 받침대(mount), 단열재(insulate) 등의 매개체를 사용하여 조립하는 구조로 되어있다.

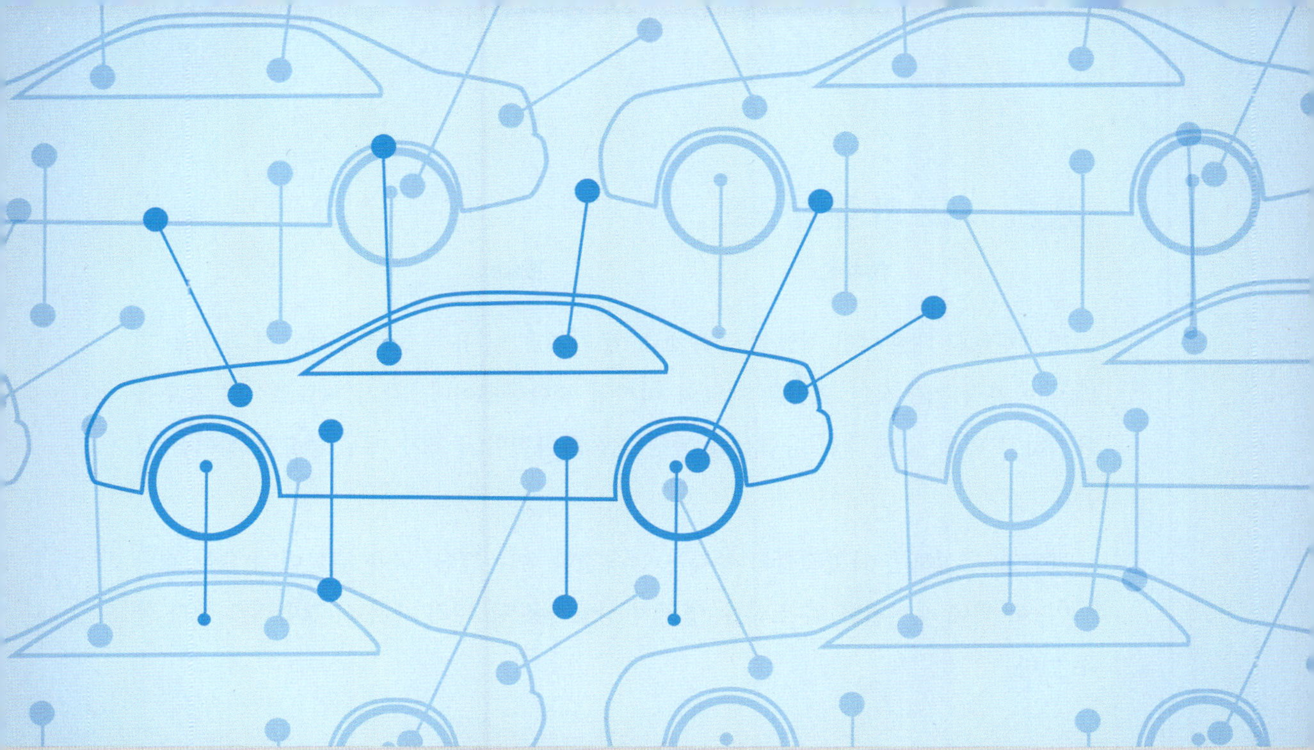

CHAPTER 2

금속재료의 변화와 성질

2.1 재료의 결합구조

기계재료의 대표적인 재료인 금속재료, 무기재료 및 유기 고분자 재료의 특성을 지배하는 가장 기초적인 요인은 재료의 미시적 결합구조이다. 각기 재료로서의 강도를 유지하고 외력 등에 대한 응답성을 특징짓는 화학결합 구조가 매우 중요한 의미를 갖는다.

재료를 구성하는 화학결합의 종류는 금속결합, 이온결합, 공유 결합이 주요한 결합이며, 이 외에 배위결합, 수소결합, 쌍극자 상호작용 등 여러 가지 의 결합력을 생각 할 수 있다.

(1) 금속결합

양이온화된 금속이온과 자유전자간의 정전기적 인력에 의한 결합을 금속결합이라 한다. 금속의 결정에 있어서의 구성 원자는 일반적으로 외각전자를 방출하여 안정한 양이온이 되어 격자점을 메우고, 방출된 전자는 자유전자로서 특정의 금속 이온에 속박됨이 없이 결정격자 전체에 공유되어 이에 의해 결정의 형태를 유지한다. 이와 같은 자유전자의 공유 혹은 어느 한 곳에 국한되어 있지 않는 성질은 금속에 있어서 전기전도도나 열전도가 좋은 원인이 된다.

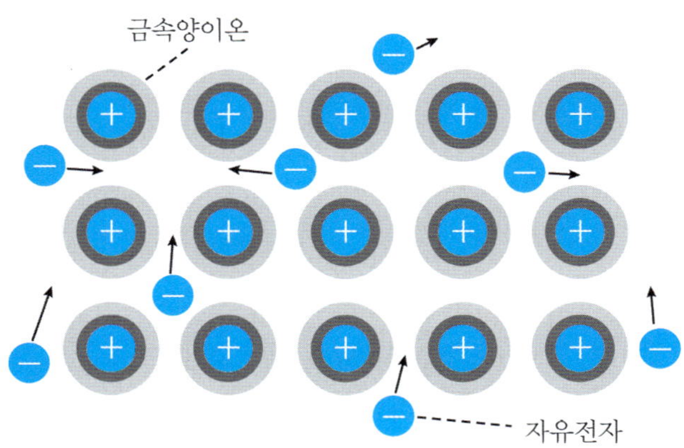

그림 2.1 금속결합의 2차원 구조

(2) 이온결합

양이온이 되기 쉬운 금속원자와 음이온이 되기 쉬운 비금속 원자가 전자를 주고받아 각각 양이온과 음이온이 될 때, 두 이온 사이에 작용하는 정전기적 인력(=쿨롱의 힘)에 의한 결합을 이온결합이라고 한다. 무기질의 결정으로 전형적인 NaCl의 예와 같이 (+), (-)의 이온이 규칙적으로 격자점을 메우는 것에 의해 결정을 이루는 것이 이온 결합으로 무기질재료의 예에서 많다.

(3) 공유결합

화학 결합 중 전자를 원자들이 공유하였을 때 생성되는 결합을 공유결합이라고 한다. 유기 고분자재료의 주 구성분자는 C, H, O, N 등이며, 이들의 분자 결합은 서로 스핀방향이 반대인 2개의 전자를 공유함으로써 생기는 것이다. 공유 결합을 형성하는 분자는 원자핵과 전자쌍간의 인력 및 원자간 척력에 의하여 안정화 되어 있다.

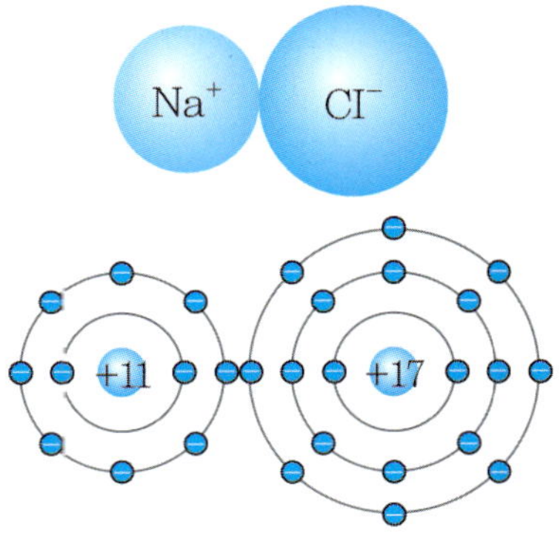

그림 2.2 염화나트륨의 이온결합

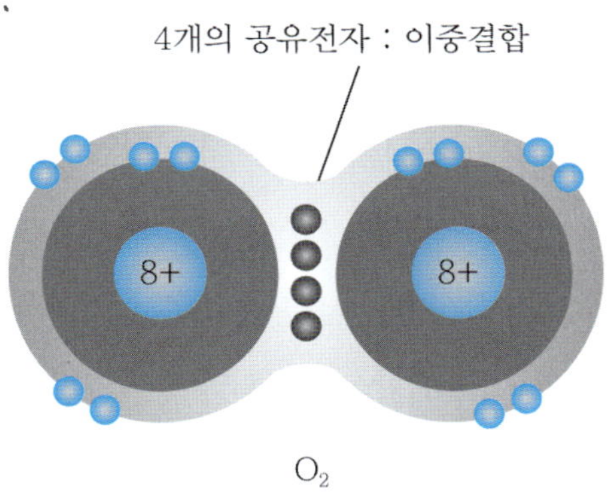

그림 2.3 산소 분자의 공유결합

2.2 고체물질의 특성

일반적으로 어떠한 고체 물질이 갖고 있는 여러 가지 성질이 기계의 구성요소로 이용되는데, 이중에서 외력을 가했을 때의 성질인 강도가 가장 중요한 성질이다. 고체는 변형시킬 수 있는 외력이 작용하게 되면 이에 대한 저항이 나타난다. 고체의 경도는 이와 같은 성질이며 물리학에서는 강성(剛性)으로 다루는 성질이다. 고체 물질의 경도 또는 강성에는 물질의 종류와 상태에 따라 크게 다르다. 가장 단단한 물질에는 다이아몬드가 있으며 무한의 강성을 갖고 있는 단단한 물질이다.

그러나 같은 탄소의 결합체인 흑연은 가장 연한 고체이다. 이것은 활석과 석고의 중간정도의 경도를 갖는다. 다이아몬드와 흑연이 경도차가 심하게 나는 것은 다이아몬드는 탄소의 결합이 입체적인 공유 결합인데 반해 흑연은 평면적 또는 쇄상의 공유결합을 하고 있어 층간의 결합이 약한 결합을 하고 있기 때문이다. 또, 알루미늄은 연한 금속이지만 산소와 결합한 알루미나(alumina Al_2O_3)는 매우 단단한 물질이다. 또한 알루미나는 보통 백색의 분말이지만 완전 결정이 된 알루미나는 아주 단단한 보석과 같은 특성을 가지게 된다. 이와 같이 물질의 경도와 강성은 입자의 결합방식과 결합력의 크고 작음에 따라 달라진다.

고체에 외력이 가해져 생긴 변형의 일부가 외력을 제거한 다음에도 남게 되면 그 남은 변형을 소성 변형(plastic deformation)이라하며, 소성 변형이 일어나는 고체의 성질을 소성이라 한다. 금속과 플라스틱 등이 갖고 있는 특성인 소성이 성형가공에 이용된다. 일반적으로 외력이 작용하고 있는 상태의 변형은 탄성 변형(elastic deformation)과 소성 변형의 동시에 작용을 하다가 외력을 제거하면 탄성 변형부분은 원상으로 회복된다.

원자의 결합력은 고체의 강도를 결정하는 요소가 되나 한편, 결합은 물질의 용융점이나 비등점과 직접적인 관계가 있다.

2.2.1 금속의 결정구조와 조직

용융 상태의 금속을 냉각시키게 되면 일정한 온도에서 고체가 되는데 공업용으로 사용되고 있는 금속과 합금은 결정체를 이루고 있으며, 결정을 구성하고 있는 모든 원자가 규칙적으로 배열되어 있다. 이와 같이 결정체인 금속이나 합금은 용융상태에서 냉각하게 되면 고체로 변화하게 되며, 고체상태의 금속은 특정 온도에서 고상내의 상변화인 등소변태 또는 자기변태를 일으킨다.

또한, 금속은 온도에 따라 고체 상태에서 결정 구조가 다른 상태로 존재하기도 한다. 합금의 성질은 그 성분에 따라 다르게 되지만 동일 합금에서도 응고 할 때의 조건이나 고체 상태의 가공 또는 열처리 조건에 따라 결정 조직이 변하게 되며, 금속 재료의 성질에도 크게 영향을 주게 된다. 따라서 이를 관찰 연구함으로서 기계 재료의 성질을 이해하고 개선할 수 있다.

(1) 금속의 응고와 조직

금속은 온도에 의한 고상(固相, solid phase), 액상(液相, liquid phase), 기상(氣相 vapor phase)의 3개의 상태로 변화한다. 재료의 가공은 이상과 같은 상 상태(相 狀態)의 변화를 이용한다.

그림 2.4는 고상의 금속을 가열하거나 기상의 금속을 냉각하였을 때 온도와 시간이 관계를 나타낸 것이다. 그림에서와 같이 가열하는 과정에서 고상이 액상으로 변하는 상태를 융해(melting), 액상에서 기상으로 변하는 상태를 기화(vaporization)라고 한다. 반대로 냉각과정에서 기상에서 액상으로 변하는 상태를 액화(liquefaction), 액상에서 고상으로 변하는 상태를 응고(solidification)라 한다. 융해와 기화상태에서는 열을 흡수하고, 액화와 응고상태에서는 열을 방출한다.

따라서 이들 상태가 일어나는 온도에서는 그림 2.4에서와 같이 시간이 경과해도 온도의 변화가 없는 구간이 있다.

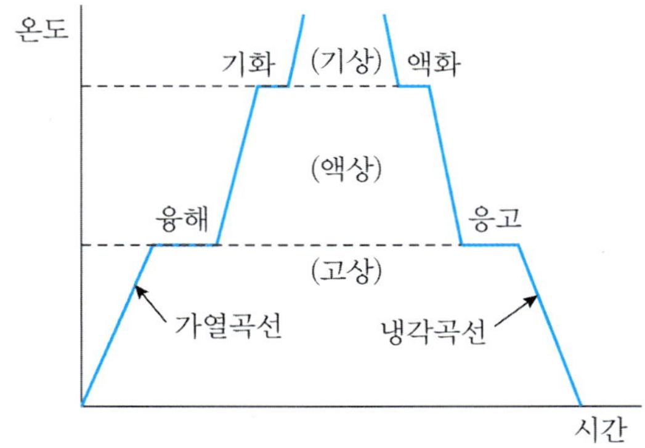

그림 2.4 금속의 가열과 냉각곡선

(2) 금속의 원자배열

비결정체인 액체 상태의 금속이 응고하여 고체가 되면 결정체를 이루게 되고 이에 따라 고체인 금속과 액체인 금속의 성질은 크게 달라진다.

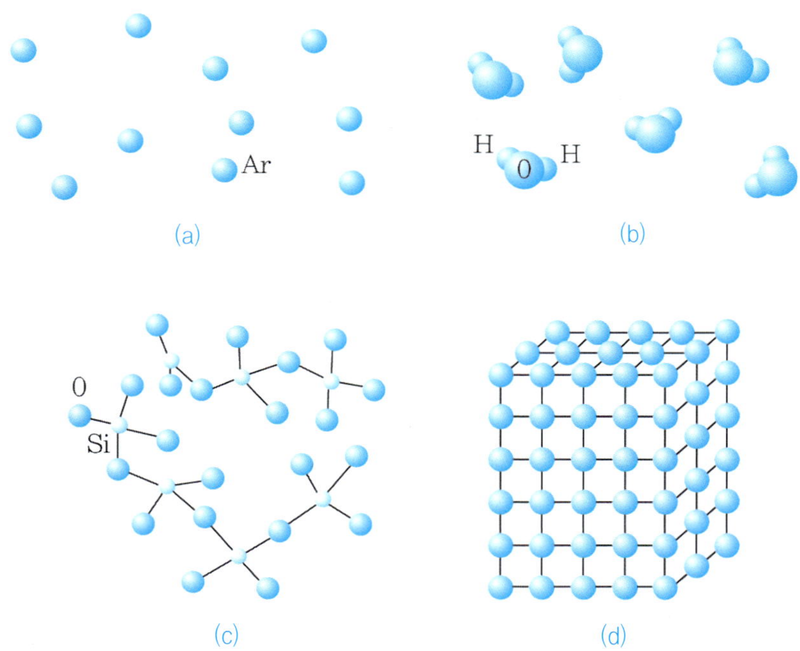

그림 2.5 원자배열의 형태

그림 2.5 (a)는 기체 상태인 불활성가스를 나타낸 것으로 원자배열이 불규칙적이고, (b, c)는 수증기와 유리를 나타낸 것으로 원자가 짧은 거리에 걸쳐있으면서 약간의 규칙성이 존재한다. (d)는 금속과 일반적인 고체를 나타낸 것으로 원자가 재료 전체에 걸쳐 일정한 규칙성을 가지는 것을 보여주고 있다. 고체의 결정은 원자의 규칙적인 배열에서 임의의 2원자의 중심을 연결하는 직선상에 긴 원자의 배열이 형성된다. 이것을 장거리 배열이라고도 한다. 액상에 있어서는 고상의 경우와 같이 원자와 원자의 중심을 연결하는 직전상의 규칙적인 배열은 그림(b, c)에서와 같이 몇 개의 원자에 불과하다. 이것을 단거리 배열이라 하며, 장거리 배열에 비해 배열이 불규칙적이고 빈 공간이 있어 주기성이 없다.

금속의 응고는 원자배열의 규칙성이 점점 증가하는 현상이다. 이와 같은 배열의 변화는 용융 금속 전체에서 동시에 일어나는 것이 아니라 부분적인 원자배열의 규칙화가 점진적으로 일어나게 된다.

여기서 배열이 규칙화되기 위해 처음으로 생성되는 원점을 응고에서 결정핵(結晶核, nucleus)이라 하는데, 일반적으로 결정핵이 용융된 금속 중에서 여러 개가 발생하고 이것으로부터 다수의 고상이 성장하게 된다. 따라서 고상이 된 금속은 다결정체가 된다.

(3) 결정 조직과 형성

다결정체 금속에 있어서는 응고에 따라 원자배열이 성장하여 변화하게 된다. 그림 2.6 (a)는 액체상태의 금속에 원자핵이 형성되는 과정을 나타낸 것으로 냉각에 따라 많은 결정핵이 발생하는 과정이고, (b)에서는 이것들이 성장하는 것을 나타낸 것이다.

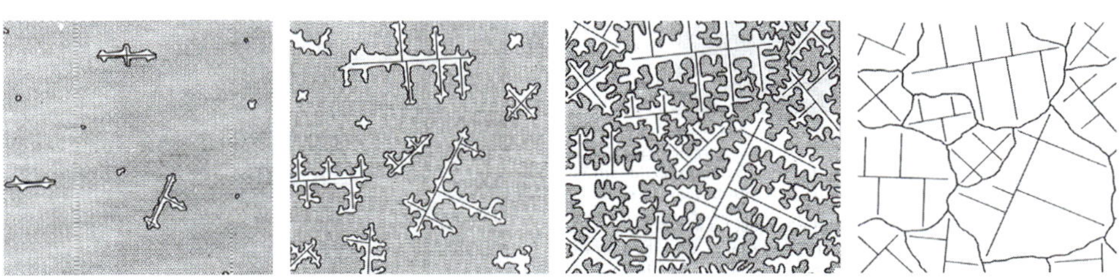

(a) (b) (c) (d)

그림 2.6 응고과정에서 결정의 생성과정

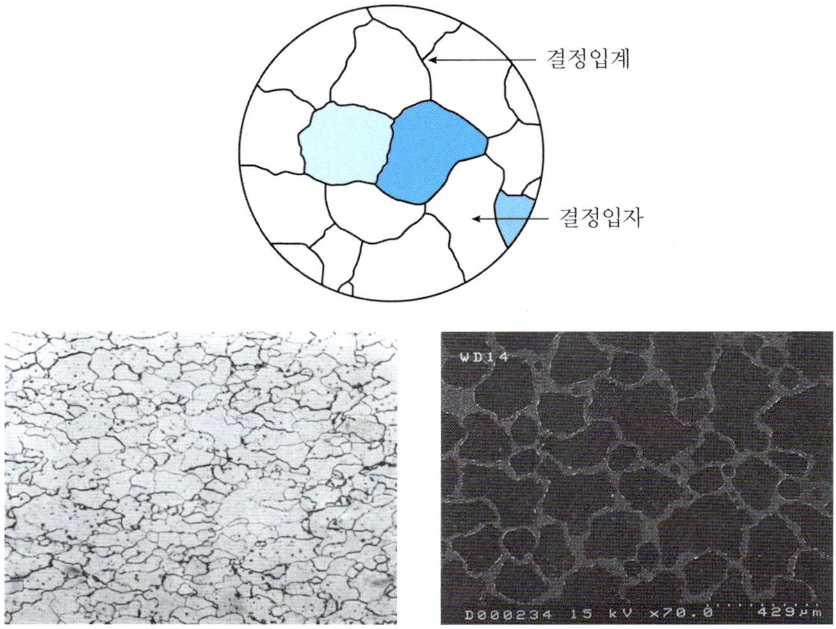

그림 2.7 금속 조직과 사진

여기서 결정은 각기 원자가 규칙적으로 방향성을 갖고 배열하는데 모든 결정의 결정축의 방향이 일치하지 않는다. 따라서 응고가 진행됨에 따라 그림 (c)에서와 같이 성장하여 그림(d)와 같이 결정입자가 서로 접촉되어 응고가 끝나는 단계가 된다.

이러한 과정을 거치면서 각 입자의 경계에서 원자배열의 방향이 다른 부분이 형성되고 이 부분이 그림 2.7에서와 같이 결정입자(grain) 사이에 결정입계(結晶粒界, grain boundary)가 되어 평면적으로 보면 그물모양으로 보이고 입체적으로는 입상결정의 집합체로 입상 결정조직이 된다.

(4) 결정의 성장

금속의 결정 입도는 응고할 때 생성되는 결정핵의 수에 따라 결정되는데, 결정핵의 수를 지배하는 요인은 주로 냉각속도의 영향을 받게 된다. 쇳물을 금속 주형에 부우면, 주형에 접촉되는 부분은 급속히 냉각되어 결정핵이 많이 발생하는데, 중심부는 서서히 냉각되어 결정핵의 발생이 거의 없다.

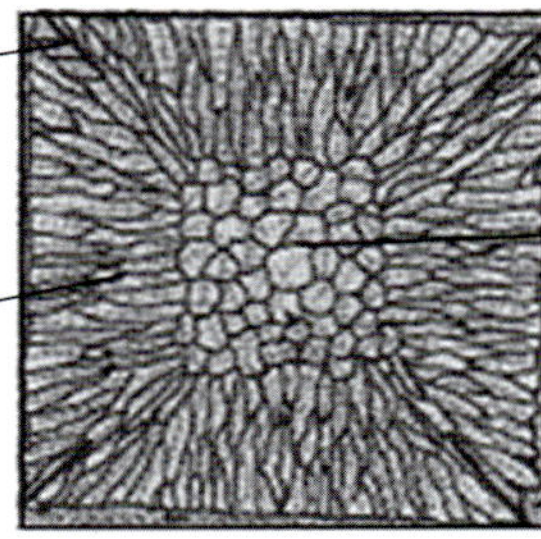

그림 2.8 두꺼운 금속의 응고조직

또 쇳물은 온도가 높은 중심부분보다 온도가 낮은 금속 주형의 가장자리나 표면에서부터 중심부로 향하여 나란하게 성장한 방사상의 주상결정(柱狀結晶, columnar crystals)이 형성 된다.

금속이 용융 상태에서 응고하면 대부분 부피가 감소하는 수축 현상이 일어나는데, 이것을 응고 수축이라 한다. 그림 2.8은 대형 괴(ingot)의 단면으로 응고한 결정구조를 나타낸 것이다.

(5) 수지상정

금속이 응고 과정에서는 결정축의 방향에 따라 성장 속도가 달라지기 때문에 일반적으로 결정이 나무 가지와 같이 수지상으로 형성되는데, 이것을 수지상정(樹枝狀晶, dendrite)이라 한다.

그림 2.9 액상에서 성장하고 있는 수지상정(Mg)

불순물이 함유된 금속에서는 가지가 되는 결정의 사이가 편석이 되어 수지상정이 분명하게 나타난다.

실제 금속의 응고는 주형 안에서 이루어짐으로 금속의 응고는 냉각에 따른 열 이동의 영향을 받게 된다. 그림 2.9은 응고에 따른 수지상정의 형성과정과 수지상의 보기를 나타내 것이다.

2.2.2 금속의 결정

(1) 결정입자와 결정입계

보통 금속의 결정은 수정과 같이 일정한 기하학적 평면으로 둘러싸여져 있는데, 이것은 원자 또는 분자의 규칙적인 배열이 자연적으로 고유한 형태를 만들면서 발달하기 때문이다. 금속 또는 합금의 응고는 전체 융체에서 동시에 발생하는 것이 아니라 결정핵을 중심으로 원자들이 차례로 결합하면서 이루어진다. 동시에 발생하는 것이 아니라 결정핵을 중심으로 원자들이 차례로 결합하면서 이루어진다. 이 때, 같은 결정핵으로부터 성장된 고체 부분은 어떠한 곳에서도 같은 원자 배열을 가지게 되는데 이를 결정 또는 입자라고 한다.

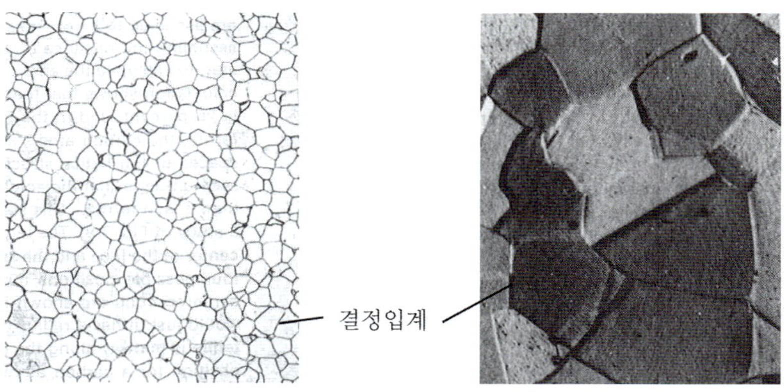

(a) 페라이트 조직　　(b) 오스테나이트 조직

그림 2.10 금속의 미세조직 사진

만약 금속의 응고 중 결정핵이 하나밖에 존재하지 않는 금속은 1개의 결정만으로 이루어지게 되며, 이를 단결정이라 하며 금속의 물성연구와 반도체에 쓰이는 실리콘 등이 이것에 속한다.

그러나 대부분의 금속은 무수히 많은 크고 작은 결정들이 모여 그림 2.10의 (a, b)와 같이 무질서한 집합체를 이루고 있으며, 이와 같은 결정의 집합체를 다결정체(poly crystal)라 한다. 이와 같이 결정체를 이루고 있는 각 결정입자의 경계를 결정입계(grain boundary)또는 입계(boundary)라 한다.

(2) 결정격자

금속의 결정 입자를 X선으로 관찰하면 결정 입자의 원자들은 각각 그 금속특유의 결정을 가지고 있으며, 그 배열이 그림 2.11와 같이 입체적이고 규칙적으로 되어 있음을 알 수 있다.

이와 같은 원자들의 중심점을 연결하여 보면 그림 2.11의 (a)와 같이 입체적인 격자가 되는데, 이 격자를 공간격자(space lattice) 또는 결정격자(crystal lattice)라 한다.

일반적으로 금속의 결정격자는 원자를 구(ball)로 표시하여 그 배열의 특징을 나타내는데, 단위 공간의 각 점을 격자점(lattice point)이라 하며 그림 2.12 (b)와 같이 필요한 최소 단위 공간을 단위세포(unit cell) 또는 단위격자(unit lattice)라 하고, 단위포의 형상을 이루는 원자의 중심거리를 격자 정수(lattice constant or lattice parameter)라 한다. 공간격자에서 원자의 배열 상태는 각 금속의 결정에 따라 서로 다르며, 그 배열 방법이 금속의 성질에 큰 영향을 끼친다.

(a) 체심입방격자

(b) 면심입방격자

그림 2.11 원자의 배열

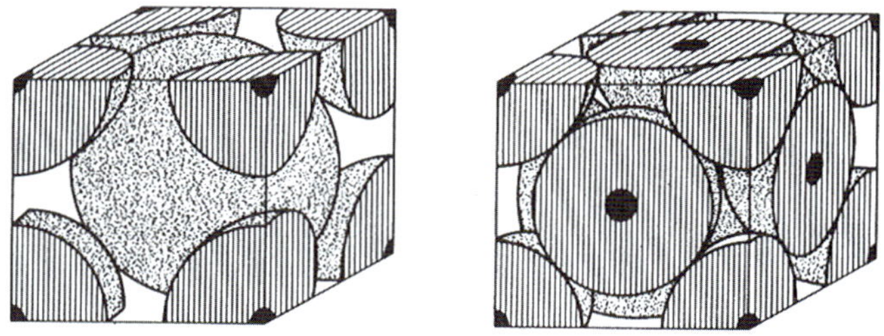

(a) 체심입방격자　　　　　　(b) 면심입방격자

그림 2.12 원자의 단위격자

2.2.3 금속의 변태

대부분의 금속 원소는 온도가 높아짐에 따라 고체가 액체나 기체로 변화하는 것을 볼 수 있다. 그러나 같은 성분의 금속이라도 고체 상태에서 결정구조가 변화되어 하나 이상의 결정 구조를 가지게 되는데, Fe, Co, Ti 등이 이에 속한다. 이러한 결정 구조는 온도 또는 압력의 변화에 의하여 변하게 된다. 이와 같이 물질이 한 결정 구조에서 다른 결정 구조로 그 상이 변하는 것을 변태(transformation)라 하며, 변태가 일어나는 온도를 변태점(transformation point)이라 한다. 변태의 측정법에는 열 분석법, 전기저항 측정법, 열팽창계법, 자기분석법 등이 있다.

(1) 동소변태

예를 들면 탄소는 화합 탄소와 흑연의 2가지 상태로 존재한다. 이와 같이 서로 다른 상태로 존재하는 동일 원소의 고체를 동소체(同素體, allotropy)라고 한다. 이와 같이 고체가 원자 배열의 변화에 따라 서로 다른 형태로 나타는 현상을 동소변태(allotropy transformation) 또는 격자 변태라 한다.

예를 들면 순철(Fe)에는 α, γ, δ 라 하는 동소체가 있다. 그림 2.13에서보는 바와 같이 상온에서 α철인 체심입방격자(bcc)가 911℃로 가열하면 면심입방격자 (fcc)인 γ철로 변하게 된다. 그리고 1392℃에서 용융점까지는 다시 체심입방격자(bcc)인 δ 철로 변하는 동소변태를 하게 된다.

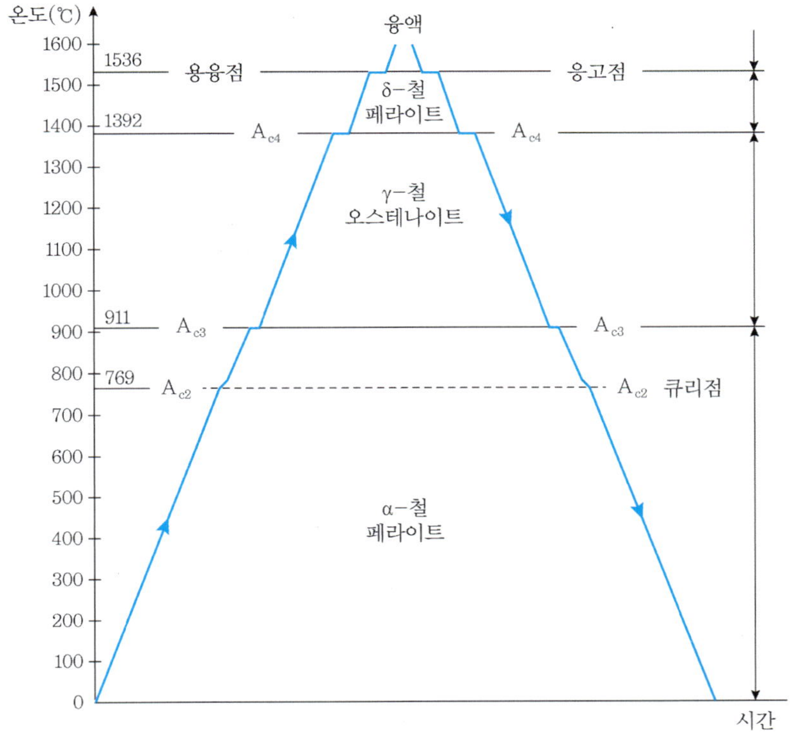

그림 2.13 순철의 동소변태와 온도

(2) 자기변태

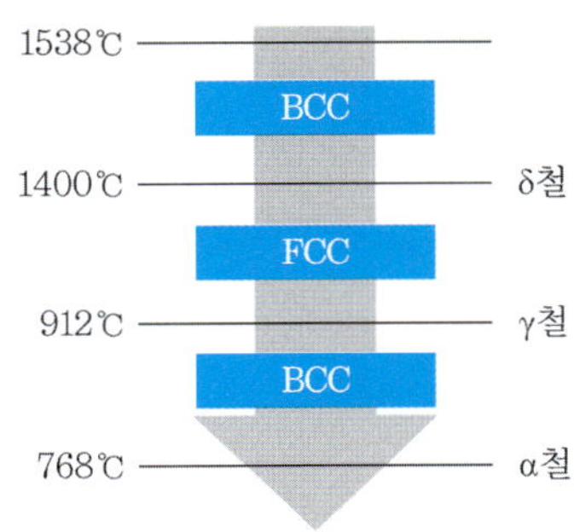

그림 2.14 순철의 동소변태

Fe, Co, Ni 등과 같은 강자성체인 금속을 일정한 온도 이상으로 가열하면 금속의 결정 구조는 변하지 않으나 자성을 잃고 자성이 변하여 상자성체로 되는데, 이와 같은 변태를 자기변태(magnetic transformation)라 한다. 따라서 자기변태는 상의 변화가 아닌 단순한 에너지적인 변화인 것이다. 순철은 그림2.14에서와 같이 768℃에서 자기변태를 한다.

2.2.4 합금과 결정구조

(1) 고용체

2종류 이상의 물질이 혼합되어 있고, 그 혼합물이 원자 또는 분자가 균일한 혼합 상태로 있을 때, 이것을 용체라 한다. 알코올과 물의 혼합물과 같이, 용체가 액체인 것을 용액이라 하며, 공기와 같이 기체와 기체와의 균일 한 혼합물은 기용체라 한다. 또, 금(Au), 은(Ag)의 합금과 같이 고체와 고체와의 균일한 혼합물은 고용체(solid solution)라 한다. 즉, 고용체는 고체 중에 고체가 기계적으로 혼합한 것이 아니라, 원자가 융합된 상태인 것이다.

합금을 만드는 고용체는 가장 중요한 상이다. 고용체의 기본이 되는 금속 원자를 용매원자라 하고 그 중에 용융되는 원자를 용질원자라 한다. 따라서 고용체를 만들 때 모체가 되는 금속은 용매이고, 그 속에 녹아 들어가는 금속은 용질이다. 두 종류의 금속을 완전히 용해한 다음 응고시키면 고상 상태에서도 융합상태의 균일한 조성의 고체를 형성하는 경우가 있다. 금속은 고체 상태에서 결정구조를 갖게 되므로 고체 상태에서 용질 금속의 원자가 용매금속의 결정격자 속에 들어가 융합된 상태이다.

고용체는 즉 용매금속원자의 결정격자 중에 용질금속원자가 차지하는 위치에 따라 구별한다. 그림 2.15와 같이 치환형 고용체(substitutional solid solution)와 침입형 고용체(interstitial solid solution)의 두 가지 형태가 있다.

- 치환형(substitutional) 고용체 : 용질원자가 격자점의 용매원자와 치환된 고용체
  - 예 Au-Ag, Cu-Ni(전율고용) ← 같은 결정구조, 원자size가 서로 비슷(약 15% 이내)

- 침입형(interstitial) 고용체 : 용질원자가 용매원자의 격자 틈새에 들어간 고용체
  - 예 H, C, N, O, B 등의 주로 반지름이 작은 비금속 원소가 많다.

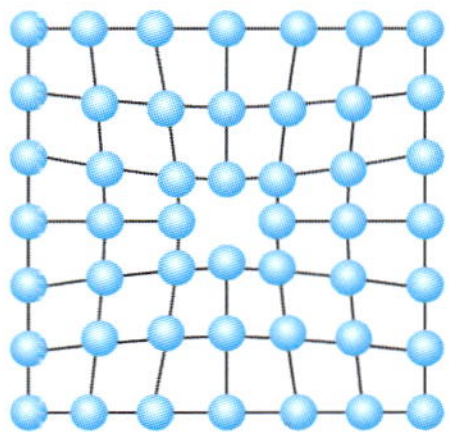

(a) 공공(이탈형)

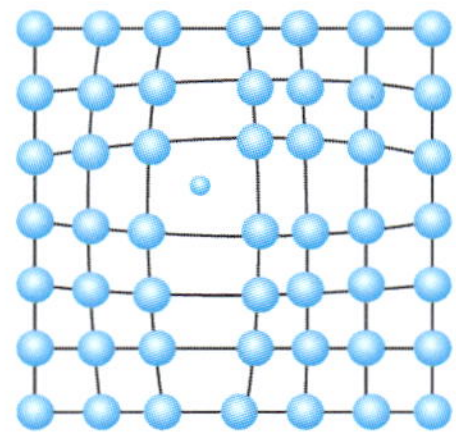

(b) 침입형

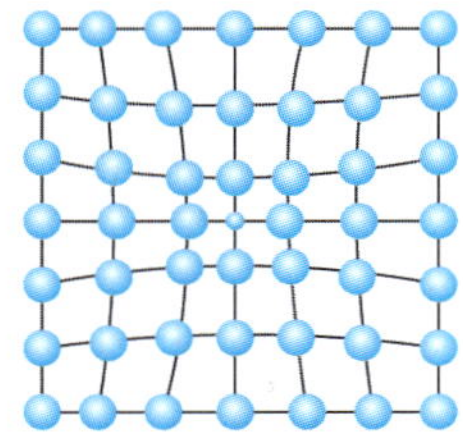

(c) 치환형

그림 2.15 고용체의 원자의 구조

(2) 금속간 화합물

친화력이 큰 성분의 금속이 화학적으로 결합하면 원래 금속과는 현저하게 다른 성질을 가지는 독립된 화합물을 만드는데, 이것을 금속간 화합물(intermetallic compound)이라고 한다. 금속과 비금속의 화합물은 금속성질을 나타내지 않으며 그 대표적인 것이 식염, 산화철, 규산 등이다.

즉 이온결합 또는 공유결합의 화합물을 세라믹(ceramics)이라 한다. 그러나 금속과 금속의 화합물 및 금속과 금속간 화합물과의 화합물은 세라믹에 비해 금속에 가깝다. 즉 금속광택을 가지고 있으며 얼마간의 소성변형도 가능하다.

금속간 화합물은 완전한 금속 결합물질이 아니므로 일반적으로 메지고 굳기 때문에 그 특성을 이용하여 여러 가지 우수한 공구재료를 만드는데 이용한다. 경도가 큰 금속간 화합물은 단체 금속 또는 고용체 속에 분산시키면 강하고 경도가 높고, 내마멸성이 우수한 재료를 만들 수 있다. 또 금속간 화합물은 원소가 일정한 비율로 결합한 상으로 조성과 성질은 일정하나 복잡한 결정 구조를 갖는다.

금속간 화합물을 만드는 합금에는 표 2.1과 같이 여러 가지가 있는데, 여기서 Fe_3C는 시멘타이트(cementite)라 불리며 탄소강 또는 주철 중에 존재하는 금속간 화합물이다.

표 2.1 화합물을 만드는 합금

합금명	금속간 화합물
탄소강, 주철	Fe_3C
청 동	Cu_4Sn, Cu_3Sn
알루미늄 합금	$CuAl_2$
마그네슘 합금	$MgSi_2$, $MgZn_2$

2.3 금속의 소성변형

2.3.1 금속의 소성변형 기구

금속재료는 대부분 외력에 의해 변형이 되며 가해지는 외력이 탄성한도(elastic limit)보다 크게 되면 외력을 제거해도 변형이 남게 된다. 이와 같이 외력에 의해 재료가 변형되는 성질을 소성(plasticity)이라 하고, 이 성질을 이용한 변형을 소성변형(plastic deformation)이라고 한다. 탄성한도 이하의 외력에 의한 변형은 탄성변형(elastic deformation)이라고 한다.

항복점이상으로 외력을 가하여 필요한 형태로 소성변형을 시키는 조작을 소성가공(plasticity working)이라 한다. 금속 재료가 외력에 의해 소성 변형이 생기는 현상은 금속에 있어서 중요한 성질이라 할 수 있다.

소성 변형은 고체 상태의 금속을 물질적으로 균질한 연속체로 취급한다. 그러나 고체인 금속은 금속 조직학적 측면에서는 불균질 연속체인 다결정체라 할 수 있다. 금속재료의 탄성 변형은 원자사이의 거리변화에 기인하는 것이나, 소성 변형은 결정의 변형에 그 원인이 있다. 외력이 가해지면 결정 내에서 인접한 평행한 격자면에 서로 미끄럼이 일어나며, 이러한 미끄럼이 여러 개 중복되어 소성 변형이 일어난다. 금속의 소성 변형을 설명하는 원리에는 슬립과 쌍정 등이 있다.

(a) 냉간 압연 (b) 열간 압연

그림 2.16 강판의 압연 공정(소성가공)

(1) 슬립(slip)

금속의 표면을 전해연마하고 가볍게 부식시켜 결정립을 잘 볼 수 있게 한 다음 이것을 약간 변형시키고 그 표면을 현미경으로 관찰하면 그림 2.17과 같이 한 개 한 개의 결정입자 사이에 미세한 평행선이 보인다. 이 평행선은 변형에 의해서 생긴 것으로 결정의 슬립선(slip line)이라 한다.

보통 금속 재료는 다결정으로 되어 있으므로 외력을 많이 가했을 때 소성변형이 생긴다. 그림 2.18은 금속의 소성 변형 과정을 이해하기 위한 그림으로 전체가 순차적으로 밀려가는 것을 볼 수 있다.

(a) 알루미늄 (b) 스테인리스 (c) 구리

그림 2.17 금속표면에 나타난 슬립선

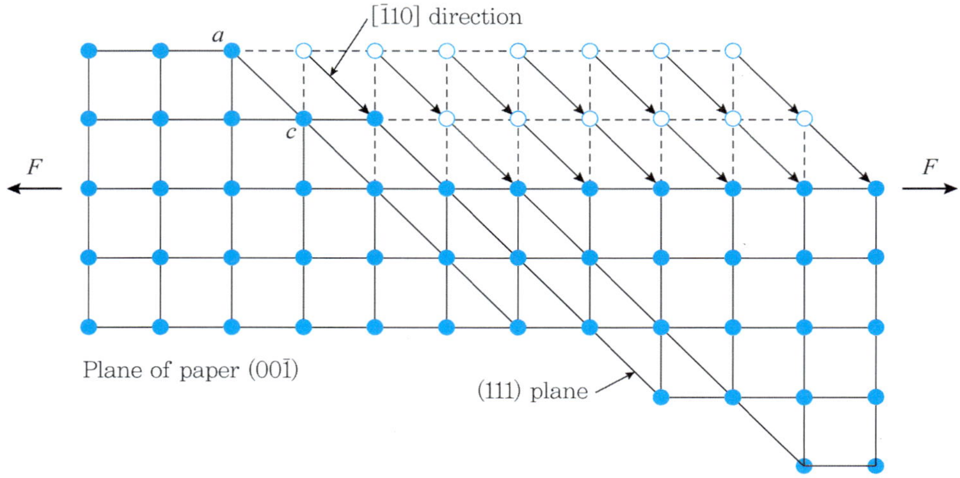

그림 2.18 슬립의 개념도

금속마다 결정 특유의 미끄러지기 쉬운 면과 방향이 있다. 금속에 외력을 가하면 미끄러지기 쉬운 방향의 분력에 의해 특정한 면이 미끄러지게 된다. 미끄럼에 의한 변형의 보기를 단결정으로 만든 봉상의 시험편을 인장하여 소성변형 시키면 그 표면에는 육안으로 볼 수 있는 무늬 모양이 많이 나타난다.

그림 2.19와 같이 외력에 대하여 일정한 각도를 이루는 평행한 결정면이 외력에 의해 생긴다. 이것은 전단력의 작용으로 정해진 결정방향으로 슬립형상이 생긴 것이다. 슬립방향이 점차 인장 방향으로 향하면서 결정이 회전하게 되면서 그 표면에 엇갈림이 생겨 미끄러지는데, 이것을 슬립이라 한다. 이와 같이 결정이 미끄러진 면과 그 미끄러진 방향을 슬립 면과 방향이라 한다. 이와 같은 변형을 결정의 슬립 변형이라 한다.

일반적으로 소성변형이 진행되면 슬립에 대한 저항이 점차 증가하고, 그 저항이 증가하면 금속의 경도와 강도도 증가한다.

이것을 변형에 의한 가공경화(加工硬化, work hardening) 또는 변형경화(變形硬化, strain hardening)라 한다.

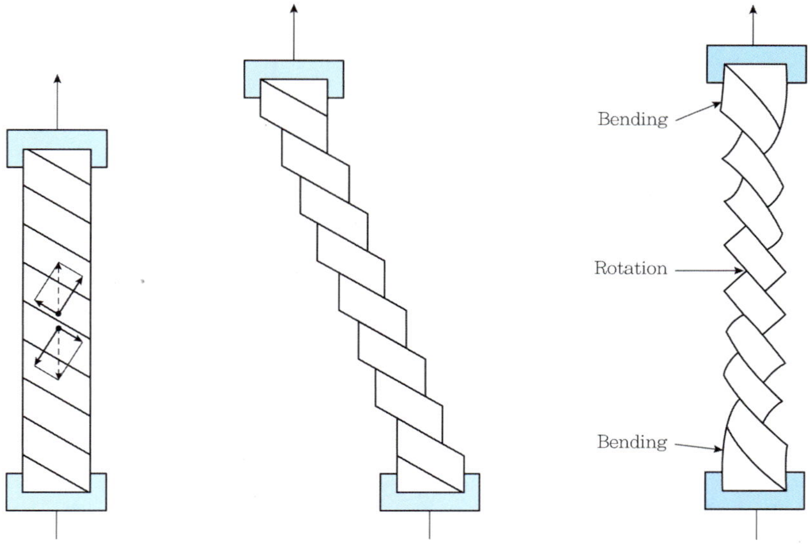

(a) 변형 전　(b) 양쪽 자유　(c) 양쪽 고정

그림 2.19 슬립에 의한 변형

(2) 쌍정(twin)

금속에서 영구변형이 생기는 변형기구에는 슬립변형 외에 쌍정(雙晶, twin)이란 변형이 있다. 쌍정변형도 일종의 미끄럼을 동반하는 원자의 재배열에 의한 변형이며 그림 2.20은 쌍정변형과 슬립변형을 비교한 모형이다.

쌍정이란 어느 결정면을 경계로 인접한 결정격자가 처음의 결정과 결정면에 대칭적으로 원자배열을 갖는 결정부분을 말한다. 그 경계가 되는 면을 쌍정면(twinning plane)이라 부르며, 전단이 일어나는 방향을 쌍정방향(雙晶方向, twinning direction)이라 한다. 쌍정형성은 원자의 집단적인 이동에 의해 형성되는 것이 특징이다.

슬립과 쌍정의 차이를 비교해 보면 다음과 같다. 슬립은 슬립을 일으킨 부분이든 아니든 결정방위는 변하지 않으나 쌍정은 쌍정면의 양측에서 결정의 방위가 변한다. 그리고 쌍정에 의한 영구변형은 슬립변형과는 다르게 변형량이 적다.

그러나 쌍정이 생기면 결정축의 방향이 회전하게 되므로 다음 슬립에 의한 새로운 변형이 생기기 쉽다는 이유로 쌍정변형은 소성변형의 기구에서 중요하게 다루고 있다.

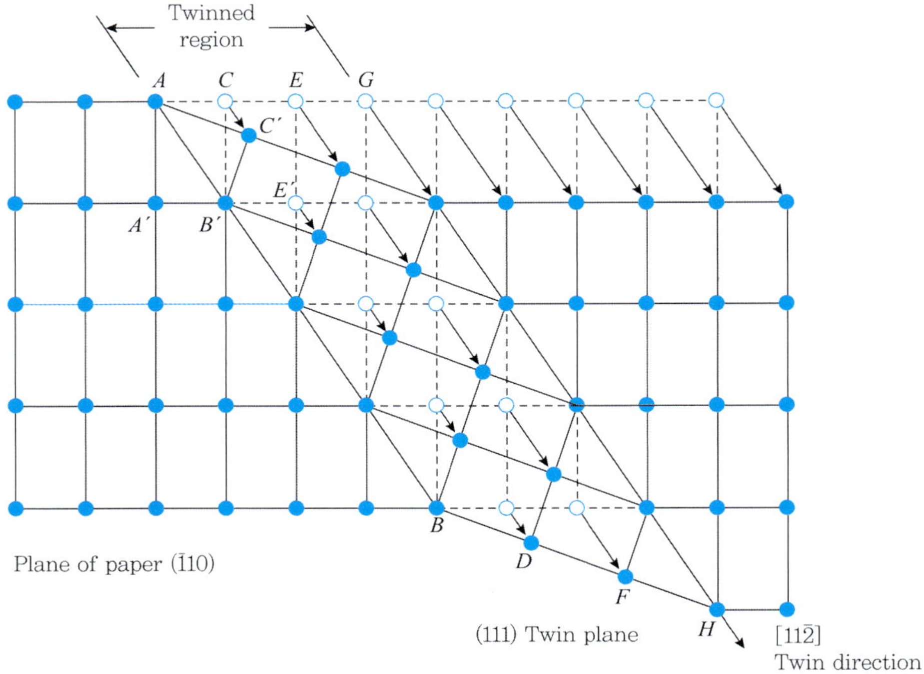

그림 2.20 쌍정과 원자의 배열

그림 2.21과 같이 쌍정변형의 경우에도 변형에 의해 표면에 요철(凹凸)이 생기는데, 이것을 쌍정 밴드(twin band)라 한다.

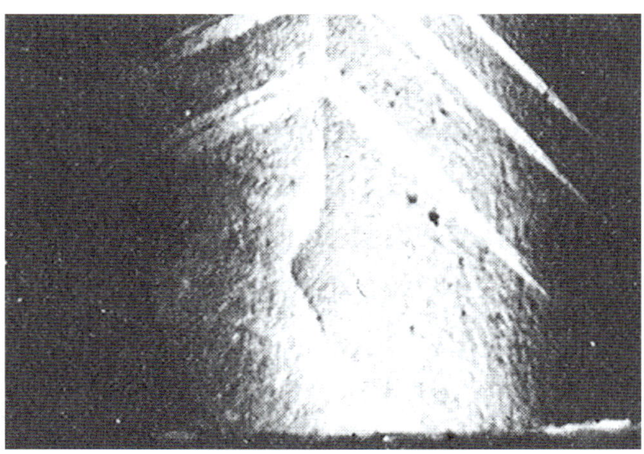

그림 2.21 아연에서 발생한 쌍정밴드

(3) 전위론(dislocation)

금속의 결정은 외력을 받게 되면 슬립 또는 쌍정이 일어나면서 변형하게 된다. 슬립에 의한 소성변형은 슬립 면을 따라 원자의 위치가 상대적으로 이동하면서 생기는 변형이라고 생각되어 왔다.

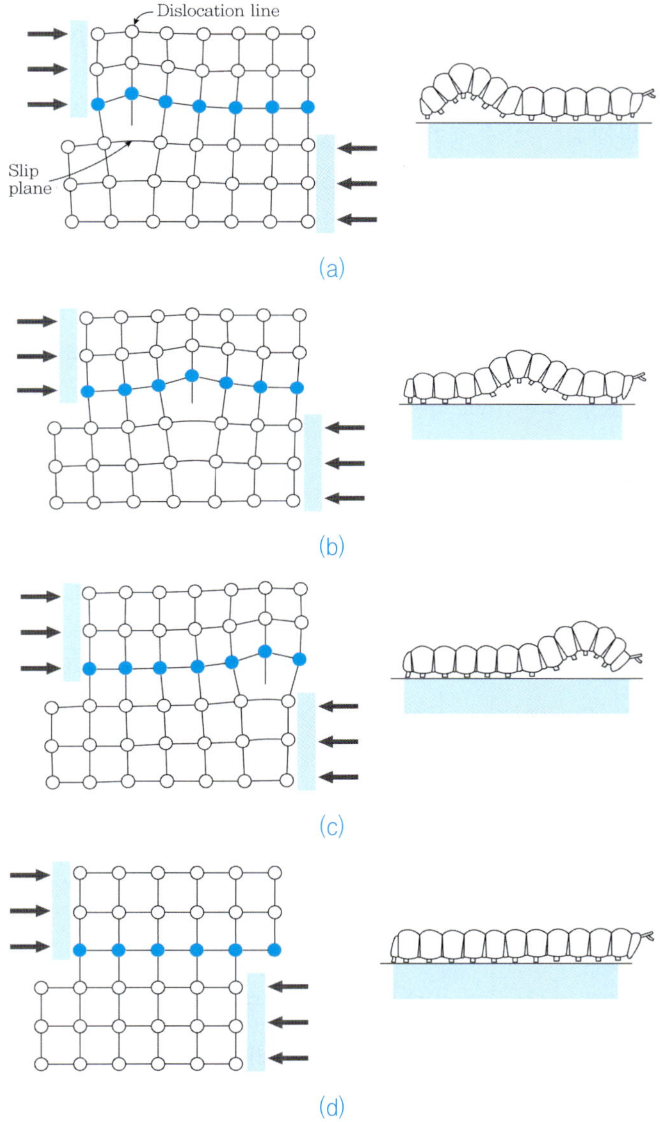

그림 2.22 전위의 발생과 원자 배열

전위론에서는 결정면에서 슬립이 일어날 때 슬립 면 전체가 한꺼번에 이동하는 것이 아니고, 극히 작은 부분의 슬립이 금속내의 슬립면상으로 이동하는 것으로 생각한 것이다. 슬립이 일어날 때는 원자면 전체가 동시에 이동하는 것은 아니고 원자가 1개씩 이동한다고 생각하게 되었다. 이런 원칙에 따라 슬립이 일어나는 과정을 도식화하면 그림 2.22와 같이 나타낼 수 있다.

그림 2.22의 (a)와 같이 슬립 면을 중심으로 서로 다른 방향의 힘이 작용하게 되면 지렁이가 이동하는 것처럼 슬립 선이 이동하게 되는 것을 볼 수 있다. 여기에서는 슬립 면을 따라 전위가 발생되는 것만 생각하고, 외력에 의해 어떤 원자의 면이 좌측으로 일부 이동하였다고 생각한다. 이와 같은 원리에서 보면 슬립 면의 위쪽에서 하나의 원자 면이 중단된 곳이 생기게 된다. 이와 같이 한 원자 면이 빠진 곳을 전위(dislocation)라 한다.

이 전위는 점차로 우측으로 진행되어 그림 (d)와 같이 된다. 이와 같은 원자 배열상태에서는 전위의 양측에서 원자에 적용하는 힘이 상대적이기 때문에 중심의 원자만을 움직이는 데에 필요한 힘은 비교적 작다. 따라서 슬립을 일으키는 데에 필요한 전단력의 값은 생각보다 훨씬 적게 된다.

2.3.2 금속 재료의 가공 경화와 재결정

금속은 소성이 우수한 특징을 가지고 있으므로, 이 성질을 이용하여 압연, 단조, 인발, 압출 및 프레스 등 공업적인 여러 가지 소성변형에 의하여 소재 및 제품을 가공 생산할 수 있다.

금속 재료의 냉간가공에서는 소성변형에 의해 현저하게 경화되어 변형저항의 증가하게 된다. 가공조건에 따라 가끔은 바라는 가공이 이루어지기 전에 파괴되는 경우가 생긴다.

그러나 일정한 온도 이상으로 다시 가열하게 되면 연성이 회복되면서 가공전의 상태로 되돌아가는데 이는 경화된 조직이 재결정에 의해 회복되기 때문이다.

(1) 가공 경화와 회복

① 가공 경화

금속을 소성가공하면 소성기구에 대한 저항이 발생되면서 소성변형을 하는 금속 재료에는 가공경화가 일어난다.

철강 재료뿐만 아니라 비철 금속 재료는 일반적으로 고온이 될수록 연해지고 소성이 좋아진다. 따라서 금속 재료의 가공은 주로 고온에서 이루어진다.

그러나 고온에서는 산화・탈탄 등이 발생하므로 마무리 가공이 좋지 못해 정확한 치수를 얻을 수 없게 된다. 특히 얇은 판이나 가는 철사 등은 고온으로 유지하기가 힘들기 때문에 현장에서는 고온가공 후 냉간가공을 하고 있다. 따라서 산화・탈탄 등을 방지하고 표면이 미려하며 정확한 치수가 요구되는 경우에는 상온가공을 하게 된다. 또한 기계적 성질을 향상시킬 목적으로 상온가공을 하는 경우가 많다. 특히 열처리에 의해 성질개선이 안 되는 많은 비철금속은 상온가공에 의해 기계적 성질을 개선하는 경우가 많다. 또, 철강의 경우에도 피아노선과 같이 냉간가공을 통해 재질의 강화를 꾀하는 경우도 있다.

② 회복

냉간 가공을 계속하면 가공경화가 일어나서 더 이상의 냉간가공이 불가능해진다. 이것을 다시 일정한 온도 이상으로 가열하면 가공에 의해 증가되었던 강도와 경도는 급격히 저하되고, 반대로 연성이 회복되어 냉간가공하기 쉬운 상태로 된다.

일반적으로 가공한 재료를 고온으로 가열하면, 그림 2.23과 같이 내부응력의 제거, 연화, 재결정, 결정입자의 성장과 같은 네 가지 현상이 일어난다. 특히 연화현상은 재결정 이전과 재결정에 의해 일어나는 것으로 구분하는데, 앞의 현상을 회복(recovery)이라 한다. 금속의 회복은 냉간가공으로 금속이 받은 물리적 기계적 성질의 변화를 비교적 낮은 온도로 가열시킨다. 따라서 가공 전 결정립의 모양이나 결정의 방향에 변화를 주지 않고 물리적, 기계적 성질만을 변화시키는 회복과정이다. 융점이 낮은 금속에서는 가공 후 특별히 가열하지 않고 실온에 방치해 두기만 해도 회복이 일어난다.

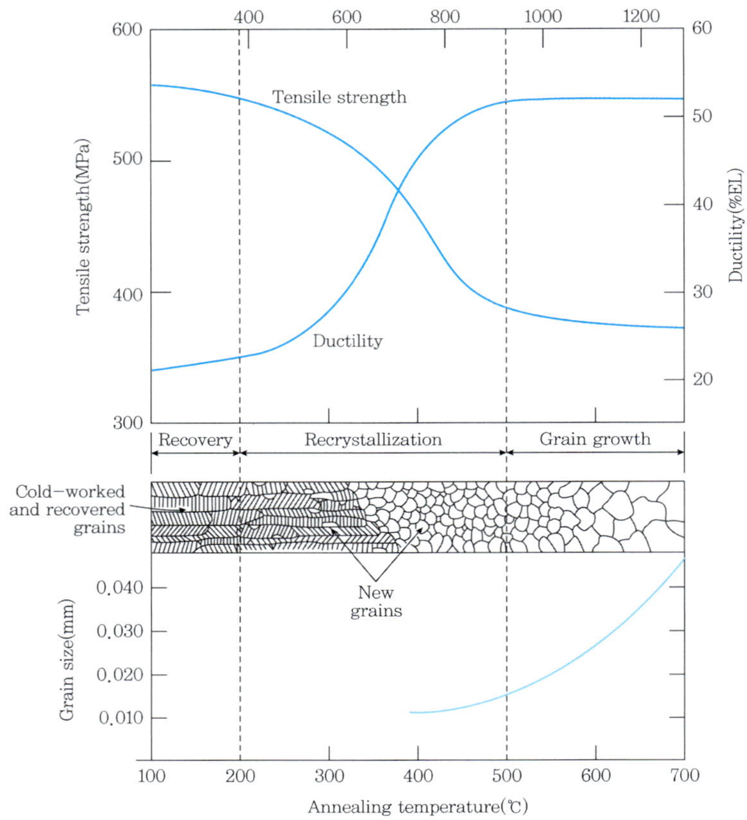

그림 2.23 황동 합금의 재결정립의 구조변화

(2) 재결정과 결정립의 성장

① 재결정

가공 경화된 금속재료를 가열하면 그 내부에 새로운 결정립의 핵이 생기고 이것이 성장하여 전체가 변형이 없는 결정립으로 치환되어 다시 연화되는데, 이 과정을 재결정(recrystallization)이라 한다.

냉간가공의 양, 즉 가공도가 적거나 풀림온도가 낮을 때는 재결정이 일어나지 않고 회복만이 일어나는 경우도 있으나 재결정이 일어나는 경우에는 이에 앞서 반드시 어느 정도의 회복이 일어난다. 재결정에 중요한 인자는 풀림온도와 시간이다. 이것을 알맞게 선택하면 재료에 적당한 강도와 연성을 부여할 수가 있다.

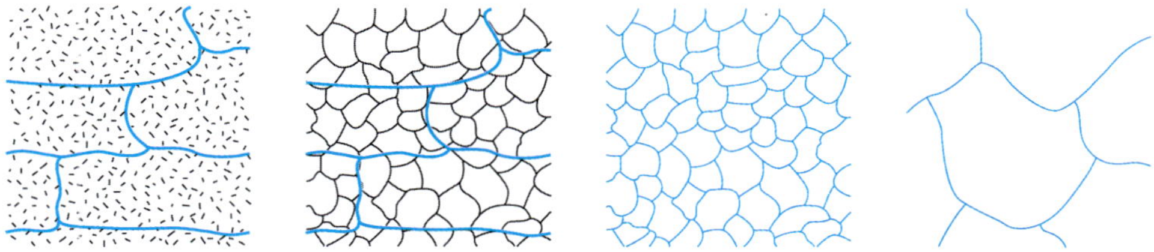

그림 2.24 냉간가공 금속의 미세구조와 풀림온도의 영향

재결정 온도(recrystallization temperature)는 재결정이 일어나는 온도라 할 수 있으나 그 금속의 가공정도에 따라 변할 뿐 아니라, 가열온도, 가열시간 등이 관련된다. 따라서 금속마다 재결정온도를 표기하는 것은 엄밀한 의미에서 정확한 표현이 아니다. 일반적으로 철의 재결정온도는 450℃라고 하고 있지만 이 경우에는 「재결정을 인정할 수 있는 최저의 온도」를 뜻하는 온도로 가열속도, 가열시간에 관계없이 재결정이 인정되는 최저의 온도를 가리키는 경우이다. 따라서 실제에 있어서는 1시간에 100% 재결정이 완료되는 온도라는 뜻으로 사용되는 경우가 많다.

재결정온도는 가공도가 증가하게 되면 낮아지고 일정한 값에 접근하게 된다. 가공정도를 별도로 언급하지 않는 재결정온도란 일정한 값에 도달한 온도를 말하는데, 이것은 1시간의 풀림으로 100% 재결정되는 온도로 비교적 가공도가 높은 경우의 재결정온도에 상당하다.

그림 2.24는 가열에 의한 금속조직의 변화를 모형으로 나타낸 것이다. 가공에 의해 변형된 금속 및 합금이 어느 온도 이상으로 가열되면 결정립의 내부 또는 결정입계에 새로운 결정의 핵이 발생하여 성장하게 되는데 변형되기 전과는 전혀 다른 새로운 결정입자가 생긴다. 변형된 결정입자가 완전히 재결정 조직이 되기 위해서는 특정 온도에서 일정 시간동안 유지되어야 한다. 금속과 합금의 재결정 온도는 그 종류에 따라 다르며, 가공도와 가열시간에 따라 다르다. 일반적으로 가공도가 큰 재료는 재결정이 낮은 온도에서 생기고, 가공도가 작은 재료는 높은 온도에서 재결정이 생긴다.

② 결정립의 성장

(a) 400℃ (b) 650℃ (c) 800℃

그림 2.25 풀림온도가 황동 결정립의 크기에 미치는 영향

냉간가공으로 변형이 생긴 결정립이 재결정에 의해 변형이 없는 결정립으로 전부 치환된 후에도 다시 풀림을 계속하면 그림 2.25에서 보는바와 같이 온도에 따라 결정립의 모양이나 크기에 변화가 생기는데 이것을 결정립 성장(grain growth)이라 한다.

2.3.3 금속 재료의 소성가공

(1) 열간가공과 냉간가공

일반적으로 재결정 온도를 중심으로 이것보다 높은 온도에서 가공하면 열간가공 또는 고온가공(hot working)이라하며 가공경화 현상은 일어나지 않는다. 반대로 낮은 온도에서의 가공을 냉간가공(cold working)이라 한다. 일반적으로 상온가공과 냉간가공을 같은 뜻으로 사용되고 있으나 Sn, Pb 등은 다르다. 냉간가공은 가공 도중에 가공경화와 내부응력이 생겨 가공이 어렵게 되므로 연화와 풀림을 가공 중에 하여야 한다.

일반적으로 금속 재료는 고온이 될수록 변형저항이 감소되어 변형능이 증가되므로 열간가공은 소성가공을 용이하게 한다. 따라서 공업적인 변형가공은 열간가공에서 초벌가공을 하고 냉간가공에서는 마무리가공하는 것이 경제적이고 일반적이다.

예를 들면 냉연강판은 두께 약 5㎜까지는 열간압연을 하고 그 다음 공정은 냉간압연하고 있다.

(2) 주요 소성 가공법

소성가공은 주로 금속을 소성변형 시켜 제품을 생산하는 가공방식이다. 기계부품이나 제품을 생산하는 방법에서 절삭가공과 용접 등을 제외하면 대부분이 이 방법을 사용하여 제품을 생산한다. 소성가공은 금속의 성질을 변화시키기 보다는 필요한 모양과 크기로 만드는 방법이다.

- 열간가공(hot working, 고온가공) : 재료의 재결정온도보다 높은 온도에서 가공함
  → 적은 변형응력으로 가공이 용이, 표면이 불량, 치수 정밀도가 저하됨

- 냉간가공(cold working, 상온가공) : 재료의 재결정온도보다 낮은 온도에서 가공함
  → 큰 변형응력이 요구, 표면이 미려, 정밀한 치수, 가공경화를 이용한 강도의 상승효과가 있음

CHAPTER 3
철강재료

3.1 철강 재료의 분류

그림 3.1 철강 소재를 사용한 금형

산업의 쌀이라 불리는 철강 산업은 철기시대 이래로 많은 발전을 거듭하여 왔으며, 지금도 지구상에 존재하고 있는 많은 금속 중에서도 가장 값싸고, 가공이 용이하며, 상대적으로 생산비가 저렴한 장점을 가져 광범위하게 산업적으로 사용되고 있는 재료이다.(그림 3.1) 또한 열처리로 용도에 알맞게 기계적 성질의 조절이 가능하여 다양한 산업으로의 적용이 가능하여 국력을 나타내는 척도로도 사용된다.

철강 재료는 일반적으로 순철, 강, 주철의 세 종류로 구분한다. 철은 순철 상태로 사용되는 것은 적고, 타원소를 첨가시켜 합금으로 많이 사용된다. 철에 탄소를 합금시킨 것을 탄소강(carbon steel)이라 한다.

- 순철 : 탄소의 함량이 0.02% 이하인 철, 전기재료(변압기 철심), 분말야금용 등으로 사용 된다. 광석에서 공업적으로 쇠붙이를 골라내거나 합금을 만들어내는 것을 분말야금이라 한다.

- 강(탄소강) : 탄소의 함량이 0.02 ~ 1.7% 정도의 철을 강이라 한다. 기계 구조물 재료로 사용되며 함유량에 따라 아공석강, 공석강, 과공석강으로 분류한다.
- 주철 : 탄소의 함량이 1.7% 이상의 철로 취성이 가장 크며 주로 주물의 재료로 사용된다.

3.2 철강의 제조법

철강 재료의 제조는 먼저 철광석을 용광로에서 제련하여 선철을 만드는 제선 공정과 이 공정에서 만든 선철을 제강로(주로 산소로)에서 정련하여 강으로 만든 다음 강괴나 강편으로 주조하고 이것을 압연하여 강재를 만든다.(그림 3.2) 또, 주철은 선철을 용선로에서 용해하거나 용융된 선철을 전기로에서 재가열, 주철 성분으로 조정하여 주조제품을 만든다.

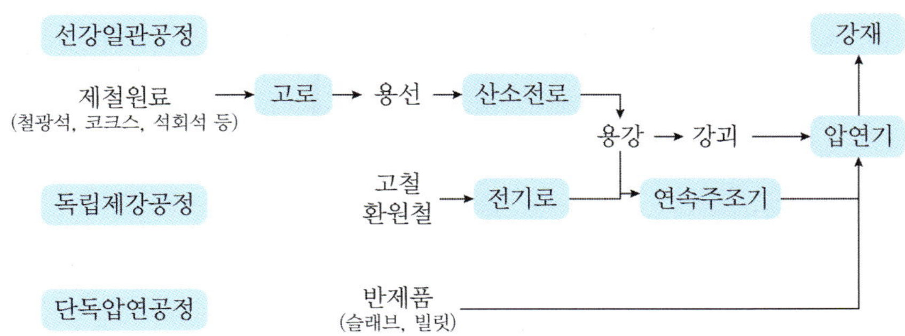

그림 3.2 철강의 제조공정

(1) 제선공정

용광로에서 철광석을 용해 환원시켜 선철(2.5 ~ 4.5%C)을 생산하는 공정은 그림 3.3과 같다. 철광석, 코크스, 석회석은 고로 윗부분에 넣어져 서서히 아래도 떨어진다. 코크

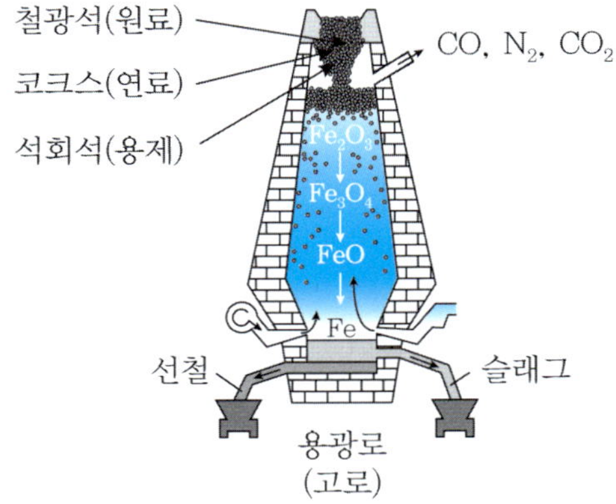

그림 3.3 제선공정

스는 고로 아랫부분에 유입되는 열풍에 의해 연소되는데 이 과정에서 발생하는 일산화탄소가 철광석과 환원반응을 일으키면서 쇳물이 생산된다. 고로에 장입된 철광석이 쇳물로 나오기까지는 5 ~ 6시간 정도가 소요되고, 이때 쇳물의 온도는 1500℃ 정도이다.

(2) 제강공정

선철은 주조성이 좋지만 아직 불순물을 많아 기계적 성질이 불량하거나 취약하므로, 다시 전로, 전기로 등의 제강로에 장입 후 산소를 불어넣어 산화정련 반응에 의해 C와 기타 불순물을 산화물 슬래그로 제거하여 강인한 강(steel)을 제조하는 과정이며 그림 3.4에 나타낸 것과 같은 공정이다. 제강법에는 평로 제강법, 전로 제강법, 전기로 제강법, 도가니로 제강법 등이 있으며 노의 종류는 다음과 같다.

- 큐폴라(용선로) : 주철을 용해할 때 사용되는 노이다.
- 전기로 : 전극 사이의 아크열을 이용하여 선철, 파쇠 등을 용해하여 강이나 합금강을 제조하는 것이다.
- 반사로 : 노의 천장과 옆벽으로부터 반사열을 이용하여 금속을 용해하여 정련하는 노이며, 용해 온도가 낮은 구리, 황동, 청동 등 비철금속을 용해시키는데 주로 사용된다.

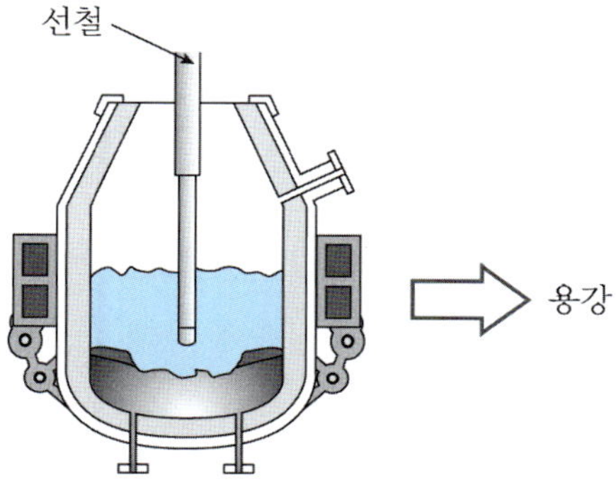

그림 3.4 제강공정

- 평로 : 바닥이 낮고 편평한 반사로를 이용하여 선철을 용해시키며, 고철, 철광석 등을 첨가하여 용강을 만드는 것이다. 산성법과 염기성법이 있다.

3.3 탄소강의 성질

(1) 물리적 성질과 화학적 성질

강은 순철에 가까운 ferrite와 cementite가 혼합된 것으로 비중, 열팽창계수, 열전도율은 탄소량의 증가에 따라 감소하나 비열, 전기 저항, 항자력은 증가한다. 또한 내식성은 탄소량이 증가할수록 감소하고 소량의 Cu가 첨가되면 내식성은 급증한다.

(2) 기계적 성질

상온에서의 기계적 성질은 아공석강에서는 탄소함유량에 비례하여 거의 직선적으로 변하여 인장강도, 경도, 항복점 등은 탄소량의 증가에 따라 증가하고, 공석강에서는 인장강도가 최대로 되며, 연신율 및 단면 수축률은 탄소량과 더불어 감소한다. 또한 과공석강에서는 cementite가 망상으로 나타나므로 인장강도는 탄소가 증가하여도 감소되나 경도는 증가한다.

(3) 온도에 따른 기계적 성질

동일 성분의 탄소강이라도 온도에 따라 그 기계적 성질은 매우 달라지는데, 탄소가 0.25%인 강을 예로 들면 0~500℃ 사이에서 일어나는 성질변화는 탄성계수, 탄성한계, 항복점 등은 온도의 상승에 따라 감소하고, 인장강도는 200~300℃ 까지는 상승하여 최대가 되며, 연신율과 단면 수축률은 온도상승에 따라 감소하여 인장강도가 최대가 되는 점에서 최소값을 나타내고 다시 커진다. 충격값은 200~300℃에서 가장 적다.

탄소강은 온도에 따라 취성(brittleness)이 나타난다.

- 청열취성 : 인(P)이 원인이며, 강은 200~300℃에서는 강도는 크지만, 연신율은 대단히 작아서 결국 메짐성을 나타낸다. 이때 강은 청색의 산화 피막을 형성하는데, 이를 청열취성이라 한다.
- 적열취성 : 황 (S)이 많은 강은 고온(900~1000℃)에 있어서 여린 성질을 나타내는데 이를 적열취성이라 한다.
- 상온취성 : 인 (P)은 강의 결정 입자를 조대화시켜 강을 여리게 만들며, 특히 상온 또는 그 이하의 저온에 있어서는 특히 현저해 진다. 강중의 Fe_3P의 화합물로 인한 취성이고 주물의 자연균열을 일으키는 원인이다.
- 고온취성 : 강은 구리 (Cu)의 함유량이 0.2% 이상이 되면 고온에 있어서 현저히 여리게 된다.
- 냉간취성 : 강은 일반적으로 충격값은 100℃ 부근에서 최대이며, 상온 이하에 있어서는 현저히 여리게 된다.

(4) 탄소강 중에 존재하는 탄소 이외의 원소가 미치는 영향

① Si : 강의 경도, 탄성 한계, 인장 강도를 증가시키며, 연신율, 충격값 및 단면수축률은 감소시고 결정입자의 크기를 증대시켜 가단성, 전성을 감소시킨다. 유동화성을 추진시키는 대표적인 원소이며, 흑연화를 촉진시킨다.

② Mn : 선철 중에 존재하거나 탈산제의 일부로 잔존한 것이 강에 잔류하여 (0.2~0.8%) Ferrite(α 고용체)에 고용되거나 MnS의 형태로 존재한다. 망간은 황과 화합하여 MnS로 되어 황의 해를 제거하며, 고온 가공을 용이하게 한다. 강도, 경도, 인성을 증가시키며, 고온에 있어서는 결정입자의 성장을 방해한다. 소성을 증가시키고 주조성을 좋게 한다. 담금질 효과를 크게 하며 탈산제로도 사용된다.

③ P : 경도와 강도를 증가시키고, 가공 시 균열을 일으키며, 상온취성의 원인이 된다. 기포가 없는 주물을 만들 수 있고, 절삭성이 좋아진다. 결정립을 조대화 시키는 원소이다.

④ S : Mn과 결합하여 황화망간(MnS)을 생성하고 잔류량은 Fe와 결합하여 FeS을 생성하고 황화철(FeS)은 공정(Eutectic)을 만들어 입계에 망상으로 분포하여 인장강도, 연신율, 내충격성을 저하시킨다. FeS은 용융점(1193℃)이 낮아 고온취성의 원인이 되므로 보통 0.03% 이하로 유지시킨다.

⑤ Cu : 극소량이 Fe에 고용되어 인장강도, 탄성한계 및 내부식성이 향상된다. 고 탄소강에서는 0.25%정도면 양호하다.

⑥ O_2, H_2, N_2 : 산소는 적열취성의 원인이 되며, 질소는 경도와 강도를 증가시키고, 수소는 flake나 hair crack의 원인이 된다.

(5) 각종 탄소강과 그 용도

① 0.15%C 이하의 저탄소강 : 탄소량이 적어 담금질 뜨임에 의한 개선이 어려워 냉간 가공을 하여 강도를 높여 사용할 때가 많다. 대상강 (帶狀鋼), 박강판, 강선 등에는 냉간 가공성이 좋으며 규소 함유량이 적은 저탄소강이 사용된다.

② 0.16~0.25%C 탄소강 : 강도에 대한 요구보다도 절삭 가공성을 중요시하는 것으로 0.15% C 부근의 것은 냉간 가공용 강으로 널리 사용된다. 0.25% 부근의 것은 볼트, 너트, 핀 등 그 용도는 지극히 넓다. 엷은 탄소강 관재로는 0.15~0.25%C 정도가 많이 사용된다.

③ 0.25~0.35%C 탄소강 : 이 범위의 탄소강은 단조, 주조, 절삭 가공, 용접 등 어떠한

경우라도 쉽다. 또한 조질에 의해 재질을 개선할 수도 있다. 담금질, 뜨임을 하면 대단히 강인해지며 차축, 기타 일반 기계 부품에서는 압연이나 단조 후 풀림이나 불림을 행하므로 열간 가공에 의해서 조대화나 불균일하게 된 결정입자를 균일 미세화해서 그대로 절삭 가공만을 하여 사용한다.

④ 0.35~0.45%C 탄소강 : 비교적 대형의 단조품에서 강도가 부족하거나 또는 조질 후 비교적 큰 강도를 요구할 때 사용된다. 즉 차축, 크랭크축 등 강인성을 요하는 부품에 적합하다. 탄소량이 많은 편이라 용접이 곤란하다.

⑤ 0.45~0.60%C 탄소강 : 메짐성이 있고 담금질성은 크나 담금질 균열이 생기기 쉽다. 열 균열이 생기기 쉽고 인성도 불충분하다. 이 범위의 탄소강은 비교적 용도가 적다.

⑥ 0.6%C 이상의 고탄소강 : 구조용재로서 0.6%C 이상의 고탄소강을 사용하는 일은 거의 없으나 공구강, 핀, 차륜, 레일, 스프링 등과 같은 내마모성, 고항복점을 요구하는 물품에 사용된다.

3.3.1 Fe-C 평형상태도

강은 열처리를 통하여 매우 다양한 미세조직과 성질이 얻어진다. 따라서 열처리 변수의 적절한 조정에 의해 우리가 원하는 미세조직과 특성을 얻을 수 있다. 미세조직과 성질을 결정해주는 기본적인 열처리 변수로는 어느 온도로 가열할 것인가, 특정온도에서 얼마동안 유지시켜 줄 것인가, 냉각은 어떠한 방법으로 어떻게 진행할 것인가 등의 3가지가 있다. 이러한 변수들을 결정해 주기 위한 자료로서 매우 중요한 역할을 하는 것이 평형상태도(equilibrium phase diagram)이다. 특히, 상태도는 하나의 변수인 열처리 온도를 결정하는 데 결정적인 지표가 된다.

그림 3.5와 같이 가로축을 Fe와 C의 2원 합금 조성(%)으로 하고 세로축을 온도(℃)로 하였을 때 각 조성의 비율에 따라 나타내는 합금의 변태점을 연결하여 만든 선도를 철-탄소계 평형 상태도(Fe-C diagram)라 한다.

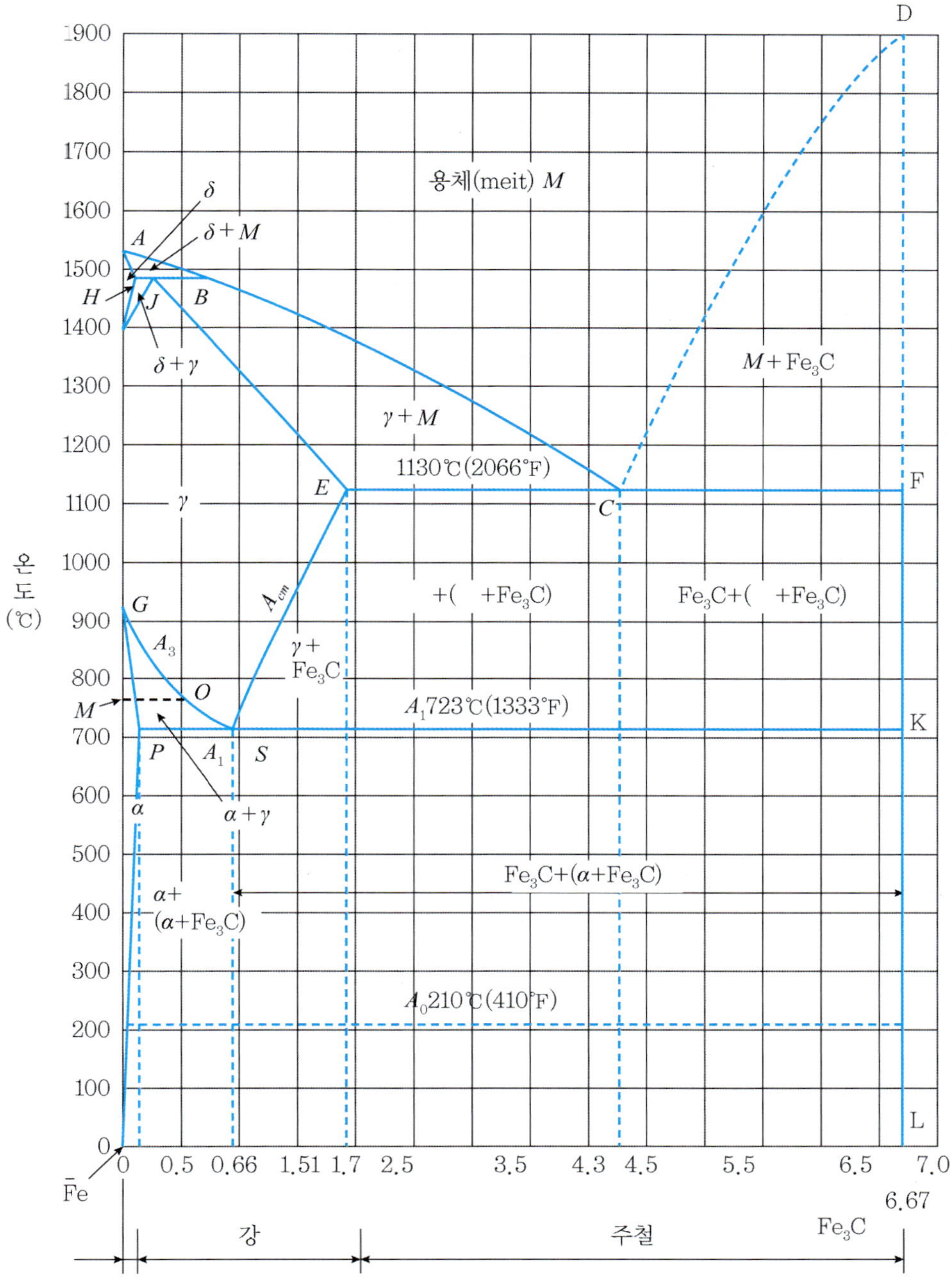

그림 3.5 Fe-C 평형 상태도

표 3.1 Fe–C 평형 상태도의 각점과 선

A	순철의 융점(1,538℃)
N	순철의 A_4 변태점, α 철 ⇄ 철(1,394℃)
AB	δ 페라이트(δ 철에 C가 약간 고용한 것)에 대한 액상선이며, 융체에서 δ 페라이트가 정출하기 시작하는 온도
AH	δ 페라이트에 대한 고상선이며, 0.09%℃이하의 강에 있어서 δ 페라이트의 정출이 완료하는 온도
HN	δ 페라이트가 오스테나이트로 변하하기 시작하는 온도
JN	δ 페라이트가 오스테나이트로 변화가 끝나는 온도
HJB	포정선(peritectic)이며, 1,495℃에 있어서 0.17%(J점)~0.53%(B점)의 강에는 다음과 같이 포정 반응이 일어난다. δ 페라이트(H) + 융체(B) ⇄ 오스테나이트(J)
BC	오스테나이트에 대한 액산성이며, 용액으로부터 시멘타이트가 정출하기 시작하는 온도
JE	오스테나이트에 대한 고상선이며, 오스테나이트의 정출이 완료되는 온도
CD	시멘타이트에 대한 액상선이며, 용액으로부터 시멘타이트가 정출하기 시작하는 온도
ECF	오스테나이트와 시멘타이트의 공정선이며, 이 온도에서 융액 ⇄ 오스테나이트(E) + Fe_3C(F)의 반응에 의해 융액으로부터 오스테나이트와 Fe_3C(F)가 동시에 정출한다.
C	공정점(1,148℃, 4.3%℃). 이 조성은 공정 조직(Ledeburite)으로 된다.
E	오스테나이트에 대한 C의 최대 용해도(1,148℃, 2.11%℃), 이 점에서 철과 주철로 구분된다.
ES	오스테나이트에 대한 Fe_3C의 용해도 곡선. 오스테나이트로부터 Fe_3C가 석출하기 시작하는 온도이며, Acm선이라고 부른다.
G	순철의 A_3 변태점. γ 철 ⇄ α 철(912℃)
GS	오스테나이트로부터 페라이트가 석출하기 시작하는 온도이며, A_3 선이라고 한다.
S	공석점(0.77%, 723℃)
PSK	공직선 EH는 A1선이라고 하며, 이 온도(723℃)에서 오스테나이트(S) ⇄ 페라이트(P) + Fe_3C(K)의 반응에 딸 펄라이트(pearlite)가 생성된다.
GP	오스테나이트로부터 페라이트로의 변태가 완료되는 온도
P	페라이트에 고용하는 C의 최대 고용도(727℃, 0.028%℃)
PQ	페라이트에 대한 Fe_3C의 용해도 곡선, 상온에서 C의 고용되는 .007ppm 이하이다.
M	순철의 A_2 변태점
MO	강의 A_2 변태점(768℃)

(1) $Fe-Fe_3C$ 상태도의 고상

① α고용체(ferrite) : 라틴어의 Ferrum(철)에서 나온 말로서 화학성분은 순철에 가까우나 723℃에서 탄소를 최대 0.025%까지 고용하며 온도가 내려가면 탄소 고용도는 감소하여 0℃에서는 0.008%로 된다. 탄소 원자는 그 크기가 작기 때문에 철 결정격자의 사이의 공간에 침입형으로 위치한다. 결정격자는 체심입방격자(BCC)이다.

② γ고용체(austenite) : γ철과 탄소와의 고용체이며 탄소는 침입형으로 고용되어 있다. 결정 구조는 면심입방격자로 철을 A1 변태점 이상으로 가열하였을 때 얻는 조직이다.

③ δ고용체(δ ferrite) : 순철에서 1539℃와 1400℃ 구간에서 존재하는 철로서 1490℃에서 탄소를 최대한 즉 0.1%까지 고용한다.

(2) 공석강

그림 3.6에 표시한 0.77%C의 공석강을 γ로서 나타내는 오스테나이트 상태에서 천천히 냉각하고, S(727℃)점에 달하면

$$\gamma(0.77\%C) \rightarrow \alpha(0.02\%C) + Fe_3C(6.61\%C)$$

의 공석반응이 일어난다. 이것은 0.77%C의 오스테나이트가 0.02%C의 페라이트와 시멘타이트의 2고상으로 분해하는 것을 의미하고 있다. 이 공석변태에 의해 생성된, 페라이트와 시멘타이트는 그림 3.6에서 보이는 것과 같이 페라이트와 시멘타이트 2고상이 층상으로 배열을 하고 있다. 이 공석조직을 펄라이트(pearlite)라 한다. 공석강을 오스테나이트상태로부터 냉각하면 펄라이트 조직이 된다. 이것으로부터 공석상태를 펄라이트 변태라고 한다.

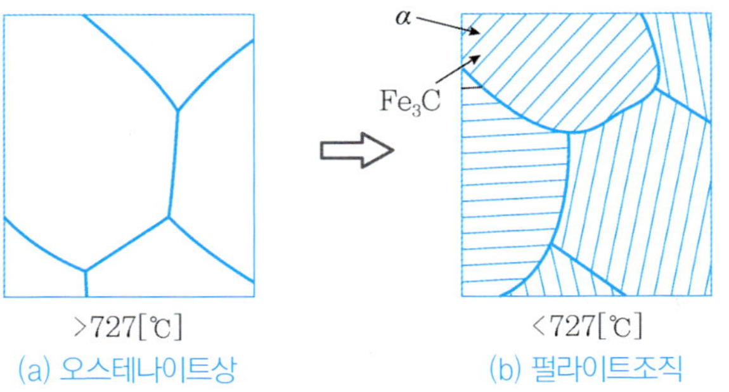

그림 3.6 펄라이트 조직

그림 3.7과 같이 오스테나이트의 입계에 Fe_3C의 핵이 발생하는데 이 핵이 성장하면, 주변 오스테나이트는 탄소농도가 감소하고, 페라이트로 변화해 간다. 이 변화가 일어남에 의해 층상의 펄라이트가 생성되어 간다. 냉각이 늦을 때는 펄라이트는 조대한 층상으로 되지만, 냉각이 빠르면 펄라이트 층의 간격은 좁게 되고, 미세한 펄라이트가 형성된다.

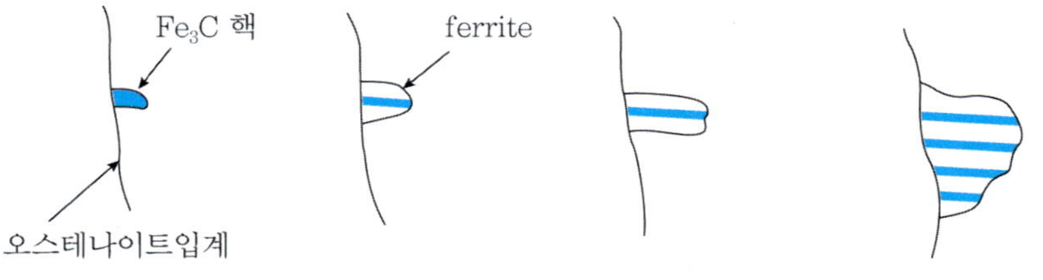

그림 3.7 펄라이트의 핵 발생과 성장

(3) 아공석강

탄소농도가 S점 이하의 아공석강을 그림 3.8의 균일한 오스테나이트 역 X로부터 냉각했을 때의 상의 변화를 생각해 본다. 온도 t_1에서 A_3선과 교차하고, 여기서 오스테나이트보다 a_1되는 조성의 페라이트가 석출을 시작한다.

그 후 온도가 내려가면 $\gamma \rightarrow \alpha$ 의 변태가 계속되고, t_1에서 t_2까지 온도가 내려가면 오스테나이트의 C농도는 γ_1에서 γ_2로 바뀌고, 페라이트 중의 C농도는 a_1에서 a_2로 바뀐다. 즉, t_2에 있어서 상태는, a_2조성의 페라이트와 γ_2의 오스테나이트가 공존한다.

더욱 온도가 내려가서 t3(727℃)의 값 직전에는 페라이트의 C농도는 P점(0.02%C)으로 되고, 오스테나이트의 C농도는 0.77%, 즉, S점에 달하고 여기서 727℃가 되면 농다가 0.77%의 오스테나이트는

$$\gamma(0.77\%C) \rightarrow \alpha(0.02\%C) + Fe_3C(6.67\%C)$$

의 펄라이트 변태를 한다. 그림 3.8은 이 사이의 변화를 도식화 한 것이다.

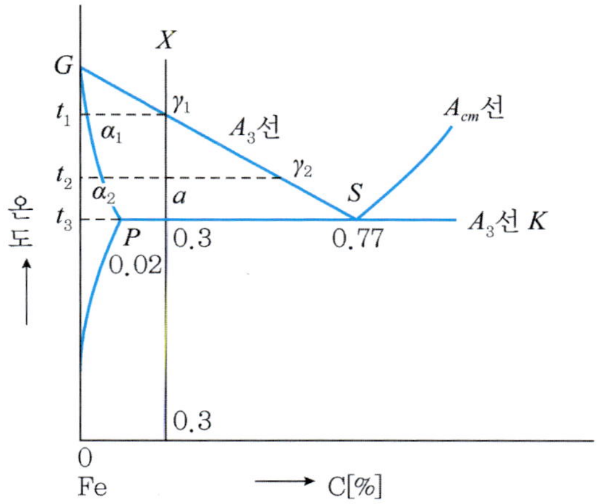

그림 3.8 0.3%의 아공석강의 상의 변화

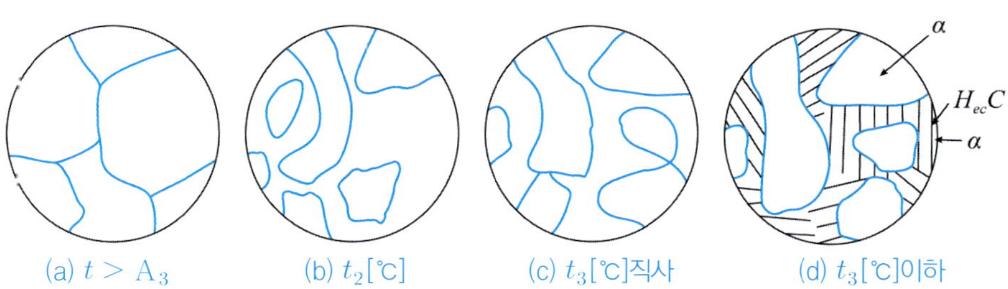

그림 3.9 아공석강의 냉각시 조직변화

(4) 과공석강

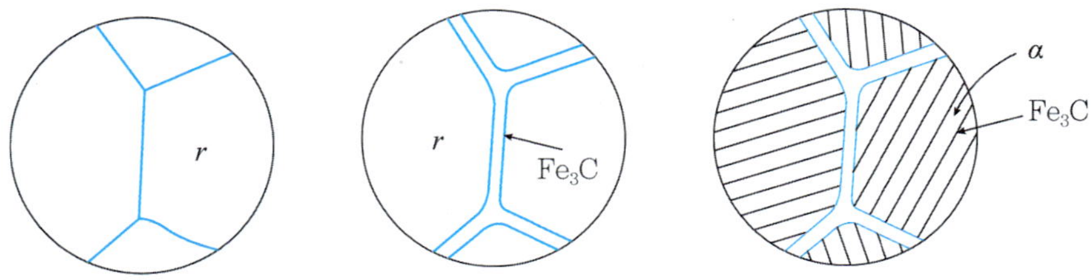

그림 3.10 과공석강의 조직변화

탄소농도가 S점 이상의 과공석강을 오스테나이트상태에서 천천히 냉각하면 Acm선에서 시멘타이트의 석출이 시작한다. 이하온도가 내려감에 따라서 오스테나이트는 Acm선에 따라 탄소농도가 감소하고 거기에 따라서 그림 3.10과 같이 시멘타이트의 석출이 계속된다.

이 시멘타이트(초석시멘타이트)는 주로 오스테나이트의 결정입계에 석출한다. 온도저하와 함께 미변태의 오스테나이트는 S점에서 0.77%C로 되고 이온도에서 펄라이트로 변태한다.

3.3.2 탄소강의 조직

강을 단련하여 불림 (normalizing) 처리, 즉 표준화 처리한 것을 말한다.

(1) 표준조직

① 페라이트(ferrite) : α철에 최대 0.025% 까지 탄소가 고용된 고용체이며, α고용체라고도 한다. 극히 연하고 연성이 크나 인장강도는 작고 상온에서 강자성체이나 768℃에서 자기변태를 일으킨다. 파면은 백색을 띠며 순철에 가까운 조직이다.

② 펄라이트(pearlite) : 탄소 0.85%의 γ고용체가 723℃에서 분열하여 생긴 ferrite와 cementite의 공석정으로 ferrite와 cementite가 layer상으로 나타나는 강인한 조직이다.

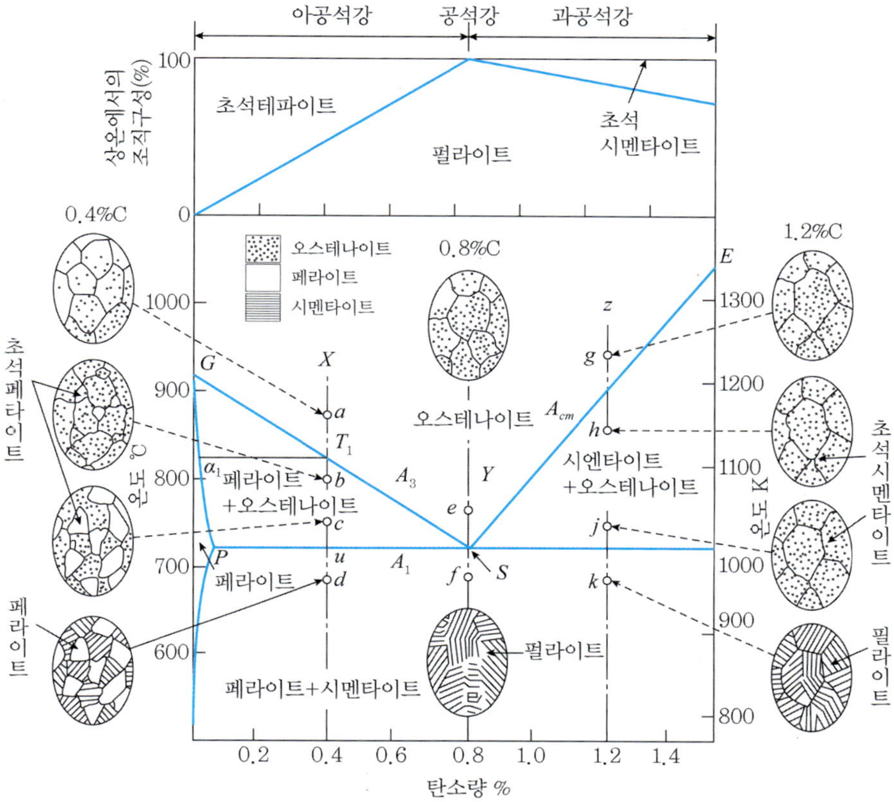

그림 3.11 Fe–Fe_3C계 평행상태도와 변태조직도

③ 시멘타이트(cementite) : 8.68%의 탄소를 함유한 탄화철로 경도와 메짐성이 크며 백색이다. 상온에서 강자성체이며 담금질을 해도 경화되지 않고 화학식은 Fe_3C이다.

(2) 담금질 조직

① 오스테나이트(austenite) : 실온에서는 존재하기 힘듦. γ철에 1.7% 이하의 탄소를 고용(금속의 결정격자 사이에 다른 금속의 원자가 침투)한 것이다. 고용체를 뜻함.

② 마르텐사이트(martensite) : 탄소강을 수중에서 급랭시켰을 때 금속의 중앙에 발생하는 조직이며, 경도가 매우 높다. 금속 결정 안의 원자가, 확산에 의하지 않고 집단적인 근소한 이동에 의하여 변태(變態)되어 생기는 조직을 말한다. 원자가

확산에 의하여 이동하는 것이 아니므로 그 조성은 변하지 않는다.

③ 트루스타이트(troostite) : 유중이나 온탕에서 급랭시켰을 때 금속의 중앙에 발생하며, α 철과 시멘타이트가 혼재된 조직이다. 마르텐사이트를 약 400℃로 뜨임하거나 담금질 할 때, A1 변태를 550~600℃에서 일어나게 할 때 생기는 조직이다.

④ 소르바이트(sorbite) : 유중에서 트루스타이트 보다 냉각 속도가 느릴 때 발생하는 조직이다.

3.3.3 합금되는 금속의 반응

기계구조물 등에 사용되는 강은 탄소강에 제3의 원소를 첨가시킨 합금강을 사용하는 경우가 많다.

(1) 탄화물 생성원소

강에 합금 원소를 첨가한 경우, 이 원소가 Fe 보다는 C와의 결합력이 크고, 합금 원소가 소량일 때는, 시멘타이트 중에 고용되고, 그 양이 많으면, 시멘타이트 이외의 특수한 탄화물을 생성하게 된다. 합금원소와 C와의 친화력의 경향은 Ti > Nb > V > Ta > W > Mo > Cr > Mn > Fe 의 순이다. 이들의 탄화물 생성원소는 BCC금속이 많다.

(2) 고체의 합금원소가 미치는 영향

- 오스테나이트 형성 원소 : C, Ni, Mn
- 페라이트 형성 원소 : Cr, Si, Nb, Mo, W, Al
- 탄화물 형성 원소 : Cr, W, Mo, V, Ti, Nb, Ta, Zr
- 탄화물 안정화 원소 : C, Mn, Mo, W, V, Ti, Nb, Ta, Ni, Co, Si
- 질화물 형성 원소 : 모든 탄화물형성 원소들은 동시에 질화물 형성원소이며, 질화처리시 Al과 1.5%의 Ti을 함유한 합금강은 매우 높은 경도를 얻을 수 있다.

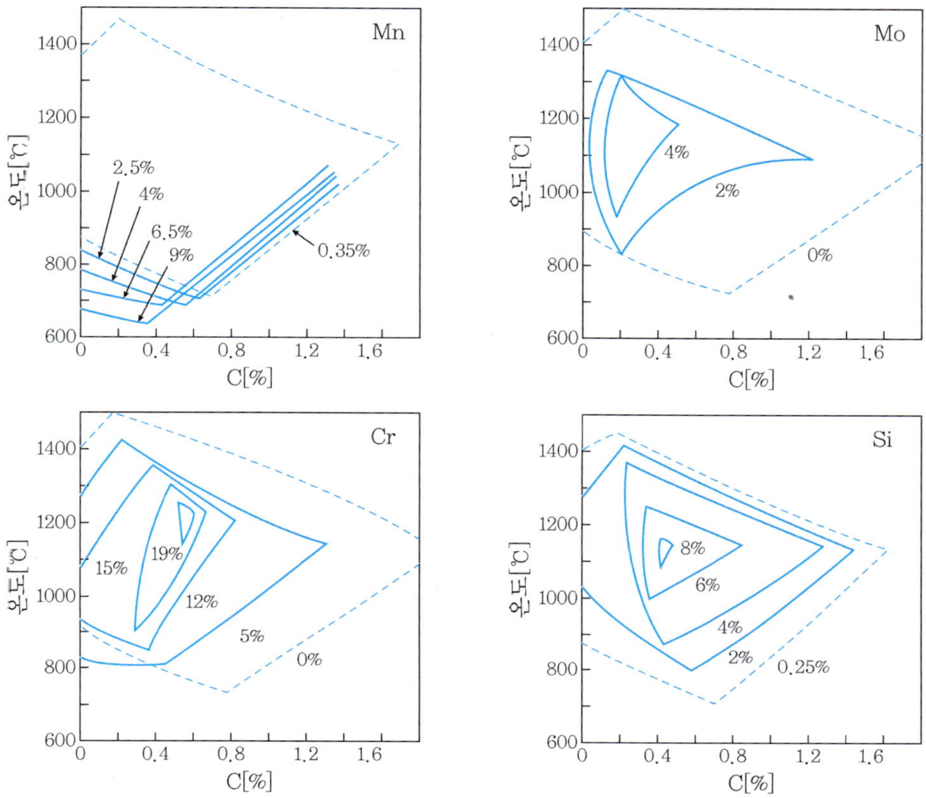

그림 3.12 오스테나이트 영역에 미치는 각 합금원소의 영향

3.4 강의 열처리

여러 가지 공업 재료 중에서 기계의 구성 재료인 금속재료는 각기 제품 또는 부품으로서의 기능을 충분히 발휘할 수 있어야 하는데, 이를 위해서는 경도(hardness), 강도(strength), 인성(toughness) 등의 기계적 성질이 요구되는 품질 수준을 만족시킬 수 있는 상태로 되어 있어야 한다. 또, 소재의 상태로서는 가공이 어렵거나 가공 중 차차 다음 가공이 힘들게 되거나 용접, 기계 가공 등에 의한 내부 응력이 남게 되는데, 이러한 경우에 필요한 기계적 성질 또는 화학적 성질을 부여하는 조작으로 열처리를 한다.

• 열처리(heat treatment)란?

재료의 성질이나 조직을 변화시키기 위해 가열 및 냉각하는 처리조작을 말한다. 철강은 열처리 효과가 가장 큰 재료로서, 그 방법에 따라 조직과 성질을 크게 개선 및 변화시킬 수 있다. 따라서 열처리를 알맞게 하면 필요에 따라 철강 재료의 기계적 성질과 그 밖의 성질을 변화시켜 사용 용도에 따라 효과적으로 이용할 수 있다.

열처리는 이와 같이 재료에 특별한 성질을 부여하는 것이라 정의할 수 있으며 다음과 같이 분류한다.

① 계단 열처리(interrupted heat treatment)

② 항온 열처리(isothermal heat treatment)

③ 연속 냉각 열처리(continuous cooling heat treatment)

④ 표면 경화 열처리(surface hardening heat treatment)

3.4.1 일반 열처리

금속재료 및 기계부품의 가공시 발생된 취성을 개선하기 위하여 가열, 냉각하는 열처리 기술로서 가열온도, 유지 온도 및 시간 냉각온도의 차에 따라 다음과 같이 분류한다.

(1) 담금질(quenching)

탄소강의 강도 및 경도를 높이기 위하여 오스테나이트 구역 온도로 가열한 다음 물이나 기름 등의 냉각제 중에서 급랭하는 열처리를 담금질(quenching)이라 한다. 담금질에 의하여 탄소강이 경화하는 정도는 냉각 속도, 탄소 함유량 및 담금질 온도에 따라 달라진다.

강을 A_{321} 변태점보다 30~50℃ 정도 높은 온도로 일정시간 가열한 후 물 또는 기름과 같은 담금질제 (燒入劑) 중에서 급랭시키는 조작이다. 즉 오스테나이트 조직에서 급랭함에 따라 강의 변태를 정지시키고 마르텐사이트 조직을 얻는 방법이다.

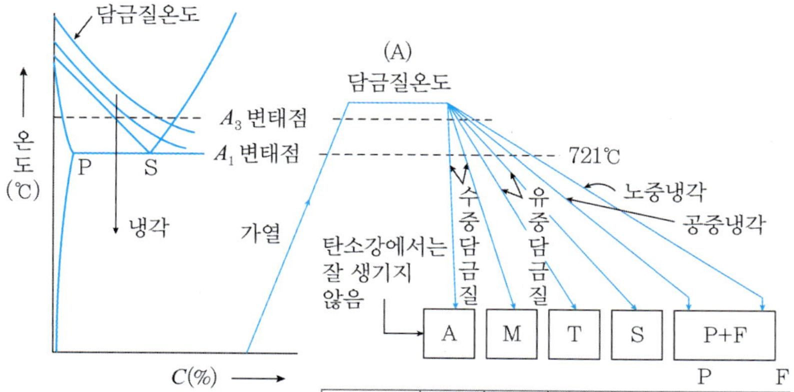

경도(H_B)	150~200	600~700	350~400	270	150~225	90~100

그림 3.13 0.8%C 탄소강의 냉각 속도와 조직 및 경도의 관계

- 이상의 네 가지 조직을 담금질 조직이라 하는데 이 조직들을 경한 순으로 나타내면,

> Martensite > Troostite > Sorbite > Austenite

- 펄라이트의 경도와 강도는 Sorbite와 Austenite의 중간이다.
- 냉각속도의 차이에 따른 변화를 나타내면,

> Austenite(냉각 속도가 가장 빠른 경우) > Martensite > Troostite > Sorbite > Pearlite(냉각 속도가 가장 느린 경우)

① 담금질 액과 담금질 온도

- 담금질 효과는 냉각속도에 영향을 받게 되며 냉각제와 밀접한 관계가 있다.
- 냉각제는 보통 물과 기름이 많이 사용되며 기타 소금물, 비눗물 및 용융염 등이 사용된다.
- 기름으로는 식물성이 좋고 기름은 120℃ 까지 상승하여도 열처리 효과의 변화가 적으나 물은 40℃ 이상이 되면 냉각효과의 변화가 크다.
- 물보다 냉각능이 큰 것은 소금물, NaOH 용액, 황산액 등이 있다.

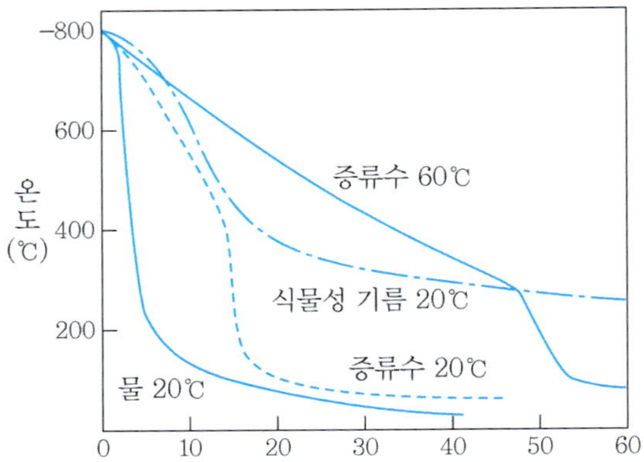

그림 3.14 각종 액의 냉각 속도

- 물보다 냉각능이 작은 것은 각종 기름이나 비눗물 등이 있다.
- 담금질 온도는 열처리할 물건의 크기와 관계가 있어 큰 물건은 냉각속도가 느리게 되므로 다소 높은 온도로 가열하여 수중 또는 유중에 담금질 하는 것이 좋다.

② 담금질 균열과 그 방지책

재료를 경화하기 위하여 급랭하면 재료 내외의 온도차에 의한 열응력과 변태 응력으로 인하여 내부 변형 또는 균열이 일어나는데 이와 같이 갈라진 틈을 담금질 균열(Quenching crack) 이라 한다. 다음과 같은 방법으로 방지 할 수 있다.

- 급격한 냉각을 피하고 무리 없이 일정한 속도로 냉각한다.
- 가능한 수냉을 피하고 유냉을 해야 한다.
- 유냉을 해서 충분한 담금질 효과를 가져 올 수 있는 특수 원소가 포함되어 있는 재료를 선택한다.
- 부분적인 온도차를 적게 하기 위하여 부분 단면을 적게 한다.
- 재료면의 스케일을 완전 제거하여 담금질 액이 잘 접촉하게 한다.
- 설계 시 부품에 될 수 있는 대로 직각부분을 적게 한다.

- 조립강은 세립강 보다도 담금질 균열이나 변형이 잘 일어나므로 온도를 필요 이상으로 올리지 않는다.
- 길고 엷은 강편은 고온 가열 및 냉각 시 변형되지 않게 패킹한다.
- 탄소 함유량이 0.5% 이상의 강은 담금질 후 오랜 시간의 뜨임 처리나 심랭 처리(sub-zero treatment)를 한다.

③ Mass effect(질량 효과)

질량의 대소에 따라 담금질 효과가 다른 현상을 질량효과라 한다. 시험 결과 질량 효과가 작다는 것은 질량이 작은 강편과 같이 내부와 외부의 냉각 속도 차가 작아 내부와 외부 조직의 차이가 없이 열처리가 잘된다는 것이고, 반대로 질량 효과가 크다는 것은 질량이 큰 강편에서와 같이 내부와 외부 조직의 차이가 생긴다는 것을 뜻한다.

④ Hardenability

담금질성이라고도 하는 것으로 급랭 경화된 깊이로서 나타낸다. 강의 담금질성을 판단하는 방법에는 임계냉각속도(critical cooling velocity)를 사용하는 방법, 임계직영(critical diameter)에 의한 방법, 그리고 조미니 시험(jominy test) 등이 있다. 이 중에서 조미니 시험법이 일반화 되어 있다.

- 담금질성을 향상시키는 합금원소로는 B, Mn, Mo, Cr 등이다.
- 결정입도는 큰 것이 담금질성을 향상시키는 성질이 있다.
- 경화능 시험으로는 Grossman test와 Jominy test가 있다.

(2) 뜨임(tempering)

마르텐사이트 조직은 취약하기 때문에 표면부에 인장의 잔류 응력이 남아 있으면 불안정하여 파괴가 일어나기 쉽다. 따라서 용도에 따라 적당한 인성을 부여하기 위해서는 담금질 후에는 반드시 뜨임처리를 하여 사용한다. 뜨임 온도는 뜨임색으로 판단하는데 뜨임온도와 뜨임색은 표 3.2와 같다.

표 3.2 뜨임색에 따른 뜨임온도

뜨임온도 (℃)	뜨임색	뜨임온도 (℃)	뜨임색
200	엷은 황색	290	짙은 청색
220	황색	300	청색
240	갈색	320	엷은 청회색
260	자주색	350	청회색
280	보라색	400	회색

담금질한 강을 재가열하면 마르텐사이트 다음과 같이 변화한다.

Martensite → Troostite → Sorbite → Pearlite

400℃로 뜨임한 것은 가장 부식되기 쉬운데 이 조직을 특히 Osmondite라 한다. 사용 목적에 따라서는 저온 뜨임과 고온 뜨임으로 나뉘는데 칼날이나 공구 등과 같이 비교적 큰 경도를 필요로 하는 경우 약 150℃ 부근에서 하는 저온 뜨임을 하고, 구조용 강과 같은 것은 강인한 재질을 만들기 위하여 500~600℃의 고온에서 뜨임 조작을 하는 고온 뜨임을 한다.

뜨임은 담금질 후처리로 필히 실시하는데 이와 같이 담금질과 뜨임을 같이 실시하는 조작을 조질이라 하며, 상온 가공한 강을 탄성한계를 향상시키기 위하여 250~370℃로 가열하는 작업을 Bluing이라 한다.

표 3.3 뜨임한 조직의 변태

열처리 조직명	온도 범위(℃)
오스테나이트 → 마르텐사이트	100 ~ 300
마르텐사이트 → 트루스타이트	200 ~ 400
트루스타이트 → 소르바이트	400 ~ 600
소르바이트 → 펄라이트	600 ~ 700

(3) 불림(normalizing)

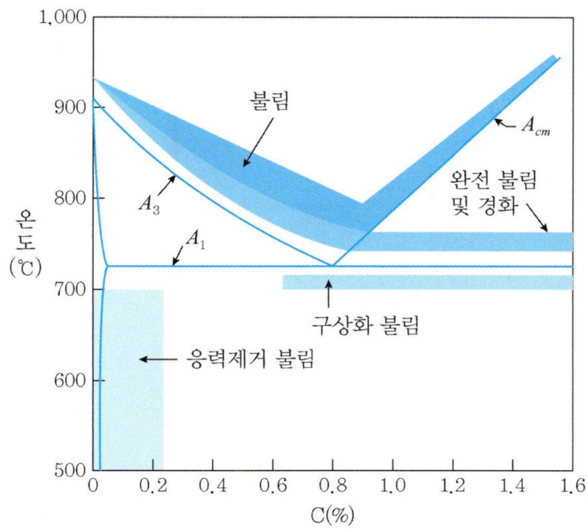

그림 3.15 탄소강의 불림 및 풀림 온도

강을 열간 가공하거나 열처리를 할 때 필요 이상의 고온으로 가열하면 γ 고용체의 결정입자가 조대해져 기계적 성질이 나빠진다. 이러한 조직을 A_3 변태점 또는 A_{cm} 선보다 30~50℃ 높은 온도 600~650℃로 가열한 다음, 일정한 시간을 유지하면 균일한 오스테나이트 조직으로 된다.

그 다음, 안정된 공기 중에서 냉각시키면 미세하고 균일한 표준화된 조직을 얻을 수 있는데, 이러한 열처리 조작을 불림이라 한다. 불림의 목적은 결정 조직을 미세화하고, 냉간 가공, 단조 등에 의한 내부 응력을 제거하며, 기계적 성질, 물리적 성질 등을 개량하여 조직을 표준화시키는 열처리 방법이다. 그림 3.15는 탄소강의 불림 및 풀림 온도 범위를 나타낸 것이다.

(4) 풀림(annealing)

기계 가공을 하기 위해 단단한 재료를 연하게 하거나 내부 응력을 제거하기 위하여 그림 3.16과 같이 A_3~A_1 변태점보다 30~50℃ 높은 온도로 가열하여 오스테나이트로 변

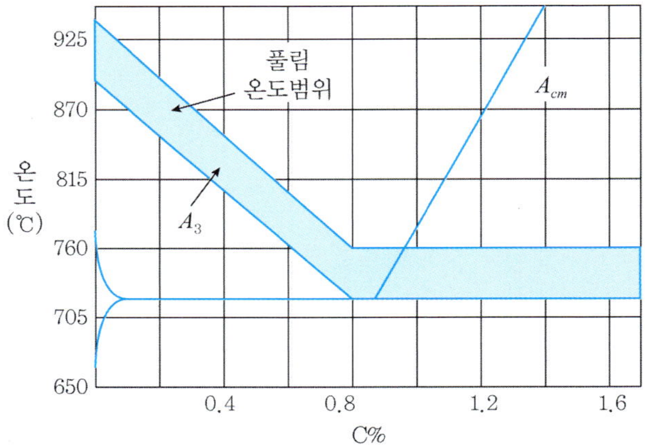

그림 3.16 탄소강의 풀림온도

표 3.4 풀림 온도(압연재)

탄소함유량(%)	온도 범위(℃)
0.12 이하	875~925
0.12~0.20	840~870
0.20~0.49	815~840
0.50~1.00	790~815
1.00~1.50	800

화시킨 다음, 이것을 노중이나 재속에서 서서히 냉각시켜 연화시키는 작업을 말한다. 어닐링의 종류에는 A_1 변태점보다 높은 온도로 가열하는 고온 풀림과 A_1 변태점보다 낮은 온도에서 풀림 하는 저온 풀림이 있다.

(5) 항온 열처리(isothermal heat treatment)

담금질과 뜨임의 두 가지 열처리를 동시에 하는 열처리 방법이며, 그림 3.17에서 AB 간을 가열하여 오스테나이트로 되게 하고, 이를 균일하고 완전한 오스테나이트가 되도록 BC간을 유지한 후, CD간은 염욕로에서 급랭하여 담금질한다. 뜨임온도에서 DE 간을 유지한 후, 공냉하여 뜨임을 행한다.

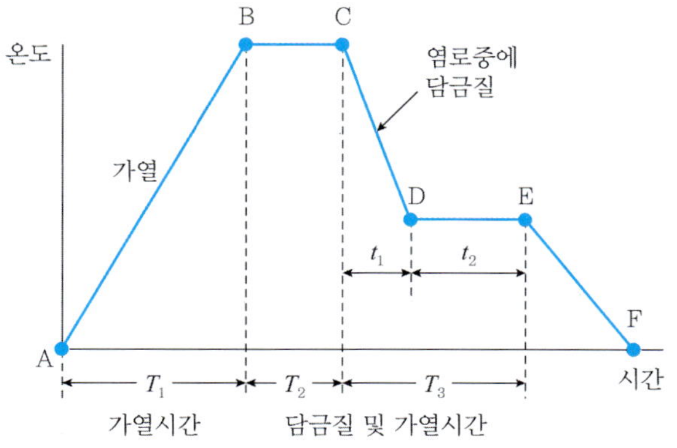

그림 3.17 탄소강의 풀림온도

① 강의 항온 냉각 변태 곡선

강을 오스테나이트 상태에서 A1점 이하의 항온까지 급랭하여 그대로 항온 유지했을 때 일어나는 변태를 항온 변태 (isothermal transformation)라 하고, 이 항온 변태 및 조직의 변화를 시간에 따라 나타낸 그림을 항온 변태 곡선(time-temperature transformaton: TTT curve) 또는 그 모양이 S자이므로 S곡선이라고도 한다. 이 S곡선은 다소 그 상태가 불완전하여 현재의 TTT곡선은 S형 대신에 그림과 같이 C형으로 만들어 졌다. 그림 3.17에서 Bainite는 마르텐사이트와 트루스타이트의 중간상태의 조직이다.

② 항온 열처리

변태점 이상으로 가열한 강을 보통의 열처리와 같이 연속적으로 냉각하지 않고, 염욕 중에 담금질하여 특정의 온도에서 일정한 시간 동안 항온 유지하여 이 온도에서의 변태를 완료한 후 냉각하는 열처리를 항온 열처리라 하며 그 종류는 다음과 같다.

- 항온 풀림 (Isothermal annealing) : 일반적으로 풀림 온도로 가열한 강재를 비교적 급속히 pearlite 변태가 진행되는 온도 즉 S 곡선의 nose 부근은 온도 (600~700℃)로 항온 변태시키고 변태가 끝난 후에 꺼내어 공랭시키는 조작이다. 공구강, 특수강 기타 자경성이 강한 특수강의 풀림에 적합하다.

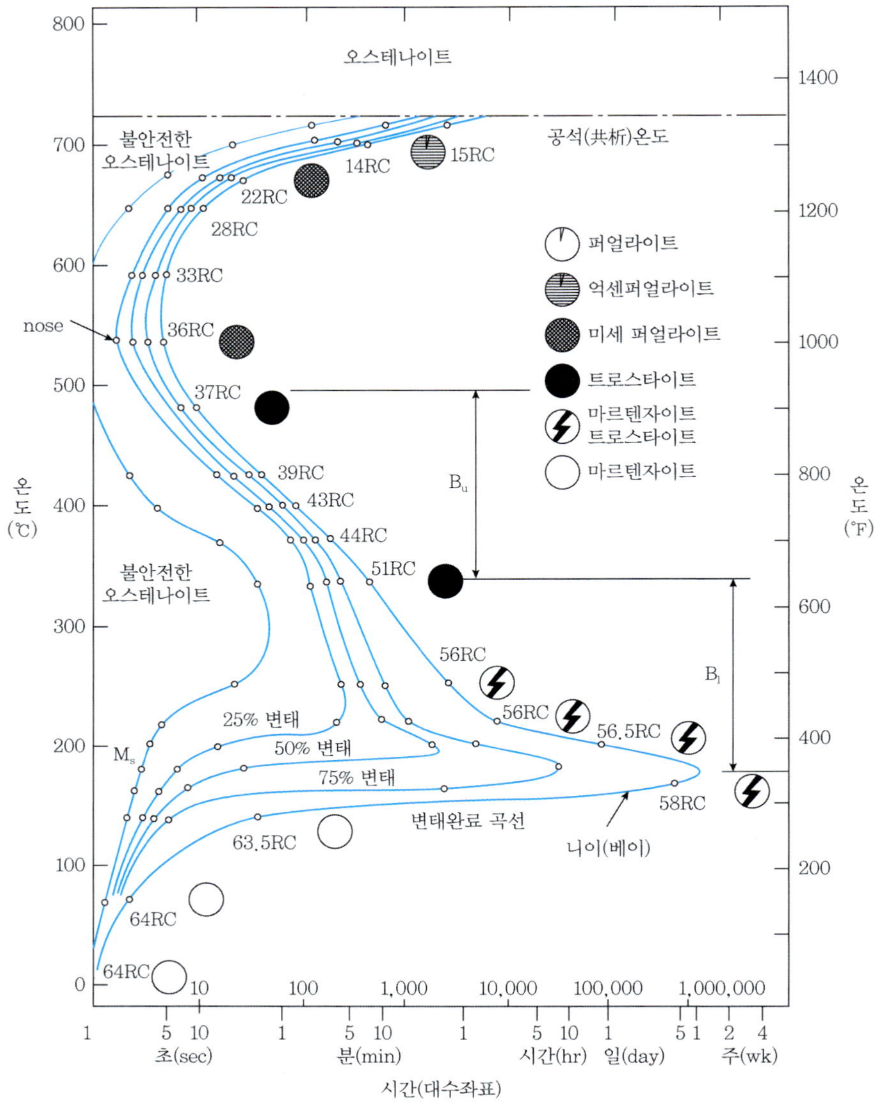

그림 3.18 강의 항온 변태 선도 곡선

- 항온 담금질 (Isothermal quenching)
  - 오스템퍼링 (austempering) : 오스테나이트의 등온변태처리의 일종으로 등온 곡선의 만곡 점(Knee) 또는 그림 3.19와 같이 코(nose)와 Ms점 사이의 적당한 온도(약 250~450℃)로 유지한 염욕 또는 염욕 중에 담금질(오스테나이트 영역에

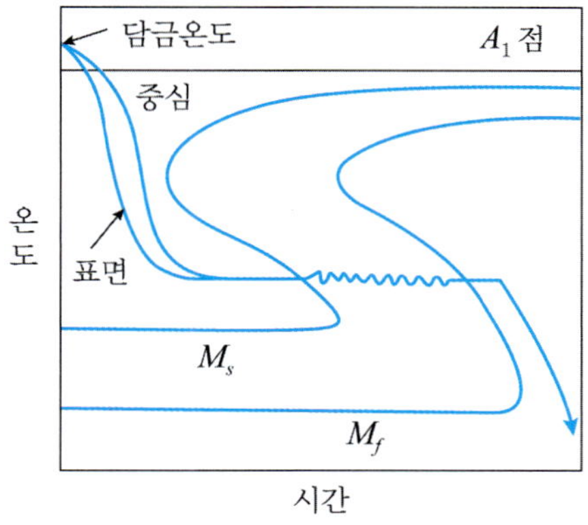

그림 3.19 오스템퍼링

서 급랭)하여 항온변태가 완료될 때까지 항온 유지한 다음 공랭함으로써 베이나이트 조직으로 처리하는 열처리를 오스템퍼링이라 한다.

– 마르템퍼링 (Martempering) : 담금질 온도로 가열한 강재를 Ms점 이하의 열욕(100~200℃)에 담금질하여 과냉 오스테나이트의 변태가 거의 완료될 때까지 항온 유지한 후에 꺼내어 공랭시키는 조작으로 항온 유지 시간이 너무 길어서 공업적으로 거의 이용되지 않는다.

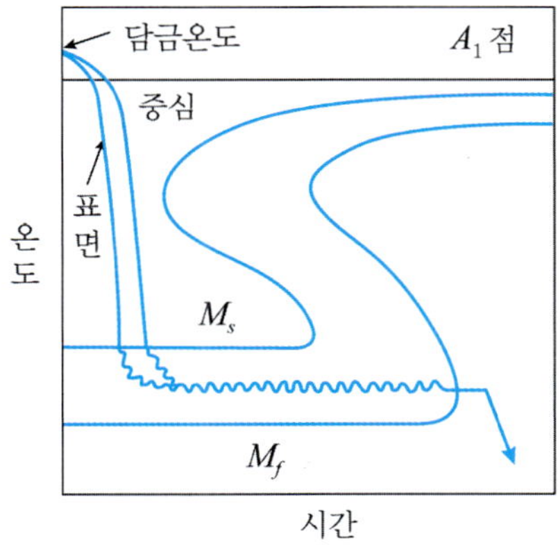

그림 3.20 마르템퍼링

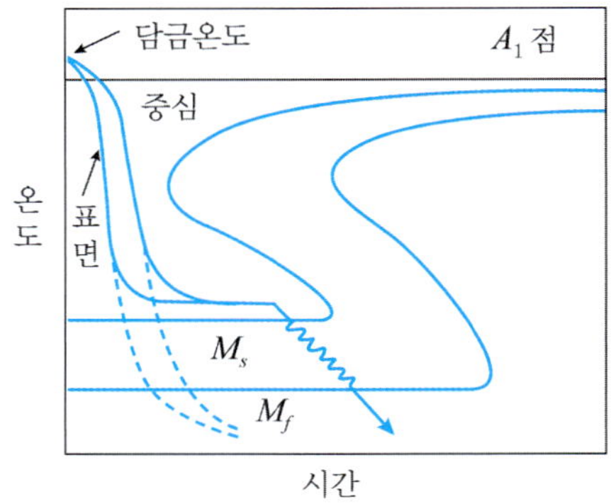

그림 3.21 마르퀜칭

- 마르퀜칭 (Marquenching) : 오스테나이트 영역에서 그림 3.21에서와 같이 Ms점 바로 위의 온도를 갖는 염욕 중에 담금질하여 전체가 균일한 온도가 될 때까지 유지한 다음, 변태가 일어나기 전에 염욕로 밖에서 공랭 뜨임하여 마르텐사이트 조직으로 하는 열처리를 마르퀜칭이라 한다. 이 방법은 오스테나이트의 영역에서 직접 Ms점 이하로 담금질하는 방법에 비해 담금질 온도차가 적다. 즉, 염욕 중의 가열로, 강 내외의 온도차가 없으며, 마르텐사이트화의 냉각속도도 느리게 되어 마르텐사이트의 생성이 전체적으로 고르게 진전된다. 이에 따라 내부응력이나 열 균열의 발생도 적은 등의 이점이 있다.

• 항온 뜨임 (Isothermal tempering) : 고속도강이나 다이스강 등의 뜨임에 이용되는 방법으로 뜨임 온도로부터 Ms점 (약 250℃) 부근의 열욕에 넣어 항온 유지시켜 2차 베이나이트가 생기도록 하는 처리이다.

3.4.2 표면 경화 열처리

표면 경화 열처리는 재료의 표면만을 단단한 재질로 만들기 위한 방법으로 크게 화학적 방법과 물리적 방법으로 나눌 수 있다. 기어에 적용되는 화학적 방법에는 침탄법(carburizing)과 질화법(nitriding)이 있고, 물리적 방법에는 고주파 표면 경화법(induction hardening)이 있다.

(1) 침탄법

기계 재료로 많이 사용되는 강은 제강하는 과정에서 강이 가진 화학적 성분이나 강에 포함된 합금 원소량은 변하지 않는다. 그러나 기계를 제작할 때 사용 목적에 따라 강의 화학 성분을 바꾸어야 할 경우가 있다. 이 성분을 바꾸는 방법 가운데 하나가 재료의 표면을 단단하게만드는 표면 경화(surface hardening)이다. 표면 경화는 화학 성분의 변화가 고체인 강에서만 일어나고 재료의 표면층에서만 발생한다는 특징을 가지고 있다. 기계 부품 가운데 표면 경도가 될 수 있으면 높고 내마멸성이 크고 충격에 잘 견디는 재료를 필요로 하는 것이 많다. 이러한 부품에는 기어나 캠, 캠 샤프트 등이 있다.

표면 경화법으로 많이 이용되는 방법에는 침탄법과 질화법, 고주파담금질과 화염담금질, 방전경화, 금속침투법 등이 있다. 이중에서 기어의 재료에 많이 사용되는 방법이 침탄법이다. 침탄법은 강의 표면에 탄소(carbon)을 침투시키는 방법이다. 기어의 재료로 고탄소강을 사용할 경우 열처리에 의해 높은 경도를 얻을 수 있으나 동시에 강한 충격에 잘 부러지는 취성을 가지게 된다. 따라서 표면은 경도가 높고 내부는 질긴 성분을 가진 재료가 큰 힘에 더 잘 견딜 수 있다. 기어의 재료로 탄소함유량이 적은 저탄소강을 선택할 경우, 표면은 기어가 장시간 서로 맞물려도 잘 견딜 수 있도록 열처리로 경도를 높여주고 재료의 내부는 고탄소강에 비해 휨에 잘 견디는 인성을 갖도록 할 수 있다.

① 침탄법의 종류

침탄법은 침탄제의 종류에 따라 고체, 액체, 가스 침탄법으로 분류된다.

- 고체 침탄법 : 고온에서 금속이나 비금속을 주강의 표면에 확산 침투시킴으로써 표면에 합금 층을 생성시키는 방법이다. 침탄제는 목탄이 60~70% 탄산바륨 20~30% 탄산나트륨 10%이하 성분이 주로 사용된다. 침탄 온도는 강재를 900℃ 전후의 온도에서 장시간 처리하므로 중심부 조직이 거대화한다. 따라서 담금질을 하여 중심부 조직을 미세화하고 표면층을 경화시킨다.
  침탄 부품 가운데 전면 침탄이 아니라 어느 한 부분만을 침탄 할 때도 있다. 이와 같은 경우를 국부 침탄이라 하며 침탄 방지제를 발라 침탄을 방지한다. 현재 침탄

방지로는 구리도금이 가장 많이 사용된다.

- 액체 침탄법 : NaCN을 주성분으로 하여 중성염이나 탄산염을 첨가한 침탄제로 된 용액 속에 침탄 할 재료를 담구고 침탄 시키는 방법이다. 실제로는 침탄과 질화가 동시에 이루어지기 때문에 액체침탄질화법이라 부르기도 한다. 이 방법은 얇은 침탄층을 원할 때 사용하는 것이 좋다.

- 가스 침탄법 : 고체침탄법이 지닌 단점을 보완하기 위해 사용되는 것이 가스침탄법이다.

  가스 침탄법은 고체 침탄법에 비해 열효율이 높고 공정도 간단하여 널리 사용되고 있다. 가스 침탄제로는 일산화탄소와 메탄, 에탄, 프로판, 천연가스등 탄화수소계 가스가 주로 사용된다.

  가스 침탄은 고체 침탄에 비해 전반적으로 침탄 시간이 짧다. 또한 온도 가열을 고주파를 이용하면 침탄 시간을 현저하게 단축시킬 수 있다.

  고주파 가열에 의해 온도가 950-1050℃까지 유지되고 침탄깊이를 0.8-1.0mm로 할 때, 약 30-40분간 이 온도를 지속함으로 침탄이 충분하게 이루어진다. 침탄이 이루어진 후에는 어떤 종류의 가스를 사용하든지 반드시 2차 열처리를 해주어야 한다. 그 이유는 침탄 부품이 강인 경우 고온에서 장시간 가열하면 심부 조직이 조립화(祖粒化)되기 때문에 이것을 다시 미세화하게 만들어주어야 하기 때문이다. 또한 강 조직의 변화로 인해 강이 여리게 됨을 방지하고 표면층의 경화를 높이기 위해서도 재 열처리가 필요하다. 재열처리는 약 850~900℃까지 재료의 온도를 올린 후 다시 냉각시키는 불림이나 1차 담금질을 한다. 760-780℃로 2차 담금질을 한다. 마지막으로150-170℃에서 뜨임을 한다.

② 침탄강

침탄경화의 대상이 되는 강을 침탄강이라 부르며 보통 탄소 함유량이 0.15-0.18%인 저탄소강과 크롬이나 몰리브덴이 첨가된 합금강이 있다. 침탄에 사용되는 기어의 재료는 S15C, SCM415, SCM420, SNC420, SNC815, SNCM420이다.

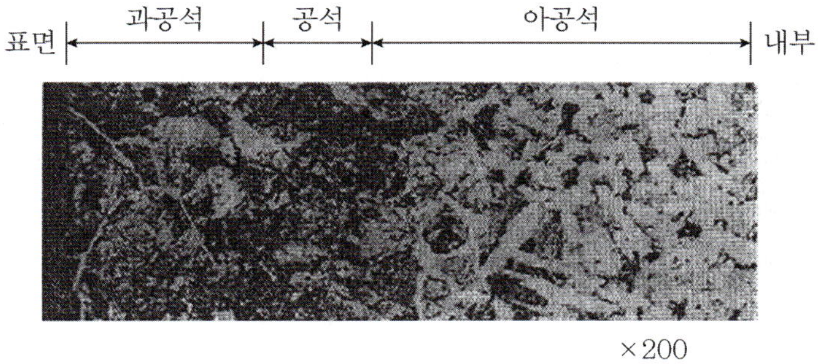

그림 3.22 침탄층의 현미경 조직

(2) 질화법

금속 재료 표면에 질소를 침투시켜서 매우 단단한 질소화합물(Fe_2N) 층을 형성하는 표면 경화법을 질화라 부른다. 이것은 담금질과 뜨임 등의 열처리 후 약 500℃로 장시간 가열한 후 질소를 침투시켜 경화시킨다. 침탄처럼 침탄 후 담금질이 필요 없으므로 다른 열처리 방법에 비해 변형이 매우 작으며, 내마멸성 및 내식성과 피로 강도 등이 우수하다. 그러나 다른 열처리에 비해 가격이 많이 든다. 질화법은 다음과 같은 특징이 있다.

- 침탄에 비해 경화층이 얇고 경화는 침탄한 것보다 크다.
- 마모나 부식에 대한 저항력이 크다.
- 담금질이 필요 없으며 열처리에 의한 재료의 변형이 가장 적다.
- 600℃ 이하의 온도에서는 재료의 경도가 감소되지 않으며 산화작용도 잘 일어나지 않는다.

(3) 고주파 표면 경화법

0.4 ~ 0.5%의 탄소를 함유한 고탄소강을 고주파를 사용하여 일정 온도로 가열한 후 담금질하여 뜨임하는 방법이다. 이 방법에 의하면 0.4% 전후의 구조용 탄소강으로도 합금강이 갖는 목적에 적용할 수 있는 재료를 얻을 수 있다. 표면 경화 깊이는 가열되어

오스테나이트 조직으로 변화되는 깊이로 결정되므로 가열 온도와 시간 등에 따라 다르다. 보통 열처리에 사용되는 가열 방법은 열에너지가 전도와 복사 형식으로 가열하는 물체에 도달하는 방식을 이용하고 있다. 그러나 고주파 가열법에서는 전자 에너지 형식으로 가공물에 전달되고, 전자 에너지가 가공물의 표면에 도달하면 유도 2차 전류가 발생한다. 이 때 가공물 표면에 와전류(eddy current)가 발생하여 표피효과(skin effect)가 된다. 차 유도전류는 표면에 집중하여 흐르므로 표면경화에는 다음과 같은 장점이 나타난다.

- 표면에 에너지가 집중하기 때문에 가열 시간을 단축할 수 있다.
- 가공물의 응력을 최대한 억제할 수 있다.
- 가열 시간이 짧으므로 산화나 탈탄 염려가 없다.
- 값이 싸다.

(4) 금속 침투법

① 세라다이징 (sheradizing; Zn 침투법) : Zn을 침투 확산시키는 법으로, 청분 (blue powder)이라고 하는 300 mesh 정도의 가는 Zn 분말 속에 경화시키고자 하는 재료를 묻고, 보통 300~420℃로 1~5 시간 동안 처리해서 두께 0.015 ㎜ 정도의 경화층을 얻는 방법이다.

② 크로마이징 (chromizing; Cr 침투법) : 재료의 표면에 Cr을 침투 확산시키는 방법으로서 도금할 물건을 침투제인 Cr분말(알루미나를 20~25%첨가) 속에 묻고, 환원성 또는 중성 분위기에서 1000~1400℃로 가열한다. 모재는 보통 탄소량 0.02% 이하의 연강이 사용되며, 탄소량이 그 이상으로 되면 Cr 침투가 곤란해진다. Cr이 침투된 표면층은 고 Cr의 조성이 되어 스테인리스강의 성질을 갖게 되므로 내열, 내식성 및 내마모성이 크게 된다.

③ 캘러라이징 (calorizing; Al 침투법) : 철강의 표면에 Al을 침투 확산시키는 방법으로 알리티어룽(alitierung)이라고도 한다. 이 방법은 Al 분말을 소량의 염화암모늄

과 혼합시켜 피경화 재료와 같이 회전로 중에 넣어 중성 분위기를 만든 후 850~950℃에서 4~6시간 동안 가열한다. 가열한 후에는 노안에서 끌어내어 다시 800~1000℃에서 12~40 시간 동안 가열하여 침투 Al이 확산되도록 한다.

④ 실리코나이징 (siliconizing; Si 침투법) : 철강에 규소를 침투시키면 내산성이 향상된다.

⑤ 보로나이징 (boronizing; B 침투법) : 철강에 붕소를 침투시키면 경도가 커진다.

(5) 기타 표면 경화법

① 쇼트피이닝 (short peening) : 표면 냉간 가공의 일종으로 금속 재료의 표면에 고속력으로 강철이나 주철의 작은 입자를 분산하여 금속의 표면층을 가공 경화시키는 방법으로, 이 같은 처리를 한 재료는 인장이나 압축에는 그다지 영향이 없으나 휨이나 비틀림의 반복응력에 대해서는 기계 부품의 피로한도를 뚜렷하게 증가시킨다.

② 방전 경화법 : 최근에 개발된 새로운 표면 경화의 하나로서 방전 현상을 이용하여 강의 표면을 침탄, 질화시키는 방법이다. 즉 음극에 탄화텅스텐이나 탄화티탄 등의 초경합금을 사용하는데, 이것을 공구의 피경화 부분을 향하여 방전시켜서 공구 표면에 WC나 TiC를 융착시키고, 동시에 그 열로 주위도 경화시키는 방법이다. 전압 120V로서 50~70㎛ 두께의 경화층이 얻어진다. 이 경화층의 경도는 Hv 1400~1600에 달하므로 내마모성이 향상되고, 절삭 수명이 증가된다.

표 3.5 열처리 가공기호

열처리 (H Heat Treatment)		
가공방법과 분류	기호	영문 표기
노멀라이징	HNR	Normalizing
어닐링	HA	Annealing
완전 어닐링	HAF	Full Annealing
연화 어닐링	HASF	Softening
응력제거 어닐링	HAR	Stress Relieving
확산 어닐링	HAH	Homogenizing
구상화 어닐링	HAS	Spherodizing
등온 어닐링	HAI	Isothermal Annealing
테이스 어닐링	HAC	Box Annealing Case Annealing
광택 어닐링	HAB	Bright Annealing
가단화 어닐링	HAM	Malleablizing
담금질	HQ	Quenching
프레스 담금질	HQP	Press Quenching
마르템퍼링(마르쿠웬칭)	HQM	Martempering
오스템퍼	HQA	Austemper
광택 담금질	HQB	Bright Quenching
고주파 담금질	HQI	Induction Hardening
화염 경화	HQF	Fame Hardening
전해 담금질	HQE	Electrolytic Quenching
고용화 열처리	HQST	Solution Treatment
워터 터프닝	HQW	Water Toughening
템퍼링	HT	Tempering
프레스 템퍼링	HTP	Press Tempering
광택 템퍼링	HTB	Bright Tempering
시효	HG	Ageing
서브제로 처리	HSZ	Subzero Treatment
침탄	HC	Carburizing
침탄 질화	HCN	Carbo-Nitriding
질화	HNT	Nitriding
연질화	HNTS	Soft Nitriding
침황	HSL	Sulphurizing
침황 질화	HSLN	Nitrosulphurizing

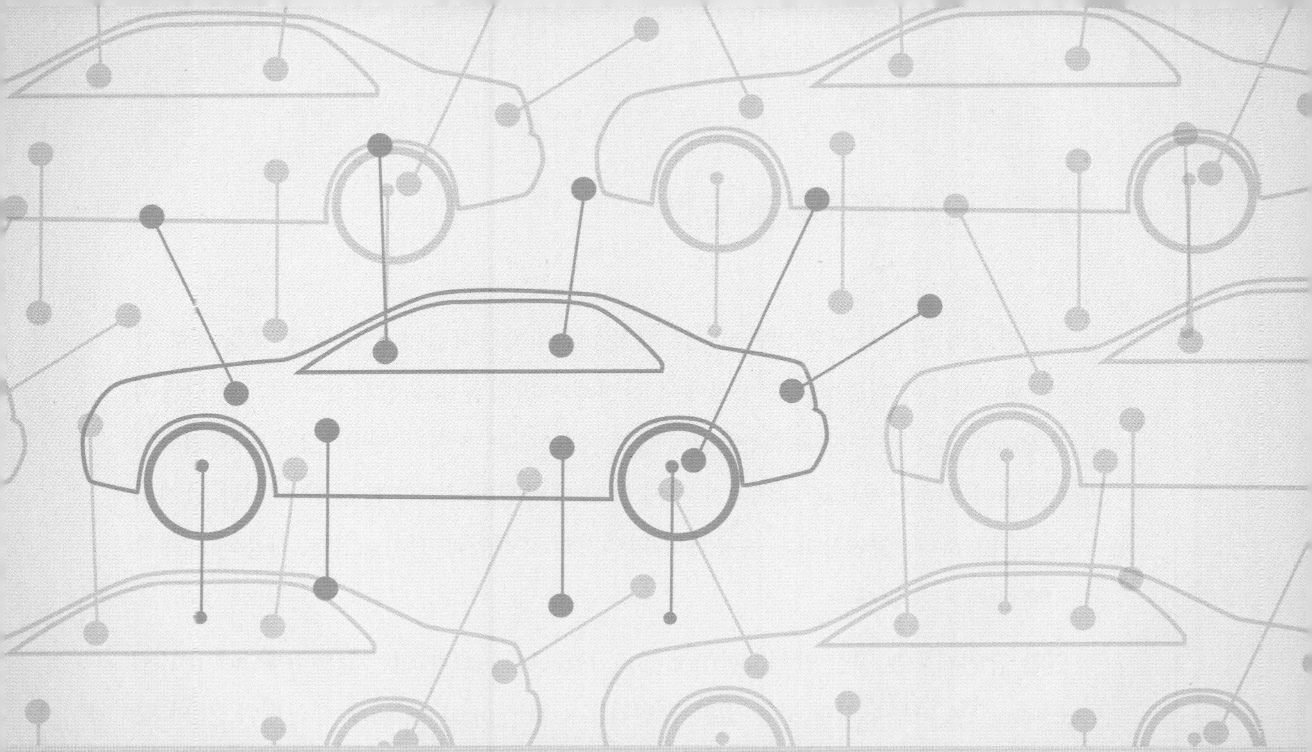

CHAPTER 4

열간압연강판

4.1 열간 압연 강판 일반

열연강판의 제조 공정은 일반적으로 제철소에서 제강작업이 끝난 용융 강을 괴로 만든 후 재가열하여 재결정온도 이상에서 압연하는 방법과 용융상태에서 강괴를 만들지 않고 열간압연을 하는 연속주조방법이 있다. 최근에는 거의가 연속주조방법에 의하여 열간압연이 이루어지므로 제조비가 적게 들고 대량생산이 가능할 뿐만 아니라 납기의 단축도 가능하다. 열연강판은 승용차와 경트럭의 프레임과 멤버로 주로 사용되고 대형 트럭에 많이 사용된다.

열간 압연제품은 열간 압연강판(hot ro1led steel sheet)과 열간 압연강대(hot ro1led stee1 strip)로 나누어지며 보통 열간 압연기(hot strip mi11)에 의해 생산된다. 이와 같은 제품은 약 800℃ 이상의 고온에서 압연된 것으로 열간 압연강판의 경우는 약칭으로 열연강판, H/C(열연 코일), HR(열간 압연강판)이라고도 부른다.

열연제품의 형태는 연속주조에서 생산된 슬래브를 재가열한 후 수요가가 요구하는 크기로 초고속 압연한 후 냉각과정을 거쳐 재질의 특성을 확보하고 코일상태로 감아서 작업을 완료한다.

a) 열간압연 공장 전경

b) 조압연과정(3대)

그림 4.1 열간 압연기

4.2 열간압연 강판의 종류 및 용도

그림 4.2와 같은 열연강판은 크게 일반용과 가공용, 그리고 심 가공용 등으로 구분되는데 일반용(SHP-1)과 가공용(SHP-2)은 두께범위가 1.2~14.0 mm이며 심 가공용(SHP-3)은 두께가 1.2~6.0 mm이다. 열간 압연 제품은 냉간 압연소재 이외에 일반구조용, 용접구조용, 자동차구조용, 일반 강관용, 기계구조 및 석유 수송용 강관, 선박용 등으로 사용되며 수요가들의 극 박판, 극 후판 및 광폭으로의 요구가 많아짐에 따라 제조 가능한 크기들이 확대되고 있는 추세이다. 최근에는 고속화와 연속화, 수요가 요구의 다양화 등의 추세에 대응하기 위해 연주 슬래브 직송압연 및 열간 압연 장입 기술, 제조설비의 컴퓨터 제어, 강판 형상제어 등을 도입 적용하고 있으며 압연온도 제어기술의 개발에 따라 고내후성강, 고장력강이 개발·제조되고 있다.

열간 압연 강판은 자동차의 구조용이나 보강재로 널리 사용되어지고 있다. 따라서 10년여 동안 차체의 경량화를 위한 열간 압연분야도 고장력 강판(high strength steel, HSS)의 개발을 중심으로 여러 분야에서 활발하게 진행되어왔다. 인장강도가 600MPa

그림 4.2 열간 압연 강판

인 DP강(복합 조직강)과 550MPa급의 열간 압연 후 냉각제어형 고장력 강판이 개발되어 휠의 디스크에 사용되어지고 있다. 강판의 두께가 1.6mm정도이고 인장강도가 600MPa급의 열간 압연강판이 휠의 림(wheel rim)에 사용될 경우는 Ti, Nb을 첨가한 석출 강화강이 사용되어지고 있다. 인장강도가 800MPa급 이상인 초고장력 강판도 가까운 장래에 크게 보급될 것으로 생각되며, 1400MPa급까지도 시험 제작이 이루어지고 있다.

인장강도가 1000MPa급인 보강재(reinforcement)에는 DP강이 사용되어지고 있다. 그밖에도 10~20%의 고잔류 오스테나이트강으로 인장강도 800MPa급의 강판은 이미 공업생산 체제에 들어갔다. 이 강판의 특징은 인장강도에 비해서 아주 큰 연신율을 가지고 있는 것이다.

차체를 경량화하기 위한 목적으로 고장력 강판을 주로 사용하고 있으나 이형단면의 강판도 사용되어지고 있다. 이형단면 강판은 차체의 모듈화의 증가에 따라 금후 다시 사용량이 확대되어지고 있다.

4.3 열간 압연제품의 특성

4.3.1 제품분류

(1) 형태 및 가공 상태에 따른 분류

- 열연 코일(HR coil) : 코일상태로 감긴 강판.
- 열연 강판(HR sheet) : 열간 압연코일을 절단한 강판.
- 열연 대강(HR strip) : 열간 압연코일을 폭 방향으로 절단하여 되감기 한 소폭의 강대(Hoop).
- 무늬강판(checkered coil & sheet) : 체크무늬가 있는 열연강판.

그림 4.3 열연 코일

• PO강판(pickled-oiled steel sheet) : 열연강판을 염산 등으로 표면스케일을 제거한 후 산화방지용 오일을 바른 강판.

(2) 탄소(C)함유량에 따른 분류

• 극저탄소강 : C < 0.01%

• 중저탄소강 : 0.01% ≤ C < 0.03%

• 저탄소강 : 0.03% ≤ C < 0.09%

• 중탄소강 : 0.09% ≤ C < 0.30%

• 고탄소강 : 0.30% 이상

(3) 제품두께에 따른 분류

• 극박판 : 1.2mm ≤ t < 1.6mm

• 중박판 : 1.6mm ≤ t < 2.3mm

• 후판 : 2.3mm ≤ t

4.3.2 강의 화학적 성분

강의 화학적 성분은 기계적 성질에 가장 큰 영향을 주는 요소이며, 강에 미치는 주요 성분들의 영향을 살펴보면 다음과 같다.

① 탄소(C) : 강의 기계적 성질에 가장 큰 영향을 미치는 원소로서 함유량의 증가에 따라 강도는 증가하나 연신율과 충격치는 감소하며 용접성도 저하된다.

② 망간(Mn) : 강도를 증가시키는 원소이며 강도 상승에 비해 연성과 용접성의 감소가 적기 때문에 강도를 높이면서 연성과 용접성을 개선하기 위해 많이 사용된다.

③ 실리콘(Si) : 탈산제로 많이 사용되며 실리콘 킬드강에서는 통상 0.2~0.4%정도 함유하지만 고장력강의 경우 조직 안정화 효과로 그 이상 첨가하기도 한다. 도금용 소재의 경우 도금성 향상을 위해 0.03%이하로 관리해야 한다.

④ 인(P) : 강도와 경도를 다소 증가시키지만 연신율을 감소시키며 상온에서 충격치를 저하시켜 상온취성의 원인이 된다.

⑤ 황(S) : 연신율과 충격치를 감소시키며 가공 중에 파괴의 원인인 고온취성을 일으킨다.

⑥ 알루미늄(Al) : 탈산제로 많이 사용되며 AlN석출에 의해 조직의 결정립을 미세화시키는 역할을 한다.

⑦ 니오븀 및 티타늄(Nb, Ti) : 니오븀과 티타늄은 강중의 탄소와 질소의 탄·질화물 석출에 의해 결정립 미세화효과를 일으켜 소량의 첨가로도 강도를 크게 상승시킬 수 있기 때문에 고장력강 생산에서 많이 사용된다.

4.4 열간 압연 강판 제조공정

4.4.1 고로에 의한 제조공정

열간 압연제품 제조공정은 슬래브를 가열로에서 적정온도로 가열한 후 스케일을 제거한 다음 조압연과 사상압연을 통해 형상을 제어하고 감아서 강대로 출고되거나 강판으로 절단되어 출고된다.

① 가열로(reheating furnace) : 그림 4.4의 슬래브 가열장치는 연주에서 생산된 슬래브를 열간압연에 적합한 온도로 가열하는 것으로 가열온도는 1,100~1,300℃이며 사용되는 연료는 제선공정에서 발생되는 가스를 사용하고 있으며 최근에는 연료소모를 저감시키기 위해 가열공정을 생략하고 연주가 완료된 후 바로 압연하는 직송압연(HDR)과 고온상태의 슬래브를 가열로에 장입하는 열간 장입(HCR)작업이 일반화되고 있다.

그림 4.4 슬래브 가열장치

② VSB(vertical scale breaker) : 가열로를 통과한 슬래브는 두꺼운 스케일(1차 스케일)층으로 덮여 있다. 이를 제거하기 위해 슬래브 측면에 압력을 가해 스케일 층을 균열시킨 후 고압의 디스케일링(descaling) 냉각수를 분사시켜 제거한다.

■ 고로밀

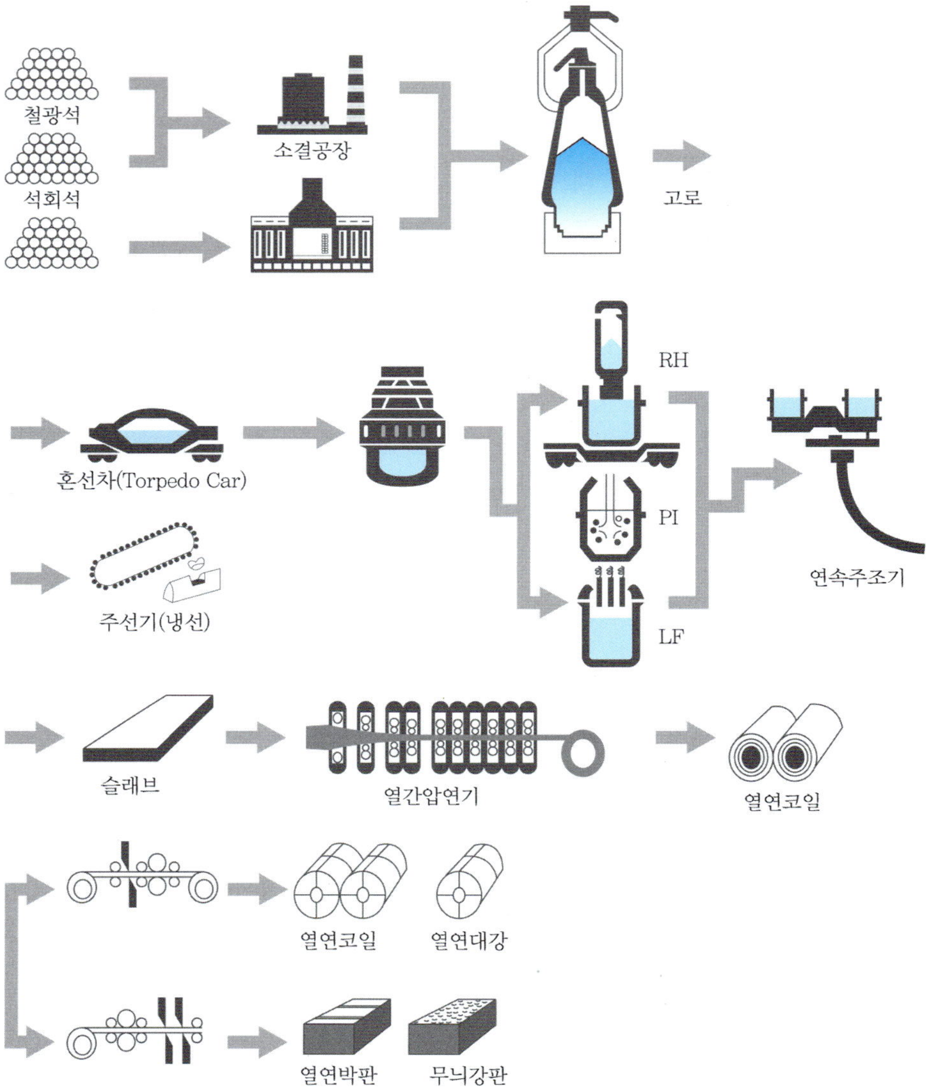

그림 4.5 열연제품 제조 공정도

③ 조압연(roughing mill) : 조압연의 주목적은 마무리 공정(finishing mi1l)에서 작업이 가능하도록 슬래브의 두께를 감소시키고 슬래브 폭을 수요가가 원하는 폭으로 압연하는 것이다. 조압연 설비는 공장의 길이와 생산성 향상을 감안하여 대부분

3~4개의 압연기로 구성되어 있으며 정확한 코일의 폭을 확보하기 위한 장치는 압연기의 입구와 출구에 부착되어 있으며 압연 작업에서 발생하는 스케일을 제거하기 위해 압연기 전후에 스케일 제거설비가 있다.

④ 사상압연(finishing mill) : 사상압연의 목적은 조압연에서 작업된 슬래브를 수요가 요구하는 최종크기로 제조하는 공정으로 각 용도에 맞는 온도확보에 의한 재질확보, 양호한 표면 및 형상을 확보하는 등 열간 압연공정의 핵심공정이다.
그림 4.6은 사상 압연기를 나타낸 것으로 이 공정은 생산성 향상을 위해 6~7개의 롤이 연속적으로 설치된 종렬식 압연기인 연속식 압연기(tandem mill)를 갖추고 있으며 강판 두께의 정확성 확보를 위해 자동 판 두께제어 장치(AGC; automatic gauge control system)와 pair cross나 shift mi11 등과 같은 최신 설비와 제조된 코일의 크기와 형상을 검사하는 계측장치가 설치되어 있다.

그림 4.6 사상 압연기

⑤ 런 아웃 테이블(run-out table) : 런 아웃 테이블은 마무리 압연된 스트립을 권취기까지 진행시키는 테이블 롤러로서 상하의 냉각설비와 병렬로 연결되어 있다. 사상압연기를 통과한 스트립은 런 아웃 테이블을 거쳐 권취기에서 권취 되는데 이 공정을 거치는 동안 요구되는 재질을 확보하기 위해 냉각과정을 거친다. 일반적으로 냉각은 Laminar flow로 불리는 냉각수를 이용한 냉각설비에 의해 행해지며 이때의 냉각온도에 따라 재질이 결정된다.

⑥ 권취기(down coiler) : 압연과 냉각이 완료된 스트립은 보관 및 이동이 편리하도록 코일형태로 감게 되는데 이를 수행하는 설비를 권취기라고 부르며 일반적으로 주설비보다 아래 부분에 위치하고 있어 이를 down coiler라고 부른다. 권취기의 작업은 코일을 정확한 형태로 감는 것으로 비정상작업이 될 경우 정정라인에서 다시 감는 작업을 실시한다.

⑦ 정정라인(finishing line) : 정정라인은 냉연코일의 형상과 기계적 특성, 그리고 표면품질의 개선을 위해 조질 압연(skin pass)을 한 코일을 폭 방향을 절단(slitting)하는 작업과 코일의 폭 방향으로 절단하는 전단(shearing)으로 구분되며 코일을 원하는 무게로 분할하는 작업도 이 공정에서 행해진다.
또한 정정작업 중에 코일의 치수와 표면품질, 그리고 불량부분의 절단 등 각종검사가 행해진다.

4.4.2 미니 밀에 의한 제조공정

① L.F(ladle furnace) : 용강의 온도를 높여 최적의 주조온도로 제어하고 비금속 개재물을 제거하는 장치이다.

② VTD (vacuum tank degaser) : 진공상태에서 불필요한 탄소, 유황, 가스성분과 비금속 개재물을 제거한다.

③ Soft Reduction : 슬래브가 응고하기 전에 압력을 가해 성분이 중심부에 집중되는 편석현상을 억제하는 장치이다.

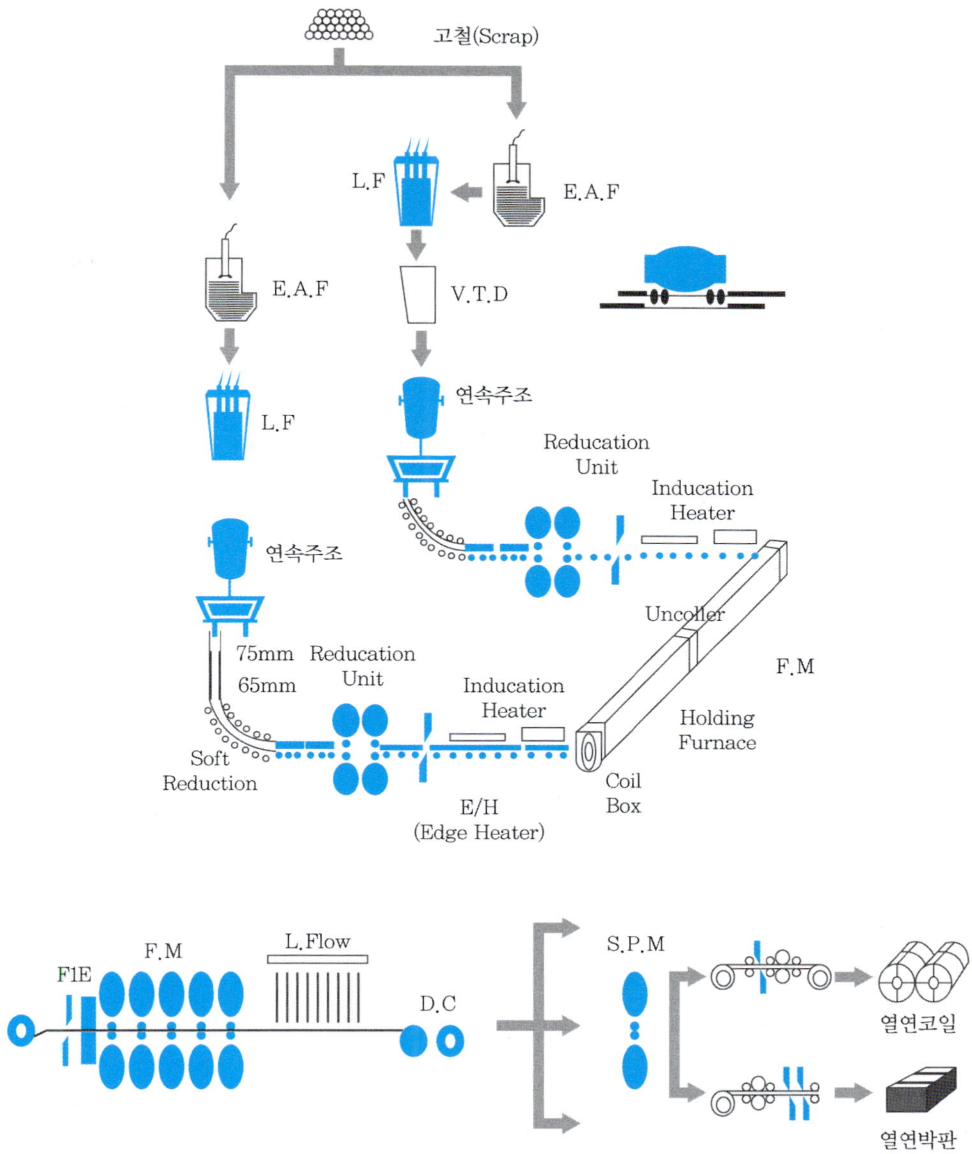

그림 4.7 미니 밀에 의한 열간 압연공정

④ 유도 가열장치(edge heater) : 양쪽 25m 지점에 전압을 발생시켜 온도를 상승시키는 장치로 슬래브 양옆부위의 온도저하를 보상하여 재질의 균질화를 도모한다.

⑤ Reduction Unit : 슬래브 두께를 20~30mm로 1단계 눌러주는 일종의 조압연기이다.

⑥ 유도가열기(inductive heater) : 조압연 후 온도가 저하된 중간 압연재료를 유도전기를 이용해 1,100℃까지 가열한다.

⑦ 코일 박스(coil box) : 조정 압연된 중간 압연재료를 코일상태로 권취 후 일정한 고온으로 유지시켜 선후단의 온도를 균일하게 만든다.

⑧ 조질 압연기(skin pass mill) : 상온으로 냉각된 코일을 두께 0.1~4.0%까지 압연하여 강판 품질을 향상시킨다.

4.5 열간 압연 제조공정 개발 동향

최근 들어 구조용 강재에 대한 수요는 구조물의 대형화 추세와 에너지 절약형 운반선에 대한 수요증대 등에 기인해 점차 고장력화 하고 있으며 그 사용량도 급증하고 있다.

또한 산업 여건변화는 고장력강에 요구되는 품질 요구사항을 더욱 엄격히 하고 있다. 이러한 고장력강의 수요증대와 품질에 대한 수요가의 요구사항을 만족시키기 위해 고장력강 제조기술이 크게 발전했고 특히 열간 압연 공정에 큰 개념발전이 있었다.

1960년대 이전의 열간 압연공정에 대한 개념은 슬래브에서 판재로 형태를 변형시키는 것 이였으나 1960년대에 Microalloy를 이용한 제어압연 기술개발 및 1980년대의 가속 냉각 기술개발은 열연 공정중 강의 재질을 제어함으로써 열간 압연개념에 일대 혁신을 가져왔다.

최근 들어 열간 압연제품의 생산성을 20%이상 향상시킬 수 있는 연속 압연기술(endless rolling)이 구현되어 있으며 철강혁신 제조공정으로 연속주조와 열간 압연공정을 연속화시킨 미니밀 제조공정이 가동되기 시작함에 따라 향후 열간 압연 제조공정에 커다란 변화가 올 것으로 기대된다. 또한 지금까지의 압연 및 냉각기술을 통해 강의 미세조직을 온 라인으로 여러 가지 형태로 제어할 수 있게 되고 또한 컴퓨터를 통한 공정제어 및 품질예측기술이 가능케 됨에 따라 온라인 재질 예측제어기술이 실현되게 되었다.

4.6 열간 압연 제품의 개발 동향

산업발전에 따른 다양화로 일반 강재보다 용도별로 특성이 기능화된 기능성 강재가 요구되고 있으며 최근의 제조기술은 기능성 강재 생산에 적합한 방향으로 추진되고 있다.

4.6.1 고강도 고가공성 강재

자동차 경량화 추세에 맞춰 강재의 고강도화와 고가공성이 요구되고 있으며 이러한 강재를 개발하기 위해 여러 제철소에서 고유한 방법으로 강재를 개발하고 있는데 대표적 인 경우가 TRIP강, 2상(dual phase)강, 3상(triphase)강, 동(Cu)석출 강화강 등이다.

TRIP강은 실리콘을 1.5~2.5%첨가하여 압연 후 냉각초기에 페라이트 형성을 촉진하여 잔류 오스테나이트에 용질원소를 농축시킨 후 베이나이트 변태영역에서 권취하여 약간의 베이나이트와 잔류 오스테나이트를 형성시키는 방법으로 제조하며 최종조직은 페라이트, 베이나이트, 잔류 오스테나이트로 구성되어 있다. 이 강의 응력 유기변태 특성을 이용하면 연신율이 줄어들고 강도가 높은 강을 얻을 수 있다. 이상과 같은 강은 각 제철소가 보유하고 있는 권취기의 능력에 따라 고온에서 감는 것과 저온 감는 것으로 개발되었으며 고온 권취형은 0.07%C-1.0% Si-1.5% Mn-0.5% Cr-Mo의 성분계로 Ms온도(냉각에서 오스테나이트의 마르텐사이트 변태가 시작되는 온도)를 높이고 베이나이트 변태속도를 늦추는 특징이 있고 저온에서 감는 것은 0.7%C-1.0% Si-1.5% Mn계로 Ms온도가 낮은 특징이 있다.

4.6.2 고연질 열연강판

우수한 가공성을 얻기 위해 티타늄(Ti), 니오븀(Nb) 등의 탄화물 형성원소를 첨가하여 고용탄소량을 감소시킴으로써 가공성을 확보하는 것이 일반적이며 탄소함량 감소로 페라이트 단상역 온도구간이 매우 넓어지며 페라이트 단상역 압연이 비교적 용이하게 된다.

극저탄소강의 페라이트역 열연기술은 열간압연의 새로운 분야로 대두되고 있는데 페라이트역 압연을 행하면 가공성에 중요한 영향을 미치는 집합조직의 발달을 제어하기 용이하며 압연온도가 매우 낮아서 가열온도를 낮출 수 있기 때문에 에너지 절감효과가 크며 HCR/HDR 및 얇은 슬래브 주조공정과의 결합이 용이하다는 장점이 있다. 최근 개발된 페라이트영역 압연제품은 냉연 CQ재와 거의 비슷한 가공성을 나타내고 있어 냉연제품을 열연제품으로 대체할 수 있는 가능성을 보이고 있다.

4.6.3 열간 단조용 비조질강

열간 단조용 비조질강은 자동차 엔진부품인 커넥팅 로드와 크랭크 축, 조향장치인 타이로드(Tie rod end)부품 등으로 사용되며 S45C 및 SCM440 강재의 대체재로 개발된 것이다. 열간 단조용 비조질강은 열처리공정을 생략하고 열간 단조상태에서 열처리 없이 사용 할 수 있는 장점을 갖고 있고 조직이 미세한 페라이트나 펄라이트로 이루어져 있으며 페라이트내에 많은 양의 바나듐 탄화물을 석출시켜 얻고 있다.

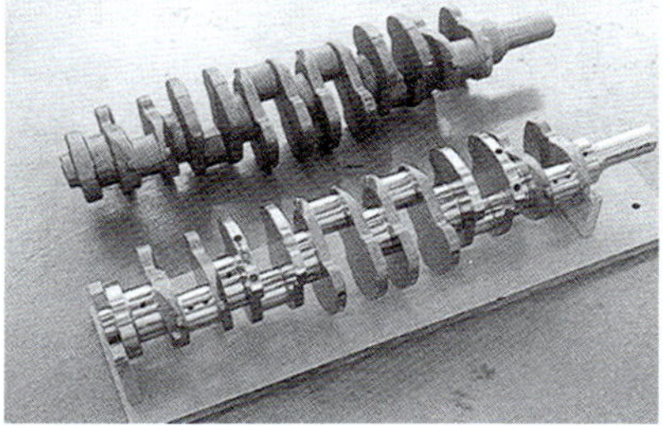

(a) 크랭크 축

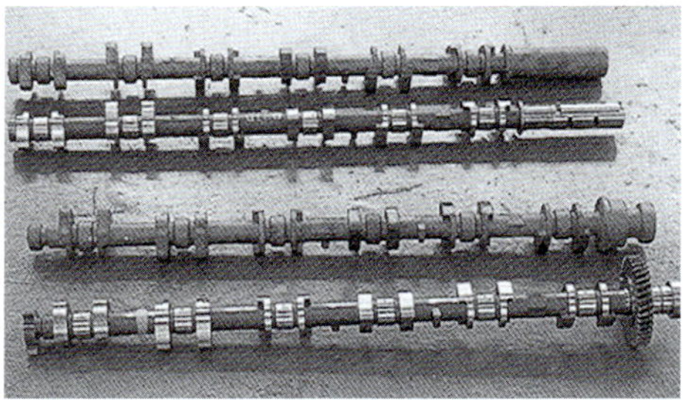

(b) 캠 축

그림 4.8 열간 단조용 비조질강의 사용 예

4.6.4 고강도 타이어 코드(tire cord)용 강재

자동차 타이어에 사용되는 타이어 코드는 지름이 0.15~0.38mm의 극세선 강재로 강도가 3000MPa에 이르고 있으며 고속 주행에서 조정성질을 향상시키고 타이어 수명연장을 위해 더욱 고강도화 하는 방향으로 개발되고 있다.

타이어코드 강재는 0.7~0.9%의 탄소를 함유하고 있는 100% 펄라이트 강재로 극세선으로 신선 할 때 단선을 방지하기 위해 강재 내에 비금속 개재물의 양과 크기를 최소화하고 성분원소의 편석을 줄여 단선이 발생 될 때 균열발생 기점으로 작용하는 개재물과 시멘타이트의 생성을 억제시키는 것에 연구의 초점이 맞춰지고 있다.

(a) 코드 와이어 제조

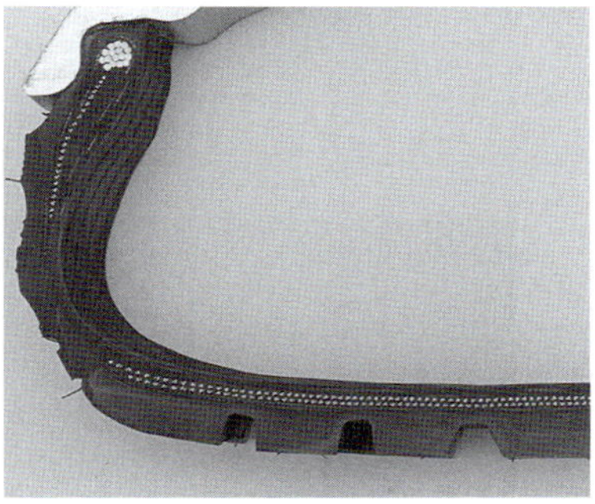

(b) 타이어 단면 상태

그림 4.9 타이어 코드 와이어

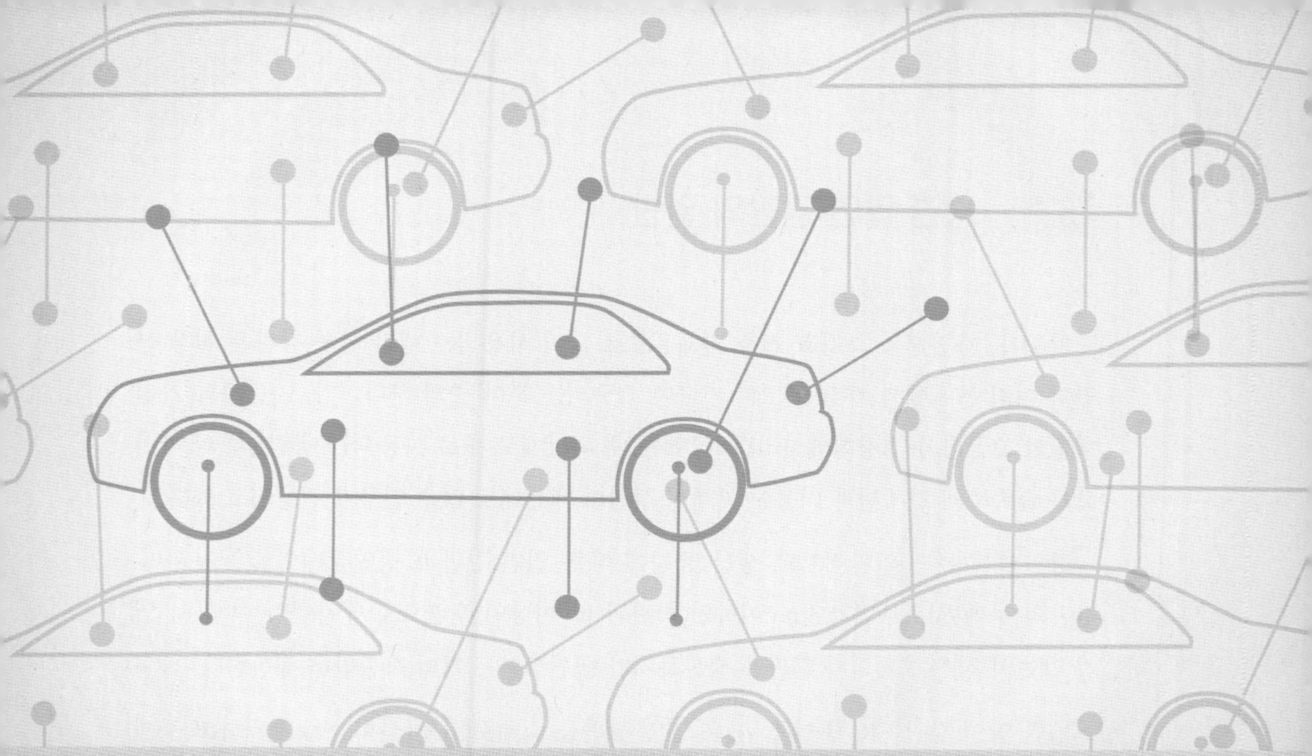

CHAPTER 5

냉간압연강판

5.1 냉간 압연 강판의 일반

자동차, 가전제품 그리고 건축 자재용으로 많이 사용되는 냉간 압연 강판은 철강 산업의 여러 분야에서 가장 고도의 기술이 요구되는 분야 중의 하나이다. 자동차와 가전제품의 고급화와 경량화에 따라 최근에는 내 외장재로 주로 사용되는 냉연강판의 박판화가 급속하게 진행됨과 더불어 기계적 성질의 개선에도 많은 연구가 진행되고 있다.

강판의 종류는 일반적으로 생산 공정에 따른 열연 강판과 냉연강판으로 구분되며, 강판의 두께별로 보면 0.3mm이하인 박판과 그 이상인 후판으로 구분한다. 따라서 열간 압연의 경우는 거의가 후판을 생산하지만 냉연강판은 거의 박판만을 생산한다.

냉간 압연 강판(CR, 냉연 강판)은 열연 강판을 소재로 표면 산화층을 제거하고 두께 0.15~3.2mm 정도까지 압연한 후 풀림처리와 조질 압연을 거쳐 생산된다. 냉연 강판은 열연 강판에 비해 두께가 얇고 두께 정밀도가 우수하며 표면이 미려하고, 평활성과 가공성이 우수하다. 그러므로 자동차와 가전기기, 그리고 가구와 사무용 기기뿐만 아니라 차량과 건축 등에도 많이 사용되고 있다. 아연이나 알루미늄, 또는 주석과 크롬 등의 도금용 원판으로도 많이 사용된다.

냉간 압연 강판의 용도는 자동차용으로 가장 많이 사용되고 있으며 그 다음으로 가전제품용으로 사용되고 있다. 자동차용 강판은 냉연강판 상태로 사용되는 경우보다는 방청 방식을 위하여 도금 또는 도장한 후 사용된다. 국내에서 생산되는 냉연 강판의 두께는 0.3~1.2mm가 70% 이상을 차지하고 있으며 0.15mm이하는 전자 제품(Inner shield, shadow mask)용으로 사용되며 1.6mm이상은 건축 자재용으로도 많이 사용된다.

냉연강판의 종류는 KS D3512에서 규정된 1종(SCP-1, 일반용), 2종(SCP-2, 가공용), 3종(SCP-3, 심 가공용) 등이 있으며 KS에서 규정되어 있지 않으나 KS와 같이 취급되고 있는 냉연강판으로는 저항복점 강판, 초심 가공용 강판(EDDQ)등이 있다. SCP1-T는 표준 조질 및 풀림상태의 강판이 주문자의 지정에 의해 인장 시험 또는 에릭슨 값의 어느 한 쪽 또는 양쪽을 보증하고 있으며, SCP3-N는 비시효성 심 가공용으로 심 가공성이 매우 우수하고 비시효성을 보증하며 항복점 연신(stretcher strain)현상도 발생하지 않는다.

표 5.1 냉연 강판의 일반적인 기계적 성질

소재	인장강도 (MPa)	경도 (H_RB)	연신율 (%)
SCP1	300	43	44

표 5.2 냉연 강판의 일반적인 화학적 성분 (wt.%)

소 재	C	Si	Mn	P	S
SCP1 (1종)	0.12	–	0.5	0.04	0.045
SCP2 (2종)	0.10	–	0.45	0.35	0.035
SCP (3종)	0.08	–	0.40	0.03	00.030

냉연 강판의 기계적 성질 및 화학 성분은 표 5.1과 표 5.2에서 보는바 와 같다.

일반적으로 승용차용 강판은 0.7~0.8mm정도가 사용되고 있으나 고장력 강판의 개발로 일부 차종과 부품에는 0.4~0.5mm정도의 강판도 사용되고 있다. 고장력 강판의 인장 강도는 일반적으로 사용되는 강판인 300MPa미만에서 1000MPa까지 개발되었다.

패널용으로 사용되는 연강은 성형성이 가장 문제가 되므로 가공성의 향상이 요구되어져 왔다. 초심가공용 강판인 EDDQ(extra deep drawing quality)급을 상회하는 Super EDDQ라고 불리는 등급의 극연강판은 연신율이 55%를 초과하는 우수한 성형성을 요구하는 부품에 사용되고 있다. 최근 냉연강판은 대부분 도금이나 도장 등의 표면처리가 되어 사용되는 경향이 현저하게 증가되고 있다. 예를 들면 아연도금 강판은 도금층의 구속 때문에 소재인 강판 보다 0.2~0.3정도 열세에 있으므로 이와 같은 관점에서 보면 초성형성에 대한 수요자의 요구는 앞으로 더욱 강해지고 있다.

그림 5.1은 냉간 압연 강판을 코일형태로 감아서 포장 대기 상태이거나 포장이 완료된 상태로 출고 창고에 저장된 상태이며, 그림 5.2는 냉연 강판을 사용하여 차체를 제작하고 있거나 도장이 완료된 자동차의 최종 생산라인을 나타낸 것이다. 일반적인 냉연강판은 자동차의 차체용으로 사용되지만, 저항복점 강판은 가공성과 강성이 우수해 자동차의 평판인 지붕과 보닛 등 가공성이 요구되는 곳에 사용되고, 초심가공용 강판

은 특히 가공성이 우수하므로 자동차의 펜더(fender) 등에 사용된다.

아연도금 강판용 원판은 아연을 도금하기 위한 강판으로 지붕과 건축자재 등에 사용되며, 석도 강판의 원판은 주석도금을 위한 강판으로 각종 제관의 소재로 사용된다. 한편, 열연 강판을 산세 처리한 후 냉간 압연하고 전기 청정공정에서 압연유 등을 제거한 냉간 압연 강대를 미소둔 강판(F/H, Full hard steel sheet)라고 하며 도금 강재용과 강관용, 그리고 건축 자재로 쓰인다.

이와 같은 추세에 따라 냉간 압연 강판을 생산하는 설비는 박판과 고강도의 강판을 생산할 수 있게 설계되고, 생산비용을 줄이기 위하여 자동화와 생산성 향상에 보다 많은 투자를 하고 있다. 따라서 국내의 냉간 압연 업계도 설비의 개조와 교체, 그리고 기술개발에 경쟁적으로 노력을 다하고 있다.

(a) 포장 대기 상태

(b) 포장 완료 상태

그림 5.1 냉간 압연 제품

(a) 차체 조립공장

(b) 조립 완료 상태

그림 5.2 자동차 생산라인

5.2 냉간 압연 강판의 특성

금속을 냉간 가공하면 인장 강도와 항복점, 그리고 경도는 증가하고 연신율 등은 감소된다. 특히 50%이상의 성질변화에 대한 경화가 급격히 진행된다면 변형 능력이 감소되어 파괴되고 만다. 따라서 파괴되기 전에 풀림을 하여 변형 능력이 회복된 후 다시 가공하여야 한다.

5.2.1 가공성

프레스 가공분야가 냉연강판의 주된 용도이며 프레스가공에서 요구되는 특성은 성형성과 표면 거칠기, 그리고 2차 가공 취성 등의 문제가 있다. 성형성의 시험방법은 인장시험, 경도시험, 에릭슨시험, 굽힘 시험 등이 있다.

5.2.2 시효성

시간이 경과함에 따라 금속의 성질이 변화하는 현상으로 냉연 강판의 경우 강중에 포함되어 있는 고용 탄소와 질소의 문제라고 할 수 있다. 이들 고용 원소는 가공 중에 연신 응력의 결함을 발생시키게 되며, 냉연 강판은 강중에 탄소와 질소 등을 포함하고 있어 시간이 경과됨에 따라 기계적 성질이 저하되는 결함이 있다. 조질 압연이나 평탄작업을 통하여 항복점 연신에 의한 결함을 제거한 후 사용해야 한다.

5.2.3 용접성

냉연강판에 있어 용접은 프레스가공과 같이 중요한 가공방법이다. 일반적으로 용접은 자동차 조립공장에서와 같이 보통 프레스가공과 용접이 함께 이루어지고 있으며 용접의 문제점은 화학성분과 내부결함이 가장 큰 원인이 되며 그밖에도 표면 청정도와 평탄도 등이 있다.

5.2.4 기 타

냉연강판의 기본적인 품질특성인 제품의 두께와 폭, 그리고 치수의 정밀도와 평탄도 등은 KS규격에 명시되어 있다. 조질 압연가공에서 표면가공방법은 무광택(dul1)과 광택(bright)이 있고 용도에 따라 조도를 관리하고 있다.

5.3 냉간 압연 강판의 제조공정

냉연강판의 제조과정은 제선 과정에서 철광석으로부터 철을 생산하고 강을 제조하는 제강과정을 거쳐서 열간 압연을 통하여 열연강판을 생산한 후 이를 소재로 하여 그림 5.3과 같이 냉연강판을 생산한다.

냉연강판의 가공 과정은 1980년대까지는 산세공정에서부터 원하는 중량과 크기로 만드는 6개 공정으로 구분되어 생산되었으나, 그 이후부터 최근까지는 여러 공정을 하나의 공정 또는 2개의 공정으로 하여 생산성과 품질, 그리고 제조비 절감을 이루고 있다. 이와 같은 공정을 거쳐서 가공된 강철판을 운송하기 위하여 특수한 포장을 하며 이 포장이 매우 중요하다. 이렇게 생산되는 냉연강판은 도금 또는 도장 강판의 원판으로 사용된다.

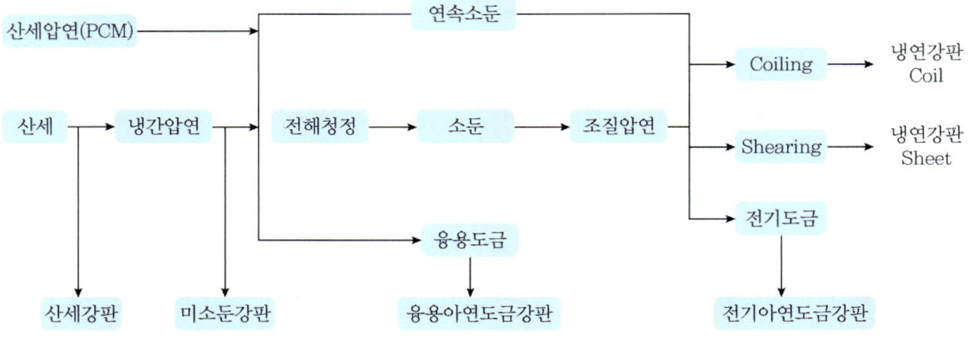

그림 5.3 냉간 압연 공정

5.3.1 산세(pickling) 공정

산세 공정은 열간 압연(800~900℃)에서 생성된 산화 피막을 제거하여 냉간 압연을 쉽게 하고 강판의 표면을 미려하게 하고, 열간 압연 코일의 중량을 크게 하여 생산성을 높여 주는 용접 기능이 있으며, 열연 강판의 결함을 검사하여 냉연에서 대형 사고를 방지한다. 그리고 강판의 표면에 방청유를 도유하여 녹이 발생되지 않도록 한다. 산세 설비는 연속적으로 산세가 가능한 연속 산세 라인과 코일별로 산세를 하는 Push형 산세 설비가 있으며 화학반응이 아닌 브러시를 사용하는 설비도 있다. 그러나 현재 설치 운영되고 있는 설비는 염산을 사용하는 연속 산세 형식이 가장 많이 사용되고 있다. 그러나 최근에는 거의가 압연과 산세가 동시에 이루어지는 CDCM(Continuous descale & continuous mill)형식이 주종을 차지하고 있다.

그림 5.4는 열연 강판 표면의 산화 피막층을 나타낸 것이고, 강판의 산화층을 제거하는 산세공정에서는 발생되는 폐염산을 회수하여 염산과 철분을 분리한 후 다시 사용하여 원가절감 및 공해물질 발생을 방지하고 부산물로서 산화철을 생산하는 효과를 얻을 수 있다. 산화철을 다량 포함하고 있는 폐염산은 염산이 강판 표면의 산화철과 반응하여 $FeCl_2$ 또는 $FeCl_3$의 상태로 되어 있으므로 분리하면 재사용이 가능하다.

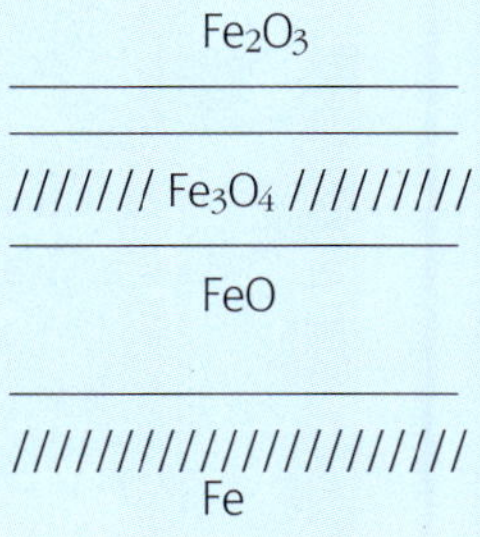

$$Fe_2O_3 + 4HCl \rightarrow 2FeCl_2 + 2H_2O + 1/2O_2$$

$$Fe_3O_4 + 4HCl \rightarrow 3FeCl + 3H_2O + 1/2O_2$$

$$Fe\,O + 2HCl \rightarrow FeCl_2 + H_2O$$

$$Fe + 2HCl \rightarrow FeCl_2 + H_2\uparrow$$

그림 5.4 열연 강판 표면의 산화 피막형태

5.3.2 압연(cold rolling) 공정

열간 압연된 코일의 산화 피막을 제거하고 상온에서 수요에 맞는 두께까지 압연하는 공정으로서 냉간 압연 강판을 생산하는 공정 중에서 가장 중요한 공정이다.

압연기의 형식은 롤의 배열과 수량에 따라 구분되고 그림 5.5에서 보는바와 같이 압연기의 스탠드의 수에 따라서 가역 압연기와 탠덤 압연기로 구분되며 최근에는 거의가 소품종 대량생산에 적절한 탠덤 압연기로 바뀌고 있다. 롤의 배열도 종전에는 4단 가역 압연기가 대부분이었으나 최근에는 일본의 히타치에서 개발한 6단 압연기가 두께의 정밀도와 평탄도의 개선면에서 우수한 기능을 보유하고 있어 주종을 차지하고 있다.

냉간 압연공정에서 가장 중요한 두께의 정밀도를 향상시키기 위하여 작업자의 숙련도와 기능에만 의존하는 수동 제어방법에서 X선에 의하여 검출된 두께를 전기 유압적인 회로와 장치를 사용하여 자동적으로 제어하는 자동 제어장치(automatic gauge control system)를 대부분 갖추고 있어 두께의 정밀도가 ±5%내에서 가공되고 있다. 그리고 강판의 형상문제도 두께와 마찬가지로 접촉 또는 비접촉 방식에 의하여 수동 제어에서 자동 형상 제어(automatic flatness control system)로 변환되고 있다.

(a) 탠덤 압연기

(b) 압연기의 측면

그림 5.5 냉간 압연기

5.3.3 전해 청정(electrolytic cleaning) 공정

전해 청정 공정에서는 냉간 압연된 코일의 표면에 부착된 압연유와 철분 등을 제거하여 강판 면을 깨끗하게 한 후 풀림 열처리를 하여 강판 면을 미려하게 한다. 여기서는 기계적인 방법과 화학적인 방법을 차례로 사용하여 강판 면의 청정도를 향상시킨다.

알칼리 세정은화학적 세정으로서 알칼리제(NaOH)로 강판에 묻어 있는 검화성 유지(야자유, palm, 우지, 경유 등)를 제거하는 것을 말한다.

물리세정은 전해 탱크 내에서 1차 알칼리 세정된 후 강판표면에 묻어있는 각종 오염물을 브러시 및 스프레이방식을 이용하여 세정하는 것을 말한다. 전해세정은 1차 화학세정된 강판표면을 1개의 전극으로 해서 전기분해를 일으키고, 그때 발생하는 수소와 산소 가스에 의해 기계적으로 유지를 제거하는 세정을 말한다.

5.3.4 풀림(annealing) 공정

냉간 압연된 코일은 금속 조직이 변형되어 경도가 높고 가공성이 나쁘므로, 600~800℃로 가열시켜 일정 시간 유지하면 새로운 결정이 생겨나 성장하게 되는 재결정 현상이 발생되어 경도가 낮아지고 가공성이 향상되어 성형성을 향상시킨다. 압연공정에서 발생한 강판의 내부응력을 제거하여 재결정조직을 갖게 하고, 강판의 균일한 조직분포와 기계적 성질을 조정하고 개선하며, 광휘 풀림으로 강판의 광택을 높이는 등 제품의 품질을 향상시키는 것을 목적으로 한다.

풀림 장치는 그림 5.6에서 보는바와 같이 연속적으로 풀림 처리가 가능한 연속 풀림(continuous annealing)과 Batch식으로 적입하여 열처리하는 방식이 있다. 후자의 경우 분위기 가스의 종류에 따라 다시 HN_x와 H_2 BAF로 구분된다. 분위기 가스는 열처리 중에 코일의 광택도 향상 및 외부공기로부터 보호하기 위해 내부 덮게 내부로 공급하는 가스를 말하며 광휘풀림은 강판의 광택을 높이는 풀림을 말한다. 보정시간은 열처리 중에 코일의 각 부위별(외부, 내부, 중부)온도편차를 줄이기 위해 열전대를 사용하여 적정온도에서 일정시간 유지하는 시간을 말한다.

(a) 연속 풀림처리 로　　　(b) Batch 풀림처리 로

그림 5.6 풀림처리 장치

박판은 강판의 폭에 관계없이 두께가 1.85㎜ 이하인 열연 강판으로 0.45㎜이하로 작업된 냉연 제품을 말한다. 후판은 강판의 폭에 관계없이 열연 강판의 두께가 2.70㎜이상인 것으로 1.00㎜ 이상으로 작업된 냉연 제품을 말한다.

5.3.5 조질 압연(temper rolling) 공정

풀림처리 후 강판의 기계적 성질을 개선하고 표면에 조도를 부여하며 강판의 형상을 교정하기 위하여 조질 압연을 한다. 그리고 풀림처리를 하면서 발생된 강판의 뒤틀림에 의한 변형을 교정시키고 최종 수요자의 용구에 맞게 강판의 표면에 적절한 조도가공을 한다. 그리고 성형과정에서 많이 발생되는 항복점 연신현상을 방지하는 역할도 하는 공정이므로 압연기와 같이 가역으로 가공을 하지 않고 한번만 가공하되 압하량을 매우 작게 한다.

강판의 표면에 조도가공을 하는 작업 롤의 표면가공은 일반적으로 쇼트(shot)에 의한 쇼트 블라스트 조도가공(shot blast texturing)방법이 많이 사용되고 있으나 전자제품이나 자동차용 강판의 표면에 도장성을 좋게 하는 표면 조도가공은 전기적인 방법인 방전조도가공(electro-discharge texturing)과 레이저에 의한 레이저 빔 조도가공(laser beam texturing)방법이 있다.

5.3.6 전단 및 권취(shearing & recoiling) 공정

전단 공정에서는 최종 제품의 폭을 균일하게 하는 강판의 가장자리를 절단하는 트리밍(trimming)작업과 수요자의 요구에 따라 중량을 조절한다. 그리고 제품의 도유와 검사를 동시에 행한다.

감는 공정도 전단과 마찬가지로 폭을 균일하게 하고 검사와 도유를 행하며 코일 형태로 중량을 조절한다. 형상을 교정하기 위하여 레벨러(leveller)는 크게 롤러 레벨러(roller leveller)와 스트레처 레벨러(stretcher leveller), 그리고 텐션 레벨러(tension leveller)가 사용되고 있다.

5.3.7 포장(packing) 공정

포장은 최종 제품의 수송이나 보관에도 품질 변화가 없이 일정하게 유지될 수 있도록 특수 방청지와 목재 등을 사용하여 포장하는 것을 말한다.

5.4 강판의 표면조도 가공

냉연 강판은 열연 강판의 표면에 부착되어 있는 산화층을 산세 공정에서 제거한 후 냉간 압연기의 롤에 의하여 제품의 두께를 적절하게 가공한다. 그리고 판면에 부착된 압연유는 전해처리 하여 완전히 제거하고 냉연 가공에서 발생된 응력은 열처리를 통하여 제거하며 수요 맞게 기계적 성질을 부여한다. 이와 같이 적절한 두께와 기계적 성질을 강판에 부여한 후 도장성과 성형가공이 용이하도록 조질 압연가공에서 강판 표면에 일정한 거칠기인 조도가공을 한다.

냉간 압연 강판과 도금제품은 성형성과 외관이 가장 중요하므로, 이를 향상시키기 위하여 여러 가지 방면으로 노력을 하고 있지만, 그 중에서도 가장 활발하게 연구되고

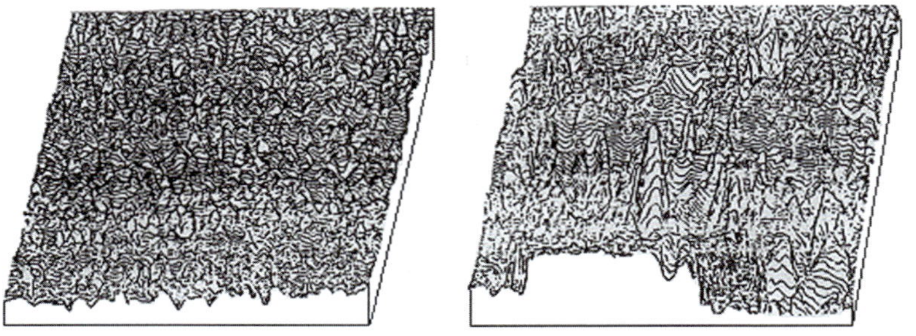

(a) EDT
(Ra: 1.50,Rmax: 7.5, Pc: 105 ea/cm)

(b) SBT
(Ra: 1.50,Rmax: 8.1,Pc: 77 ea/cm)

그림 5.7 조도가공 방법에 따른 조도와 산의 형태

있는 분야는 작업 롤 표면의 적절한 표면 조도가공이다. 표면조도는 프레스 성형가공에서 윤활유를 강판표면이 보유할 수 있도록 하므로조도부분에 윤활유가 적절하게 부착되어 있을 경우, 금형과 강판과의 윤활성을 좋게 하여 프레스 가공성을 좋게 하고 금형의 마멸을 감소시키며 성형된 제품의 부위별 표면 소성변형 차이를 감소시킨다.

점차 냉연 강판을 사용하는 수요자 요구가 다양하고 까다롭게 변화되어 가고 있는 추세이며 특히, 최종제품의 외관이 중요시되는 가전제품이나 자동차 산업에 있어서는 표면상태가 수요가들의 상품선택에 매우 중요한 역할을 한다. 강판 표면의 조도인 산의 수(peak count)가 많고 균일 할수록 균일도장이 가능하며 높은 선영성(image clarity)과 최종 제품의 외관도 개선시킨다.

그림 5.7은 조도가공 방법에 따른 조도와 산의 형태를 나타낸 것으로 최근 개발된 작업 롤의 조도가공 방법인 방전 조도가공(electro-discharge texturing)방법이 산의 분포나 크기가 균일하게 나타나고 있음을 보여주고 있다. 부분적으로는 Laser beam조도가공방법도 개발되어 적용 가능성을 시험하고 있다. 이러한 방법은 쇼트 블라스트 조도가공방법의 문제점을 해결할 수가 있고 작업환경도 깨끗이 할 수 있기 때문에 독일과 일본에서는 물론 국내에서도 점차 많이 실시되고 있다. 쇼트 블라스트 조도가공방법은 산의 형태가 불균일하고 예리하며 작업 롤 표면층의 경도가 높아져 마찰에 의한 마멸이 급속히 진행되는 문제점이 있다. 이와 같은 문제점을 개선하기 위하여 작업 롤 표면에 인성이 높은 크롬을 도금하여 표면의 조도를 보다 균일하게 하고 산의 형태를 삼각

파형에서 정현파형으로 변환시켜 쇼트 블라스터 조도가공방법의 문제점을 보완하기도 한다. 크롬 도금방법은 주로 냉간 압연용과 조질 압연용 작업 롤에 적용되고 있다.

냉연 강판의 수요처는 자동차의 외장재와 내장재, 냉장고용 외장재의 전자제품, 건축용 등 거의 모든 산업에 걸쳐 사용되어지고 있으며, 최근에 냉간 압연 강판에 아연도금이나, 알루미늄을 합금한 아연도금, 그리고 도장을 한 내구성과 내식성을 겸비한 표면처리 강판의 수요가 급격히 증가하고 있어 판면 조도관리의 정밀도가 점차 심각한 문제로 되고 있다.

5.5 자동차용 냉연 강판 종류

철강은 탄소의 함유량에 따라서 순철과 강, 그리고 주철로 분류된다. 순철은 탄소의 함유량이 0.02%이하이며 강은 0.02~1.7%의 탄소를 함유하고 있으며 일반적으로 자동차의 차체용 강판으로 가장 많이 사용된다.

탄소함유량이 1.7%~6.67%인 주철은 주조용 강으로는 많이 사용되지만 자동차의 차체 패널용으로 사용되지는 않는다.

일반적으로 가장 많이 사용되는 강에는 Mn, Si, P, S 등의 원소가 미량 첨가되어 있고 알루미늄 킬드강의 경우에는 알루미늄이 미량 잔존해 있다. 이와 같은 탄소강도 탄소 함유량에 따라 용도가 구분되는데 0.3%이하일 경우는 저탄소강으로 일반 강판용으로 사용되며, 0.3%~0.5%까지는 기계 구조용으로 사용되는 중탄소강이고 0.5%이상은 공구강으로 사용되는 고탄소강이다.

최근에는 제강기술의 발달로 탄소 함유량이 적은 청정강이 개발되어 거의 순철에 가까운 탄소함유량을 가진 극저탄소강이므로 자동차의 차체 패널용으로 사용되기도 한다. 냉연강판은 일반적으로 상기 내용과 같이 탄소의 함유량에 의한 분류가 가장 보편적이지만 최근에는 강판의 기계적 성질이나 제조과정 그리고 강의 화학적 성분에 따라 다음과 같이 여러 가지 특성을 중심으로 분류되고 있다.

표 5.3 강판의 두께별 용도

종류	두께(mm)	강판의 용도
냉간 압연 강판	0.6	경자동차의 차체 패널, 버스 루프 내장용
	0.7~0.8	보통 승용차급의 차체 패널, 소형트럭 캡 패널
	0.9~1.0	대형 승용차급의 차체 패널, 트럭 캡 패널, 버스 차체 패널
	1.2~1.4	바닥 패널, 버스 차체 패널, 차체 및 캡의 부재
	1.6~1.8	바닥 패널, 버스 차체 패널, 차체 및 캡의 부재, 승용차 범퍼
열간 압연 강판	3.2	소형트럭 및 버스 프레임, 탱크로리 형판
	4.5	중형트럭 및 버스 프레임(보강, 보수용 자재)
	6.0~8.0	대형 트럭 및 버스 프레임

초성형성 강판의 제조에는 IF(Interstitial Free)강이 가장 우수한 것이므로 IF강의 생산량을 예를 들면 일본의 신일본 제철에서는 1986년의 생산량에 비해 IF강의 생산량을 1990년에는 2.5배 이상 증가하였으나, 국내에서는 1990년 이후에 연구결과가 나타나기 시작하여 지금은 많은 량을 생산하여 자동차의 패널용으로 사용되고 있다. 물론 IF강은 고용 C와 N이 고정되어 있기 때문에 과시효대가 없는 용융 아연 도금장치에서 생산하는 것이 가장 적합하다고 하는 것도 생산량의 증가 이유가 된다.

외판 패널용의 고장력 강판은 높은 강도와 낮은 항복강도를 가지고 있어야 한다. 전자는 프레스 가공에서 발생되는 균열을 방지하기 때문이고, 후자는 프레스 가공 후 매끄러운 표면 성상을 확보하기 때문이다. Dual phase강과 석출강화강의 경우에는 강도는 충분하지만 패널로 성형 가공하기에는 적합하지 않고, P첨가 고장력 강판은 펜더와 같은 심가공용을 제외하고는 널리 사용되고 있다.

(a) 4000톤 트랜스퍼 프레스 (b) 프레스 금형

(c) 프레스 상하 금형 (d) 프레스 제품

그림 5.8 프레스 성형장치와 제품

그림 5.8에서는 자동차 차체를 제작하는 프레스 성형장치와 금형, 그리고 제품을 나타낸 것이다. 일반적으로 냉연 강판은 가공에서 비틀림이 발생되지 않기 때문에 강판의 항복강도를 240MPa이하에 두는 것이 적합하고, P첨가강의 항복비로부터 생각해 보면 외판용 P첨가 고장력 강판의 인장강도는 350~370MPa이다. 극저탄소강에 Ti나 Nb 등을 첨가하여 C와 N을 고정시키고, 다시 Si, Mn, P의 첨가에 의해 강도를 높이는 IF강에서는 강도가 높은 제품이 얻어진다. 또 이 강판은 항복비가 낮기 때문에 인장강도가 400MPa정도인 제품을 제작하는데 가장 적합하다. 그리고 IF강의 경우 고용된 C와 N원자가 결정 입계에서 이탈되기 때문에 결정 입계가 불안정하여 2차 가공에서 입계 파괴를 발생시키기 쉽다. 이것을 방지하기 위해서는 수 ppm의 B를 첨가하는 것이 좋은데 이는 B의 첨가에 의한 취성과 연성의 천이 온도가 30~40℃ 정도 떨어지기 때문이다. 냉간 압연 후 잔류응력의 제거를 위한 풀림처리에서는 연속형과 Batch형 풀림의 2가지가

사용되고 있지만, 고용 탄소량의 제어는 연속형이 우수하다. 소부 경화성은 강판 중에 고용된 탄소량을 크게 하지만, 고용 탄소량을 너무 크게 하면 프레스 성형과정에서 비틀림 시효성도 증대되어 좋지 않다. 프레스 성형에서 허용되는 항복점 연신율의 한계는 약 0.2%이며 소부 경화성은 40~60MPa에 머무를 것으로 생각된다.

최근 P첨가 알루미늄 킬드강에서 소부 경화성을 가지는 고장력 강판이 다량으로 사용되고 있지만, 이 경우 강판에 고용된 탄소는 약 8 ppm이다. 이 강판을 프레스 가공할 경우 항복강도는 240MPa이지만 프레스와 소부도장 후의 항복강도는 약 330MPa로 상승되어 찍힘(dent)에 대한 저항성을 높여준다. 고용 탄소가 증가하면 비틀림 시효성을 볼 수 없고 연신율과 항복강도, 그리고 기타 기계적 성질도 열화 되므로 적정조건의 설정이 중요하다.

IF강은 아주 우수한 특성을 가지고 있지만 탄소는 고정되어 있으므로 소부 경화성을 가지지 않는다. 그렇지만 연속소둔 조건을 적당하게 하면 IF강의 경우에는 소량의 C를 고용시킬 수가 있기 때문에 IF강의 우수한 특성을 살려 약 30MPa의 소부 경화성을 부여하는 것이 가능하다.

최근 Cu를 약 0.5% 첨가한 고장력 강판을 성형한 후, 약 550℃에서 10분 정도 국부가열하여 Cu의 석출경화에 의한 인장강도가 약 200MPa정도 증가된 강판도 개발되어지고 있다.

5.5.1 고장력 강판

현재 자동차의 차체에 사용되는 소재는 냉연 강판이 50% 이상 사용되어지고 있으며 연강의 경우는 인장강도가 300MPa정도로 비교적 낮기 때문에 프레스성형이 쉽다.

현재 KS에서는 성형성의 면에서 강판은 일반용(CQ, SCP-1), 가공용(DQ, SCP-2), 심가공용(DDQ, SCP-3) 의 3종류가 규정되어져 있다. 각 부위의 재료를 결정하는 경우 우선 SCP-1이 일반적으로 선택되어지고 부품형상이 성형하기 어려운 경우에는 성형성이 보다 우수한 SCP-2 또는 SCP-3가 적용되어진다. 예를 들면 쿼터 패널, 리어 플로어 패널과 같은 비교적 복잡한 형상의 부위에는 SCP-2와 SCP-3를 사용하는 경우가 많다. 냉연 강판을 새롭게 개발한 것은 프레스 성형성이 우수한 IF강이라고도 한다. 프레스 성형성은 일반적으로 탄소, 질소 등 침입형의 불순물 원소가 적은 것이 대개 양호하게 된다. IF강은 이들 불순물 원소를 제강단계에서 강으로부터 완전히 제거하는 한편 Ti, Nb 등을 첨가하여 소량 잔류하는 탄소나 질소와 화합물(예를 들면, TiC와 TiN)을 만드는 것으로 탄소와 질소를 고정하고 프레스성형에 대한 영향을 억제한 강종인 비시효성의 극저탄소강이 IF강의 대표로 인정되고 있다.

자동차의 연비향상을 위한 차체 경량화를 위하여 고장력 강판을 개발하기 시작하여 20년 전부터 실용화되기 시작하였다. 자동차의 고급화와 더불어 고장력 강판의 수요도 점차적으로 증가되어 지금은 차체 중량 대비 약 20~30%를 차지하고 있다. 자동차의 차체에 고장력 강판이 사용되고 있는 부위는 그림 5.9에 나타난바와 같이 차체에 주로 많이 사용되고 있다.

고장력 강판은 일반 연강판과 비교해서 인장강도와 항복강도가 높고 높아진 만큼 부위의 판 두께를 얇게 할 수 있어 10~20% 정도의 경량화를 이룰 수 있다. 특히 고장력 강판의 교체에 의한 경량화는 제조비의 증가에 큰 영향을 주지 않기 때문에 향후 지속적으로 사용량이 증가 추세에 있다.

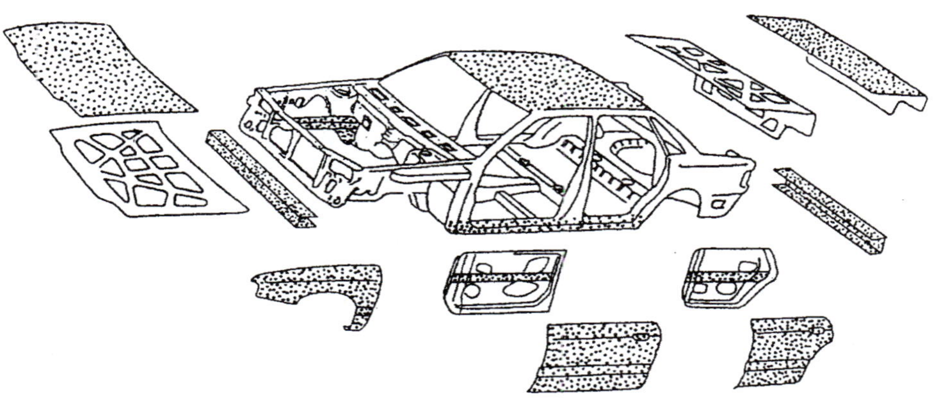

그림 5.9 고장력 강판의 차체 사용 예

자동차의 중량을 감소시키고 강도를 보완하기 위하여 개발된 고장력 강판은 제강작업 중에 P, Nb 등을 강에 첨가하여 조직을 치환시키는 고용체 강화형과 미세한 탄화물이나 질화물이 강중에서 석출 분산되어 강을 강화시키는 석출 강화형이 있으며, 특수 열처리 방법에 의하여 페라이트조직에 마르텐사이트 조직을 적당하게 분포시켜 강도와 가공성을 향상시킨 복합 조직도 있다. 일반적으로 자동차용 고장력 강판의 경우는 P를 첨가한 고용체 강화형 강판이 많이 사용되고 있다.

최근 자동차공업과 철강공업은 거의 비례하여 발전되어 왔고 지금도 매우 밀접한 관계가 있어 독일 미국, 그리고 일본 등 선진국에서는 고장력강의 인장강도가 600MPa급까지 실용화되어 상용차에 부분적으로 사용되고 있으나, 국내에서는 아직도 400MPa급을 벗어나지 못하고 있다. 자동차의 경제성을 향상시키기 위하여 세계적으로 관심을 모으고 있는 이 분야는 제강기술의 상징이므로 일본에서는 1000MPa급 까지 연구개발을 완료한 상태이며 우리나라에서도 90년대 초에 Mn을 첨가한 900MPa급의 고장력강이 개발되기는 하였으나 아직 완전히 실용화되지는 못하고 있다.

이와 같은 고장력 강판을 사용할 경우, 강판의 두께를 약 30~40% 감소시킬 수 있으므로 원가절감이 가능하고 외부충격에 의한 소성변형이 적을 뿐만 아니라 가공경화의 특성이 있다.

일반적으로 자동차의 차체 패널용으로 사용되는 냉연강판은 대부분 프레스 가공하여 사용하므로 강판의 경도가 낮고 인장강도가 높은 것이 우수하다고 볼 수 있다. 따라서 냉연강판의 경우 연신율과 인장강도를 높이고 경도를 낮게 해야 하므로 제강에서 강의 성질을 조절하고 열처리를 통하여 부족한 기계적 성질을 보완 해주어야 한다.

예를 들면 두께 1.0㎜의 일반 강판을 사용하는 곳에 350MPa급의 고장력 강판을 사용하면 0.9㎜를 사용할 수가 있으므로 약 10%의 경량화가 가능하게 되고, 동일 중량일 때는 재료비가 연강보다 높지만 사용중량이 작기 때문에 전체적으로 보면 반대로 약 6%정도 싸게 된다.

차체용으로 사용되는 고장력 강판은 하중이나 외부에서 가해지는 힘에 견딜 수 있는 성질이 필요한 경우에 많이 사용된다. 여러 가지 성질 중에서도 재료의 피로강도는 인장강도에 비례하고 전체적인 변형과 국부적으로 움푹 들어가는 찍힘에 대한 강도는 항복강도에 비례하기 때문이다.

그러나 차체에 요구되어지는 강성에 의해 강판 두께를 결정하는 경우에는 고장력 강판에 의한 경량화는 기대할 수 없다. 다시 말하면 부품의 강성은 재료의 강도와는 관계가 없고 재료 고유의 탄성률과 판 두께 등에 의해 결정되기 때문이다. 고장력 강판의 탄성률은 연강에 비해 거의 변하지 않기 때문에 고장력 강판으로 변경되어도 판 두께를 얇게 하여 경량화 하는 것은 매우 어렵다.

따라서 고장력 강판은 프레임과 필러, 그리고 멤버와 같이 강성이 요구되는 부품과 국부적인 찍힘에 견딜 수 있는 강한 성질이 요구되는 프론트 후드와 트렁크 리드 등의 외판에 주로 사용된다.

그림 5.10은 고장력 강판을 사용하는 이유를 자동차 제조업체를 대상으로 조사한 결과로서 경량화가 가장 많고 항복강도와 피로강도는 점차 감소되는 추세를 나타내고 있다. 그리고 자동차의 외관품질에 가장 큰 영향을 주는 찍힘 문제가 경량화 다음으로 큰 이유로 나타나고 있는데 외부 패널에 찍힘 흔적이 남지 않게 하기 위해 고장력강을 사용한다면 판 두께를 얇게 할 수가 있지만, 길이에 대한 강성은 저하되기 때문에 상대적으로 내부 패널을 적절하게 설계하여 사용해야 한다. 그러나 안전대책으로 사용한다는 이유는 1983년도에 비해 2000년도에는 3배나 증가하여 점차 증가하는 추세를 나타내고 있다.

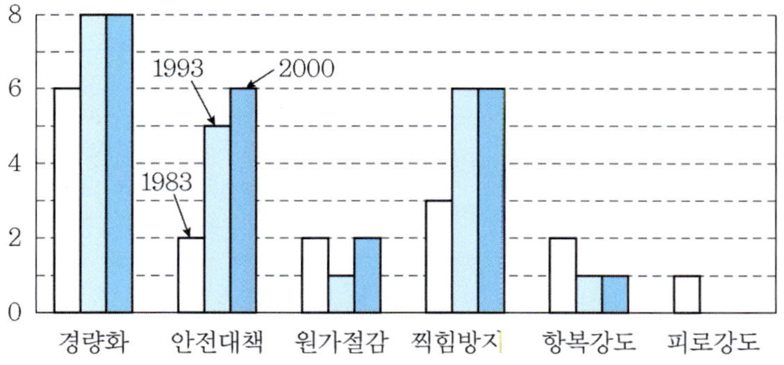

그림 5.10 고장력 강판의 사용 이유

지금까지 사용되던 연강과 고장력강인 고용 강화형, 복합 조직형, 잔류 오스테나이트형, 그리고 고용 강화형+석출강화형의 인장강도를 표 5.4에 나타내었다. 인장강도가 높은 것은 외부의 영향에 의한 찍힘과 변형에 대한 저항성이 매우 크기 때문에 경량화가 가능하다. 그러나 소성변형에 의하여 부품을 제작할 때 성형가공이 매우 어려운 문제점이 있어 열처리와 제강조건 등에 대한 연구가 지속적으로 이루어지고 있다.

IF강판의 특징은 항복강도가 낮고, 프레스 성형성을 나타내는 지표의 하나인 r값이 높다. r값은 소성이방성을 반영하고 치수가 크면 국부 신율이 좋아 프레스 성형하기 쉽게 된다. 이 때문에 IF강제의 냉연 연강판과 냉연 고장력 강판은 주로 외부 패널에 이용되어지고 있다. 외판의 중앙부분은 프레스에 의한 소성 변형이 일반적으로 적기 때문에 일반 강판에서는 스프링백이 일어나서 목표한 형상으로 프레스 성형하기가 어렵다.

표 5.4 고장력 강판의 종류와 특성

강화기구		강화원소	풀림방법	등급 (MPa)	특징
고용 강화형	침입형	C, N	BAF CAL	350~400	• 가공용도로 사용불가 • 변형 시효성, 용접성 나쁨
	치환형	P,Si Mn, Cr	BAF CAL	350~400	• Al-Killed Base+고용강화 원소첨가로 가공성 향상
석출강화+ 고용 강화형	IF-HSS (EDDQ)	Nb, Ti, V P, Si, Mn	CAL (BAF)	350~400	• IF-Steel Base+고용강화 원소첨가로 고가공용
	HSLA	Nb, Ti, V	CAL BAF	350~600	• Al-Killed Base+탄질화물 형성원소+ 고용강화원소 가공성 및 강도 높임
변태강화 (잔류오스테나이트상형)	Dual-Phase	Mn, Si	CAL	600~800	• α, γ 공존구역(A3 ~ A1)에서 가열 후 급랭하여 복합조직 획득 • 열처리 형태가 중요함
소부경화 (BH)형	Bake-Harden	C, N	BAF CAL	350~600	• 미석출 고용 C, N 등에 의해 가공 후 소부시 경화 • 적정 C함량 조정으로 변형 시효 방지

이런 문제점을 해결하고자 프레스 성형에서 형상 동결성이 우수하고 항복강도가 낮은 IF강이 적용되어진다.

일반적으로 고장력을 가지기 위한 강판을 강화하는 방법에는 고용강화와 석출강화, 그리고 상변태강화가 있으며 결정립의 미세화와 가공경화와 같은 5가지의 방법이 있다. 이와 같은 방법들을 단독 또는 조합시켜 여러 가지 특성을 나타내는 고장력 강판이 제조되어지고 있다.

차체에 사용되어지고 있는 5종류의 고장력 강판의 종류와 특징, 사용부품의 예를 표 5.4에 나타내었다. 자동차용으로 많이 생산되고 있는 고장력 강판은 주로 고용 강화형, 고용강화+석출 강화형, 복합 조직형, 잔류 오스테나이트상형이 주류를 차지하고 있다.

(1) 고용 강화형(固容强化型)

인(P)을 첨가한 고용 강화형의 냉연 고장력 강판의 인장강도는 350~450MPa정도가 가장 많이 사용되며 그 이상의 고장력 강판도 고급 승용차에 사용되고 있으며 r값이 크기 때문에 성형성이 우수한 것이 특징이다. 따라서 이와 같은 고장력 강판은 차체의 외판과 내판은 물론 구조용에도 사용되고 있어 현재 사용되고 있는 고장력 강판의 90% 이상을 점유하고 있다.

강중고용원자	
침입형고용원자	치환형고용원자

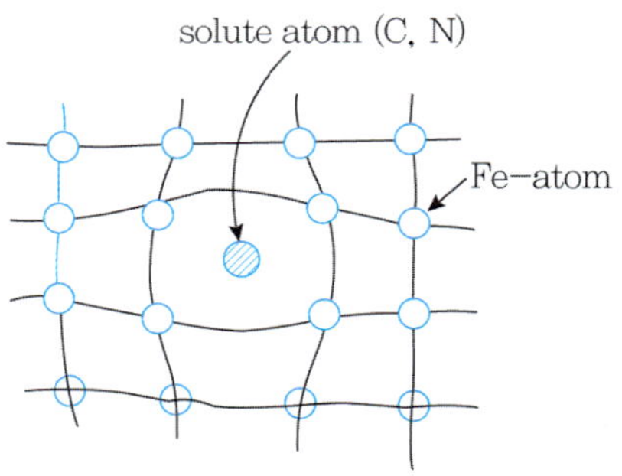

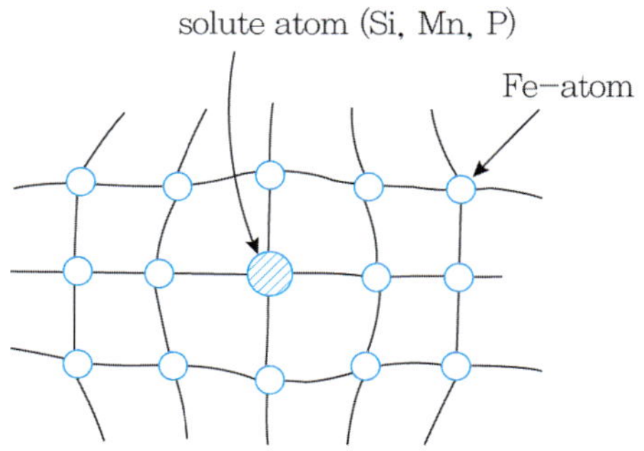

그림 5.11 고용 원자의 배열도

그림 5.11에서 보는바와 같이 침입형 고용 원자형과 치환형 고용 원자형의 원자 배열도를 나타낸 것이다. 가공성이 우수한 IF강을 기본으로 인을 첨가하여 제조한 고장력 강판은 특히 심가공성이 우수하므로 주로 차체의 외판에 사용되고 있다.

(2) 고용강화+석출 강화형

이 강판은 Nb 등을 첨가시켜 가공에 의한 성형성을 향상시키기 위하여 고용강화와 석출강화를 조합시킨 고장력 강판으로 열연강판과 냉연강판 모두 가공용으로 규정되어 있다. 가공성의 척도로 사용되는 기계적 성질인 신율은 크지 않지만, r값이 비교적 높기 때문에 강판 성형 불량인 균열과 같은 불량이 감소되는 특징이 있다.

인장강도가 600MPa급이기 때문에 자동차의 외부 패널보다는 내부의 강도를 보강해 주는 보강재와 같은 곳에 주로 사용되므로 자동차의 경량화에 중요한 역할을 한다. 동일한 인장강도에서 보면 항복비가 다소 높게 나타나지만 동일한 인장강도에서 연신율을 비교해보면 고용강화+석출강화형이 복합 조직형 보다 우수하다. 따라서 복합 조직형에 비하여 인장강도는 떨어지지만 저탄소강의 특징인 성형성이 우수한 장점이 있으므로 극저탄소강을 기지(基地)로 하는 고용강화와 석출강화형의 연구가 지속적으로 이루어지고 있다.

(3) 복합 조직형

복합 조직형은 고용강화+석출 강화형 보다 인장강도의 범위가 크고 높은 경향을 나타낸다. 따라서 고용강화+석출 강화형 보다 항복비(항복강도/인장강도)는 낮지만, 인장강도와 연신율 관계에서는 복합 조직형의 범위가 가장 크게 나타나는 특징이 있다. 항복강도가 고강도와 어느 정도의 성형성이 요구되는 차체용 강판에는 복합 조직형의 고장력 강판이 사용되고 있다. 항복비가 낮고 신율이 높은 것이 특징이다. 페라이트상이라고 불리어지는 연한 기지에 경질인 마르텐사이트상과 베이나이트상을 분산시킨 것으로서 냉각과정에서 가동전위가 도입되어 성형성이 향상되고 있다. 이러한 복합 조직형은 범퍼 보강재와 도어 임팩트 바 등에 주로 사용되고 있다. 또한 1200MPa급의 초고장력강판이 범퍼 보강재에 사용되고 있는 경우도 있다.

(4) 잔류 오스테나이트상형

고온에서 보다 우수한 성형성을 가지는 고장력 강판으로 개발되었다. 인장강도가 동등의 복합 조직형 보다 신율이 높다. 페라이트상과 베이나이트상 조직 가운데에 오스테나이트상이 분산되어 있고 가공 중에 이 오스테나이트상이 마르텐사이트상으로 상변태를 하기 때문에 높은 신율이 얻어진다. 이러한 형은 최근에 800MPa급의 고장력 강판이 도어 임팩트 바에 채용되어지기 시작하고 있다.

BH형 강판은 강중에 미량의 탄소를 고용시켜서 소부시 가열에 의해 고용된 탄소가 전위와 결합하여 강화되는 변형시효를 일으키는 것에 의해 일어난다. 고용한 탄소량은 조금 많으면 BH성이 일어나지 않고, 많이 첨가되면 프레스 성형하기 전 실온에서 자연시효에 의해 항복강도가 상승하게 된다. 이 때문에 BH형 강판에서의 탄소량은 적당한 범위에서 엄격히 관리되어진다. BH형 강판은 프론트 후드, 트렁크 리드, 도어 등의 외판부위에 사용하여 찍힘 방지성의 개선에 효과를 나타내고 있다.

5.5.2 초심가공용, 극심가공용

위에서 기술한 것처럼 극저탄소강 용제기술과 연속풀림의 등장에 의해 발명된 IF강은, 그 후 양 및 특성상으로 비약적으로 증가해 심가공용 강을 일반화한 것으로 보지 않고, 초심가공용이나 극심가공용으로 개발되었다. 현재 r값이 2.5정도까지 증가한 것까지 상용화되어 있다.

5.5.3 고강도 박강판

(1) 고연성 고강도 열연 강판

열연강판의 가공성은 인발성과 연신 플랜지성으로 대별된다. 고인발성으로써 개발된 것이 DP강이었지만, 최근 그 DP강의 연장인 새로운 고강도 강판으로서 잔류 오스테나이트 강판(TRIP강 : Transformation Induced Plasticity, 변태 유기 초소탄성 이하 TRIP강으로 부른다)이 주목을 받고 있다. 이 강은 베이나이트 또는 페라이트+베이나이트 기지에 변형에 의해 마르텐사이트로 변태하도록 준안정 오스테나이트를 수 %부터 30% 정도(강도에 의한) 잔류시킨 강이다. 이 강의 고연성 기구의 개념도를 그림 5.12에 나타내었다. 그 연성은 예를 들면 600MPa급의 인장강도를 가지면서 400MPa급의 고용 강화강과 같이 고연성을 나타낸다.

그리고 연신 플랜지성은 국부변형에 의존하며 연성파괴의 기점이 되는 보이드(VOID)의 생성과 성장, 그리고 전파가 특성을 좌우한다. 그 특성은 인장시험에 의한 신율로 직접 다루기 어렵다. 연신 플랜지성은 금속조직의 영향을 받기 때문에 몇 번 조직제어를 한 강판이 연구되고 있다. 즉, 베이나이트 단상강, 베이나이트+페라이트강 혹은 이것에 소량의 마르텐사이트를 혼재시킨 삼상강(triphase) 등이 있다. 그리고 철탄화물이 전혀 없는 저탄소강 베이스에 고용체 강화나 석출강화 시킨 강도 개발되어 있다.

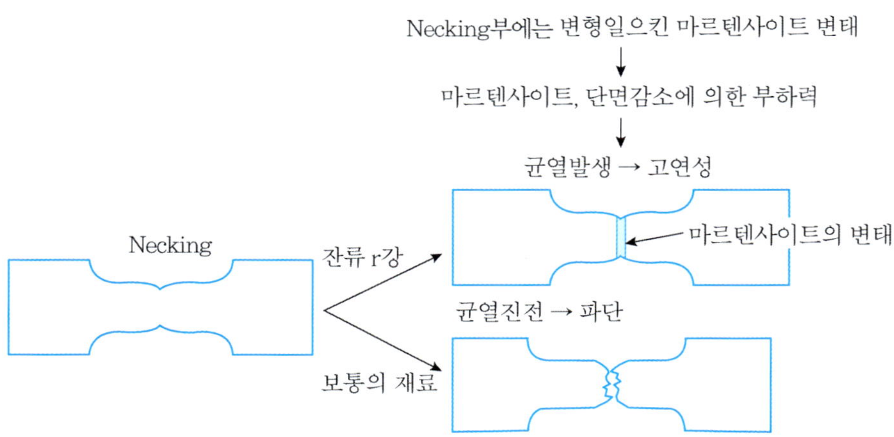

그림 5.12 고잔류 오스테나이트강판의 TRIP개념도

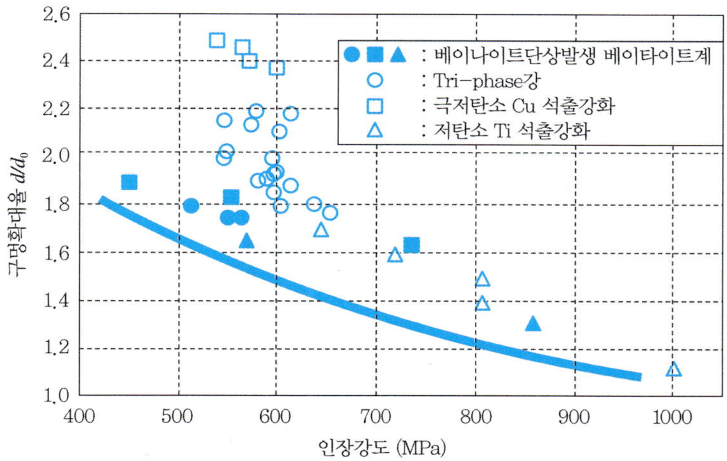

그림 5.13 각종 고연신율 플랜지성 열연 고강도 강판

그림 5.13에는 열연 강판의 연신 플랜지성을 나타내는 구멍의 폭과 인장강도와의 관계를 나타내었다. 600MPa급에서 100% 이상 구멍의 폭 가공이 가능하다.

(2) 고연성 고강도 냉연강판

고강도 냉연 강판은 고가공성이 필요한 패널용인 350~450MPa급과 멤버용 450~800MPa, 그리고 보강재용 800~1300MPa급으로 대별된다.

패널용으로 주목되는 것은 강도를 보충하는 목적으로 경화성을 부여시킨 BH강판이 있다. BH성은 C, N 등의 침입형 고용원소의 변형시효를 이용하고 있으나 종전에는 저탄소강을 이용해서 제조되었다. 그러나 IF강에 BH성을 부여시킨 기술도 상용화되었다. IF강의 의미와는 맞지 않지만, Nb이나 Ti을 C보다도 화학 양론적으로 작게 첨가해서 고용탄소를 남긴 과잉 탄소형과 연속풀림을 고온에서 행하여 탄화물로 고정시킨 C를 재고용한 용해형으로 분류한다. 최근 이 분야에는 연속소둔 중에 침탄을 하여 BH성을 향상시키는 기술이 등장하고 있다.

냉연 강판 중에서 고급 고강도 강판은 TRIP강이 가장 적합하다고 볼 수 있다. 냉연 강판에는 연속풀림을 이용해 제조한다. C-Si-Mn과 같은 비교적 단순한 성분의 강을 연속풀림으로 오스템퍼링 하므로 인발성이 우수하다. 이러한 냉연 강판의 우수한 성질들

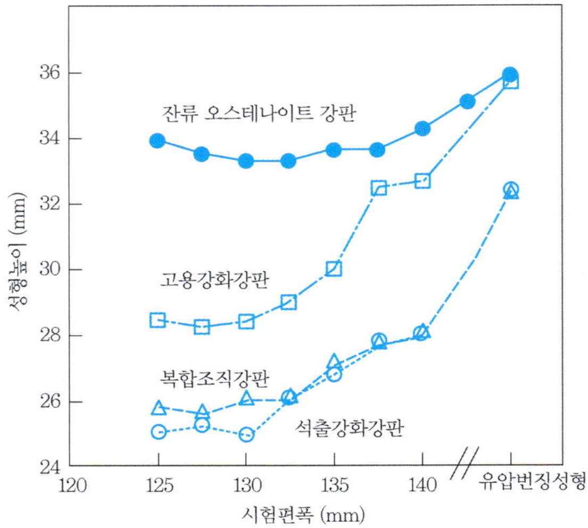

그림 5.14 잔류 오스테나이트 냉연강판의 가공성

은 컵 성형 시험이나 밸브 성형 실험으로 확인되고 있다(그림 5.14). 뿐만 아니라 최근 심가공성도 우수한 것으로 판명되었다. 그러나 냉연 TRIP강은 집합조직이 무질서하기 때문이 r값이 낮게 나타난다.

TRIP강의 심가공성이 우수한 이유는 오스테나이트가 변형되어 마르텐사이트로 변태하기 때문이다. 즉, 수축 플랜지 변형부에서는 마르텐사이트로 변태하기 때문에 각각 변형저항이 낮게 유지될 수 있다. 한편, 인장 강도부에는 마르텐사이트로 변태해 경화하기 때문에 파단내력이 높게 된다. 이것보다 수축 플랜지 저항이 낮아 파단내력이 높다고 하는 심가공성의 변형으로 적절한 응력상태로 된다. 그리고 범퍼나 도어 임팩트 바 등의 보강재로 주목되는 것은 강도를 보충할 목적으로 경화성을 부여시켜 인장강도 1000MPa급 이상의 초고강도 냉연강판도 개발되었다. 가공성·용접성 개선, 또는 고강도 강판에서도 문제가 되는 파괴특성의 개선에 대한 연구가 진행되고 있다.

5.5.4 표면처리 강판

방청강판의 개발은 방청 성능 외에 용접성과 도장성 등의 사용특성과 표면손상이나 도장 마무리 등의 품질특성과 강판과의 조화 등에도 충분히 고려하면서 개발하는 것이 중요하다. 표면처리는 전기도금이나 용융도금을 하는가에 따라 사용되는 모재나 여러 가지 품질에도 차이가 발생한다.

지금까지 자동차 업계의 독자적인 요구를 만족하면서 다양한 표면처리 강판이 개발되어 왔다. 그러나 이와 같이 발전해 온 방청강판도 1980년대 후반에 일어난 자동차의 해외 산업화로, 그 국제적인 범용성이 문제되기 시작했다. 또, 자동차 산업이나 철강업에 있어서 방청강판의 다양성에 대한 의문이 있었다. 앞으로는 이러한 것을 고려해 가면서 표면처리 강판을 개발할 것은 틀림없는 사실이다.

표면처리 강판을 고강도화 하고자 하는 요구가 많아서 여러 가지의 표면처리 강판이 개발되었다. 전기 아연도금은 강성분에 거의 영향을 받지 않도록 도금을 실시하기 때문에 냉연 강판은 모두 전기 아연도금 강판으로 만들 수 있다. 그러나 용융 아연도금 강판은 열 사이클이 연속풀림과 크게 다른 것과 강의 성분이 도금 밀착성과 합금거동에 영향을 주는 것과 같은 두 가지의 제약을 받는다. 용융 아연도금에서 도금 밀착성과 강중 성분의 관계는 Si, Mn, P 등이 영향을 준다고 알려져 있다. 또, 합금화에 대해서 P의 과잉첨가는 좋지 않다는 지적도 있다. 현재 상태에는 이들의 제약 아래 저탄소 또는 극저탄소 강에 고용체 강화(BH 강화를 포함), 또는 석출강화를 이용한 것으로 각종 합금화 용융 아연도금 고강도 강판이 개발되었다.

5.5.5 그 밖에 보통강 강판

자동차용 강판의 anti-hole의 개선에는 합금화 용융아연도금 강판이 채용되지만, 자동차 부품에 한해서는 강판자체의 내식성을 향상시킨 얇은 강판이 개발되고 있다. Cu, P 복합첨가가 기본적으로 그림 5.15에 나타낸 바와 같이 anti-hole성을 대폭 개선한다. 부식의 진행에 따라 안정한 녹이 형성되어 이후 부식인자의 침입이 억제되는 것이다.

차체의 진동·소음을 저감시키기 위해서는 제진 강판이 개발되고 있다. 제진 강판은 0.04~0.1 mm 두께의 제진 수지를 사이에 끼운 샌드위치 구조의 복합재료로 질량증가, 진동·소음을 저감하게 하는데 큰 이점을 가지고 있다. 열경화성 혹은 열가소성 수지가 선택되어 성형가공성이나 용접성이라는 관점에서 강판과의 접착강도의 조정이나 도전

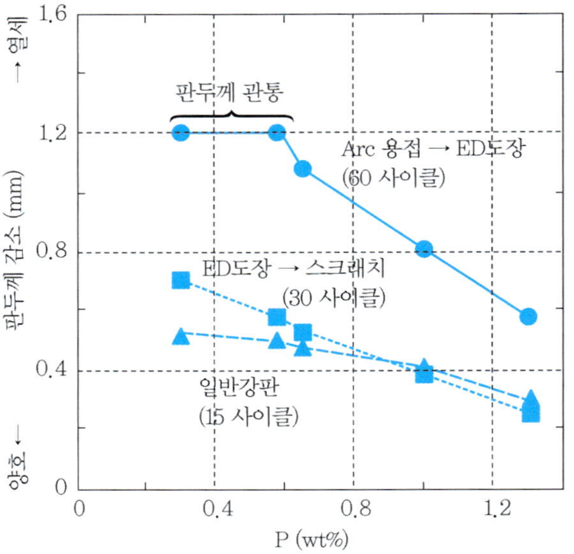

그림 5.15 CCT시험에서의 판 두께 감소에 미치는 영향(0.3% Cu계에서 P의 효과)

입자(導電粒子)가 첨가된다.

강이 많이 사용되는 첫 번째 이유는 높은 강도와 고영률 재료이기 때문이며 일반강은 250MPa 정도의 값을 가지므로 통상 등방성으로 취급된다. 그러나 철의 단결정은 입방정계의 직교 이방성을 가지므로 최대방향으로 영률 3000MPa을 나타낸다. 만약 그 최대 영률이 사용된다면 판 두께를 10~15% 정도 감소시킬 수가 있다.

5.5.6 스테인리스 강판 · 강관

(1) 배기 다기관 (Exhaust manifolder)

배기 다기관의 경우 과거에는 주철 주물이 일반적이었지만, 앞에 서술한 것과 같이 스테인리스 강재가 증가하고 있다. 주물은 두께가 5mm 정도였던 것에 비해 스테인리스강으로 제작하면 약 2.0mm까지 얇게 되어 약 50%가 경량화 되었다. 열응력에 의한 열 피로를 회피하기 위해 일본 및 미국에는 선팽창 계수가 작은 페라이트계 스테인리스강이 주류를 이루고 있다. 내열성이 우수한 강종은 Type 409계(11% Cr-0.2% Ti),

STS 430LX(17% Cr-0.4% Nb), STS 444계(19% Cr-2% Mo-Nb) 등이 있고, 고온의 배기 다기관용으로 사용되고 있다.

내산화성이 요구되는 경우에는 Cr량을 증가시키고, 고온강도·고온피로 강도를 높이기 위해서는 그림 5.16에서와 같이 Mo 혹은 Nb을 첨가한다. 베이스 성분, 강화원소에 의해서는 고온시효에 의한 고온강도의 저하에 주의할 필요가 있다.

그림 5.17과 같이 스테인리스 주강재의 배기 다기관에도 적용이 시작되고 있다. 연비를 개선하기 위해 배기가스 온도를 1000℃ 이상까지 상승시키는 경우도 있으므로, 내열성(고온강도, 내산화성)이 우수한 스테인리스강의 개발이 필요하다.

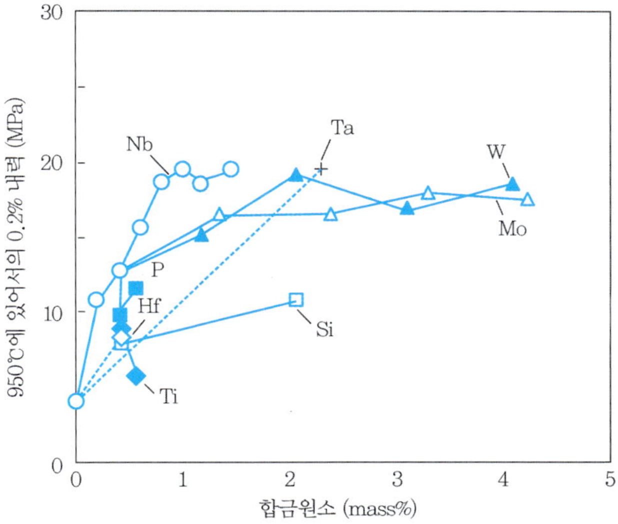

그림 5.16 950℃의 0.2% 내력에 미치는 합금원소의 영향(19% Cr 기준)

그림 5.17 스테인리스 배기 다기관

배기 다기관 다음부분인 촉매 컨버터까지의 파이프는 주로 내열용이며 배기 다기관용과 같이 배기가스 온도에 견딜 수 있는 스테인리스강이 사용되고 있다. 부위에 따라서는 외부에서부터 발생되는 염해를 고려하여 STS 436계(17% Cr-1.2% Mo-0.2% Ti)가 사용되는 경우도 있다.

(2) 소음기 (Muffler)

배기관이나 소음기용 배기관(센터 파이프 이후)의 내면은 배기가스성분(암모늄이온, 유산이온 등)의 응축과 가열・냉각 사이클에 의한 농화에 의해 매우 심한 부식 환경이 된다. 스테인리스강의 적용에 따라 부식거동이 정력학적으로 해석되어 일정부위의 부식 정도와 부식에 영향을 주는 환경인자나 합금원소의 영향 등이 해석되고 있다. 이러한 검토를 기본으로 STS 436L강과 그의 염가판(17% Cr-0.5% Mo-0.2% Ti) 등이 개발되었다.

그림 5.18에는 배기계통의 부식 환경을 모의 시험한 조건에 의해 각종 스테인리스강의 부식시험 결과를 나타내었다. 여기서 바깥쪽부터 발생되는 염해와 미관보존을 위해 Type 409, STS 436L 등의 스테인리스강에 용융 알루미늄을 도금 한 강판과 강관도 개발되어 소음기의 외부 셸이나 테일 파이프에 사용되고 있다.

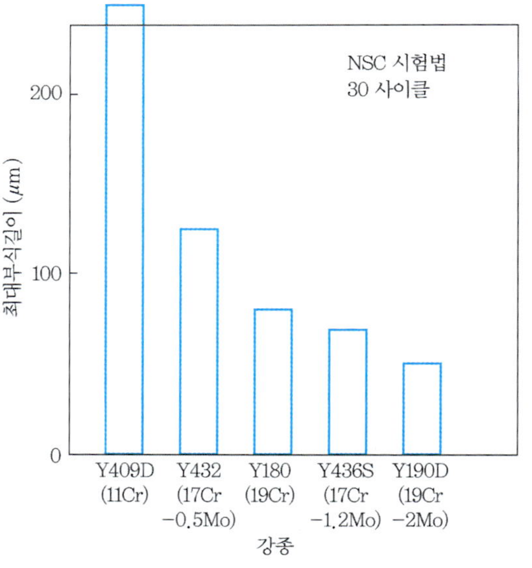

그림 5.18 배기가스 응축 모의 환경에서 각종 실용 스테인리스강의 내식성

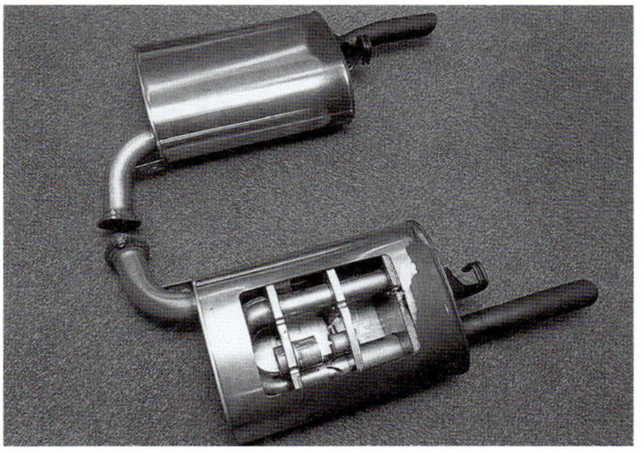

그림 5.19 스테인리스강 소음기

(3) 메탈 개스킷

실린더 헤드 개스킷(이하 개스킷)에는 여러 해에 걸쳐 석면의 사용 규제와 엔진의 고출력화에 적합한 가스 실(gas seal)의 성능향상을 위해 대체 재료로 전환시키고자 하고 있다. 가솔린차에는 흑연이 많지만 디젤차에는 스테인리스 강판의 메탈 개스킷이 대부분이다. 처음에는 STS 301강의 박판을 여러 장 적층한 구조였지만, 최근에는 STS 301L강(17% Cr-7% Ni)을 사용한 단층형 메탈 개스킷이 개발되었다. 메탈 개스킷은 석면재에 비해 내열성과 내압축성 등이 우수하지만, 단층형은 한층 더 기밀 성능을 향상시켜 엔진성능의 향상에도 기여하고 있다.

(4) 메탈 레조네이트(Resonator)

배기가스 정화용 촉매는 세라믹 공명기가 대부분이었지만, 내열 충격성, 저열용량, 저압력 손실을 특징으로 한 메탈 담체도 증가하고 있다. 메탈 담체의 허니콤 코어에는 20% Cr-5%Al-REM강(15)이 박(두께 약 50 μm)의 형태로 사용되고 있다.

그림 5.20 스테인리스 레조네이트

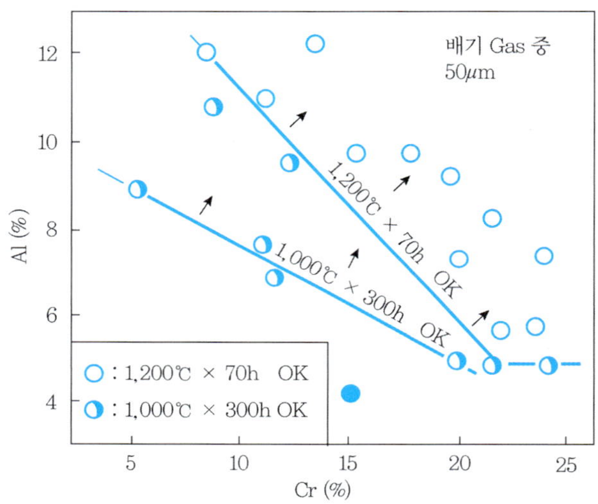

그림 5.21 배기가스중의 내산화성에 미치는 Cr, Al 함유량의 영향

그림 5.21은 배기가스 조건에서 내산화성에 영향을 미치는 Cr과 Al량의 영향을 나타내고 있고, 20% Cr-5% Al으로 내산화성과 산화피막의 밀착성을 향상시키고 있다.

고 Cr-Al강은 탄성이 나쁘기 때문에 냉간압연이 곤란하지만, 저 C+N화와 미량 Ti 첨가로 양산 라인에서의 제조가 가능하게 되었다. 허니콤 코어를 수납하는 외관에는 STS 430 LX강 등이 사용되고 있다.

5.5.7 강관

(1) 도어 빔용 고강도 강관

강관은 측면의 충돌에 대한 안전성을 확보하기 위해 도어내부에 도어 임팩트 바를 배치해 차체 옆 방향의 강도를 향상시키고자 하였다. 처음에는 고강도 강판을 프레스 성형한 것이 많았지만, 경량화와 에너지 흡수 능력을 양립시키는 강관의 적용이 대폭 증가하고 있다. 도어내부의 공간제약 때문에 강성이 높은 강관이 유리하다. 차체 측면부의 강도 시험에 적합한 3점 굽힘 시험에 의해 강관의 굽힘 변형 거동을 상세히 해석한 결과, 굽힘 최대하중은 4% 변형에서의 변형응력과 좋은 상관관계가 있고 고강도화가 가능하다.

한편, 굽힘 변형에 의한 흡수 에너지를 최대로 하려면 굽힘 후에도 강관이 소성 변형과 파단이 발생되지 않아야 한다. 이를 위해서는 파단연신이 8% 이상 필요하다. 고강도와 고연성을 저비용으로 개발하기 위한 강관은 0.2% C를 함유한 담금질 상태의 마르텐사이트 조직이 양호하고, 관 제조 후에 고주파 열처리를 한 인장강도 1500MPa급의

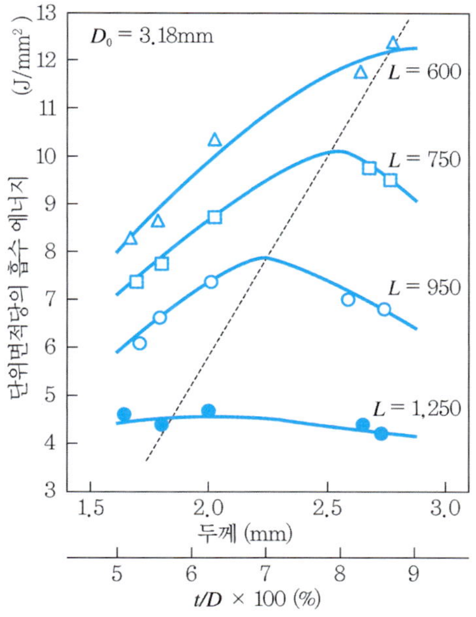

그림 5.22 강관의 단위 단면적당 작용 에너지

도어 바용 고강도 강관이 널리 사용되고 있다. 비교적 저탄소의 마르텐사이트 조직에서는 고속변형과 저온에서의 변형(측면충돌에 상당)에 대해서도 상온, 저속으로 동등하게 우수한 에너지 흡수능이 얻어진다.

그림 5.22에 강관 단면적당 흡수 에너지에 영향을 미치는 두께/외경비와 굴곡 스팬(도어치수에 대응)의 영향을 나타내었다. 굽힘 스팬에 대응해 최적의 두께/외경비가 존재한다. 한편, 강판단계에서 담금질한 강판을 소재로 관 제조 후에 열처리를 가하지 않은 As Roll형의 도어 빔용 강관도 제안되고 있다. 단, 인장강도 1200MPa 이상의 고강도강을 냉간 가공해 소성변형을 가한 경우, 부식이 발생되어 강 내부로 침입한 수소에 의한 지연파괴에 충분히 주의할 필요가 있다.

(2) 프로펠러축용 고강도 강관

일반적으로 재료를 고강도화하면 모재의 피로 강도도 향상되지만, 용접부의 피로강도는 반드시 향상되지 않는 경우가 많다. 프로펠러 샤프트의 비틀림 피로강도의 지배인자를 해석한 결과, 양단의 조인트 요크를 용접할 때에 열영향부가 연화하기 때문에 비틀림 피로강도가 저하되는 것, 비틀림 피로시험의 피로한도가 열영향부 최연화부의 경도와 좋은 상관관계가 있는 것이 명확하게 판명된다. 열영향부 최연화부 경도와 피로한도의 관계는 그림 5.23에 나타내었다.

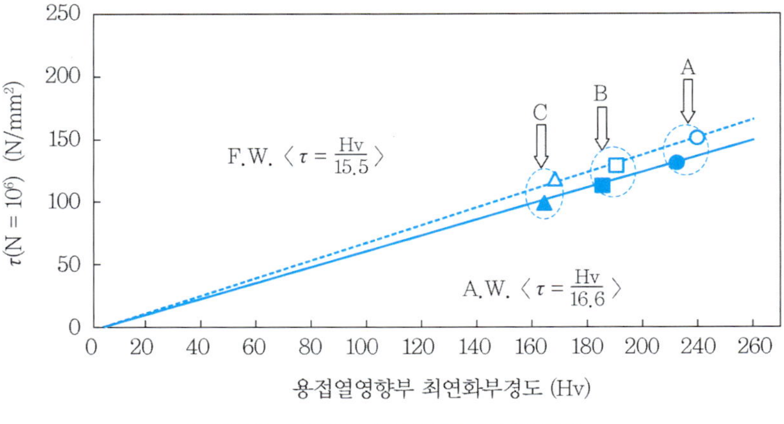

그림 5.23 최연화부 경도와 피로한도의 관계

이상의 검토 결과에 의해, 미량 첨가원소에 의한 석출강화를 이용해, 재가열시에 있어서 석출물의 형태와 양을 제어하는 것으로 열영향부의 연화를 억제해, 비틀림 피로강도를 높인 내 열영향부(HAZ) 연화형의 고장력 프로펠러 샤프트용 강관이 개발되었다. 인장강도 800MPa급까지의 고강도 강관이 이미 실용되고 있다.

(3) 배기계용 스테인리스 강관

배기 다기관, 배기관에 대해서는, 스테인리스 강판, 강관의 항에 서술했다. 그 밖의 재료로서 플렉시블

파이프가 있다. 플렉시블 파이프는 배기관 이후에 엔진진동이 전달되는 것을 방지하는 기능이 있고, 사복(蛇腹) 파이프와 와이어 메시로 구성된다. 사복가공에 필요한 가공성 때문에 오스테나이트계 스테인리스강이 적용된다. 보통은 STS 304가 사용되지만, 설염 산포 지역에서는 사복부에 퇴적한 염에 의한 고온염해에 견디는 재료로서 고 Si 스테인리스강(STS XM 15J1 등)이 채용되고 있다. 북아메리카 등의 염해가 심한 지역에는 더욱 고온염해 내식성을 개선할 필요가 있다.

Si 증량 혹은 Mo 첨가가 유효해서 17Cr-13Ni-2.5St-2.5 Mo 강등이 개발되고 있다.

CHAPTER 6

표면처리강판

6.1 도금 강판

그림 6.1에서와 같이 자동차의 차체용으로 사용되는 도금강판의 용도는 일부분을 제외하고는 거의 모든 부분에 걸쳐 사용되고 있다. 자동차의 고급화와 더불어 내식성과 내열성, 그리고 도장성이 우수한 강판이 사용되고 있다. 이와 같은 모든 조건이 갖추어져있어도 자동차는 수천 번의 용접을 통하여 이루어지므로 용접성이 매우 중요하다.

일반적으로 도금강판이라 함은 냉간압연 강판의 표면에 수μm의 아연 또는 아연합금을 도금한 강판을 말한다. 그림 6.1에서 보는바와 같이 자동차의 차체용으로 사용되는 도금강판의 도금재료는 종전에는 아연이 주종을 차지하고 있었으나 최근에는 내식성을 향상시키고 외관을 미려하게 하기 위하여 아연합금을 사용하여 도금을 하며, 도금방법도 용융 아연도금에서 표면이 미려한 전기 아연도금방식에 의한 도금방법으로 변하고 있다.

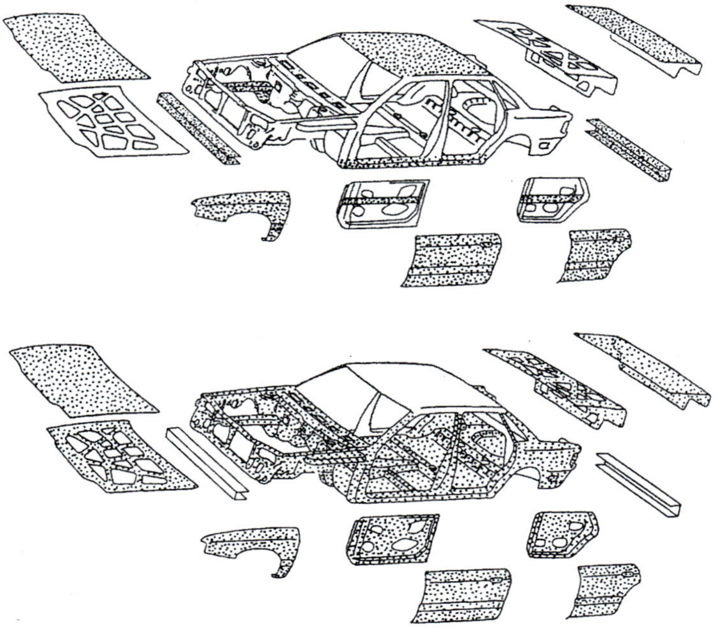

그림 6.1 표면처리 강판의 사용부위

자동차의 고급화와 더불어 일반적인 용융 아연도금강판 보다는 전기아연도금강판 또는 알루미늄 성분이 포함된 갈바륨 강판이 최근 많이 사용되어지고 있는 추세이다.

용융 아연 도금강판은 표면에 아연 결정립의 경계가 뚜렷하게 남아있어 외관이 아름답지 못하고 전체적으로 일정한 두께의 도막을 얻기가 어려운 단점이 있으나 도금방법이 단순하고 제조비가 낮은 장점이 있다.

6.1.1 용융아연 도금강판 개요

표 6.1은 용융아연 도금강판의 도금층 구조와 제조가능 범위를 나타낸 것으로 용융아연도금 강판은 아연 도금 이외에 합금화 용융 아연 도금강판(Galvannealed steel sheets, GA), 갈바륨 강판 및 갈판 등의 용융 아연 알루미늄 합금 도금강판 등이 있으며 전기 아연 도금강판은 아연도금 이외에 아연-철, 아연-니켈 등 전기 아연합금 도금강판이 있다.

표 6.1 용융아연도금 강판의 도금층 구조와 제조 가능 범위

구분		용융아연 도금 강판	용융합금 도금 강판	용융합금 전기도금 강판	알루미늄 도금 강판	갈바륨 도금 강판
도금층 구조		Zn(60g/㎡:8㎛) Fe	Zn-Fe (45g/㎡:6㎛) Fe	Fe-Zn, Zn-Fe (3g/㎡),(30g/㎡) Fe Zn-Fe (60g/㎡: 8㎛)	Al-Si (40g/㎡:14.8㎛) Fe	Al-Zn-Si (75g/㎡:20㎛) Fe
제조 기능과 범위	도금면	양면도금	양면도금	양면도금	양면도금	양면도금
	도금 부착량 (편면)	30～400	20～90	30 / 20～90	20～75	45～100
	철판 두께 (mm)	0.23～2.3	0.4～2.3	0.6～1.6	0.35～2.3	0.35～2.3
	판 폭 (mm)	600～1270	600～1270	600～1270	600～1270	600～1270

용융 아연도금은 1741년 프랑스 화학자인 Pall Jacgnes Melouin이 용융아연을강판 표면에 도금한 기록이 남아 있으며 1836년 프랑스 Sorel씨와 영국의 H. W. Crowford 씨가 Flux의 발명특허를 취득하면서 아연도금이 산업화되었으며 1846년 Moerwood씨와 Rogers씨가 도금 가마 뒤에 롤을 부착함으로써 산업도금이 본격화되었다. 용융 아연 도금강판은 이러한 도금방식에서 연속 용융 아연도금방식으로 변천해 왔다.

(1) 일반 용융 아연 도금강판

용융 아연욕조에 냉연강판 또는 열연강판을 침적시켜 그 표면에 아연피막을 입힌 것으로 아연 도금층이 두껍고 내식성이 우수하다. 수요자의 희망에 따라 꽃 모양의 아연 결정을 만들어 자동차용이나 가전제품용 등에 광범위하게 사용되고 있다.

(2) 합금화 아연 도금강판

아연과 알루미늄을 합금하면 내식성이 현저히 개선된다는 것은 이전부터 알려져 있었으나 1970년대에 미국 베들레햄 스틸사에 의해 Zn+55%Al+1.6%Si 성분계의 합금 도금강판이 개발되었으며, 1970년대 후반에는 유럽과 일본에서 Zn+4.5~5% Al+0.2%Mg 도금강판이 개발되었다. 그 밖에 30%Al, 15%Al,1%Al 등이 상용화되어 있다.

① 합금화 용융아연 도금강판(Galvannealed sheet steel)

용융 아연도금 후 500℃정도의 고온에서 재가열하며 도금층에 철(Fe)을 확산시켜서 철의 농도가 10%정도인 철-아연 합금층을 형성시킨 것으로 내식성과 함께 도장 밀착성이 뛰어나 자동차의 바디용과 내부구조용으로 많이 사용되고 있다. 또한 내식성을 높이기 위해 합금 도금층 위에 철 박판을 전기 도금한 신제품도 실용화되고 있다.

② 갈판(Galfan)

1970년대 International Lead and Zinc Research Organization에서 개발된 아연-알루미늄합금 도금강판으로 Zn+5%Al계는 내식성이 용융 아연도 강판보다 2~3배 우수하고, 도장 후 내식성이 우수한 것으로 알려져 있으며 제조 조건은 용융 아연도 강판과 거의 동일하지만 점상의 흑점(black spot)이 발생하기 쉽다는 문제점이 있다.

란탄(La)과 세륨(Ce)의 미슈메탈(Mischmetal)은 도금성을 개선시키고 마그네슘(Mg)은 입계부식에 의한 도금 밀착성 열화방지를 위해 첨가하게 된다.

고온 다습한 환경에서는 비교적 짧은 시간에 흑변현상이 발생하는 단점이 있으므로 크로메이트 (Chromate)처리 전에 코발트(Co), 니켈(Ni) 등을 화학치환하거나, 코발트, 니켈, 철 등의 금속 염수용액을 분무처리도 한다.

③ 갈바륨(Galvalume)

미국 베들레헴 스틸사가 1965년경에 개발한 아연-알루미늄 합금 도금강판으로 특수한 무늬를 갖고 있으며 아연도금과 알루미늄도금의 중간적 성질을 지니고 있다. 이 Zn+55%A1계의 합금도금강판은 아연의 희생방식작용과 알루미늄의 부동태 작용을 가미한 것으로 용융 아연도 강판에 비해 내식성이 매우 우수하다.

도금욕 온도는 600℃ 전후로 용융 아연도 강판에 비해 높고 1.6%Si는 소지철과 계면에 형성되는 Fe-Zn-Al 합금층 성장을 억제하여 도금밀착성을 개선시키기 위해 첨가된다.

6.1.2 용융 아연 도금강판 특징

용융 아연 도금강판의 특징은 우선 아연 특유의 희생방식 효과가 뛰어나 높은 내식성이 있으며 오랜 기간 동안 사용해도 부식방지 효과가 그대로 지속됨으로써 최고의 경제성을 지니고 있다. 또한 각 용도에 따른 수요가의 요구에 대응할 수 있는 다양한 종류의 제품개발이 가능한 특정도 갖고 있다.

6.1.3 용융 아연 도금강판 종류 및 용도

용융 아연 도금강판은 표면형태에 따라 레귤러 스팽글(Regular spang1e), 미니마이즈드 스팽글 (Minimized spang1e), 제로 스팽글(zero spangle), 고급표면(Extra smooth)

아연도 강판, 초고급(Ultra smooth) 표면 아연도 강판, 합금화(Galvannealed) 용융아연도금, 고급 합금화(Super galva) 아연도 강판, EGI대용 아연도 강판(Light GI) 등으로 구분된다.

(1) 레귤러 스팽글(Regular spangle)

표 6.2 용융아연 도금강판의 종류별 특성

구분	아연도금 (GI)	용융합금도금 (GA)	용융합금도금 (Flash coated GA)	갈바륨 (Galvalume)	갈팬 (Galfan)
도금층의 구조	Zn Fe Zn	Zn - Fe Fe Zn - Fe	Fe - Zn Zn - Fe Fe Zn - Fe Fe - Zn	Zn - 55Al Fe Zn - 55Al	Zn - 5Al Fe Zn - 5Al
도금량	60–370g/m²(편 면)	30–90g/m²(편 면)	20+3g/m²(편 면)	45–85g/m²(편 면)	60–150g/m²(편 면)
도금후 처리	• 크로메이트 처리 • 인산염처리 • 도유	• 크로메이트 처리 • 인산염처리 • 도유 • 유기피복	• 크로메이트 처리 • 인산염처리 • 도유 • 유기피복	• 크로메이트 처리 • 인산염처리 • 도유 • 유기피복	• 크로메이트 처리 • 인산염처리 • 도유
특징	• 내식성	• 내식성 • 용접성 • 도장성 • 성형성	• 고 내식성 • 용접성 • 도장성 • 성형성	• 내식성 (GI의 3~5배) • 내열성 • 열 반사성	• 내식성 • 도장성
용도	• 건축자재 - 지붕 · 벽체 - 덕트(Duct) - 물 홈통 - 강철 못 • 가전제품 - 세척기 - 냉장고	• 자동차 - 내 · 외부 패널 • 가전제품 - 세척기 - 냉장고 - 에어 콘 - 팬히터 - 자판기	• 자동차 - 내 · 외부 패널	• 건축자재 - 지붕 · 벽체 - 덕트(Duct) - 물 홈통 • 가전제품 - 세척기 - 냉장고	• 도장강판의 소재용

아연의 희생방식에 의한 철의 부식방지를 이용한 용융 아연 도금강판으로 응고과정에서 아연 결정이 자연스럽게 꽃무늬를 형성한 일반 아연도금강판으로 수요자의 요구에 따라 아연 부착량을 선택할 수 있는 가공성과 일반 내식성이 대체로 양호하며 용도상 범용성이 있다.

주요 용도는 지붕, 벽체, deck plate, duct 등 일반 건축재와 가정용품 등에서 중요하지 않은 제품에 사용된다.

(2) 미니마이즈드 스팽글(Minimized spangle)

레귤러 스팽글의 단점인 아연 층의 요철을 줄이고 외관을 미려하게 하기 위해 꽃무늬의 크기를 최소로 줄인 아연도 강판이며 용도는 레귤러 스팽글보다 나은 표면성, 상품성을 요구하는 제품에 사용된다.

(3) 제로 스팽글(Zero spangle, 일명 Zespan)

제로 스팽글 용융 아연도금강판은 고도의 표면을 요구하는 용도에 맞게 도금탱크내의 조성을 조정하여 꽃무늬가 없는 미려하고 균일한 용융 아연도금강판이다. 도금 층에 납성분이 없기 때문에 도장 후 내식성이 뛰어나며 아연부착 균일성과 미려함이 미니마이즈드 스팽글보다 우수한 특성을 지니고 있다. 용도는 가전용, 건축자재, 도장용 등이다.

고급용 도장소재로 사용되는 이것은 아연도금강판이 지닌 단점인 광택을 살리고 표면이 보다 우수한 용융 아연도금강판으로 미려한 도장 면을 갖고 있다. 특히 유광 도장용으로 그 특성이 뛰어난 광택을 갖는 고급 표면제품이며 용도는 고급도장용 및 PCM용에 사용된다.

(4) 합금화 용융아연 도금강판(galvannealed)

용융 아연 도금 강판이 냉연강판보다 용접성이 저하되고 있는 단점을 보완하고 간단한 전처리 설비로 우수한 도장성능을 갖도록 개발된 제품으로 아연도금 층을 철과 아연의 합금으로 변화시킨 용융 아연 도금 강판으로 용도는 세탁기, 전자레인지 등 가전제품이 대부분이다.

(5) 고급 합금화 아연 도금강판(super galva)

용융 아연 도금강판으로 합금화 용융 아연 도금강판의 단점인 아연의 분말 가능성을 극소화시키고 미려한 표면을 갖는 합금화 용융 아연도 강판으로, 내식성과 고급 표면을 필요로 하는 가전제품이나 용접성을 요하는 자동차부품 등에 사용된다.

(6) EGI대용 아연 도금강판(light GI)

전기 아연 도금 강판(EGI)에 대응하는 용융 아연도 박판으로 고광택 표면의 용융 아연 도금강판이다. 전기 아연 도금 강판의 특성은 표면의 미려함과 용접성, 그리고 우수한 가공성을 지니고 있는 것이지만, 고광택용 도장 소재의 측면에서 보면 일반 전기 아연 도금 강판보다 우수한 표면을 가지고 있으며 전기 아연 도금 강판의 대체용으로 사용된다.

6.1.4 용융 아연 도금방법

연속 용융 아연도금방법에는 미소둔 강판(풀림을 하지 않은 강판: full hard)을 사용하는 Sendzimir 방식이 있으며 풀림코일을 사용하는 Se1as방식과 Dry flux 방식으로 분류된다.

(1) 풀림을 하지 않은 강판을 사용하는 방식

풀림을 하지 않은 강판을 사용하여 도금장치에서 풀림을 함으로써 풀림 코일을 사용하는 방식보다 비용이 절감되지만 고온에 의한 열 변형이나 박판의 판 파단 사고 등 조업이 어려운 단점이 있다. 따라서 강판의 열 변형을 교정시키기 위한 조질 압연과 Tension leveller가 필요하며 산화방지를 위해 수소 등 환원성 분위기 가스를 사용한다.

(2) 풀림을 한 강판을 사용하는 방식

풀림 강판을 사용함으로써 도금장치에서 고온 열처리를 하지 않아도 되기 때문에 소재의 기계적 성질이 변하지 않고 가공성이 양호한 제품을 얻을 수 있다.

6.1.5 용융 아연도금강판 제조공정

용융 아연도금 강판은 연속 아연도금 설비(continuous galvanizing line, CGL)에서 생산되며, 제조공정은 전처리로, 알칼리 전해탈지, 연속 풀림 로, 아연 욕 및 부대설비, 도금 부착량 조절용 에어 나이프(air knife), 미니마이즈드 스팽글처리장치, 합금화처리로, 냉각대, 조질 압연기, 텐션 레벨러, 화성처리, 도유장치 등으로 구성되어 있으며 생산품종이 많을 경우 이중 도금 욕을 사용한다. 최근 아연도금 설비는 고효율을 위하여 풀림 로의 증대, 합금화 용융 아연 도금강판 제조에서 균열가열을 위한 고주파 유도가열 방법의 적용 등 고속화, 고품질화를 통한 생산성 향상과 원가절감 측면에서 심도 있는 설비 연구가 진행되고 있다.

표 6.3 용융 아연 도금 강판 제조공정

순서	공정	제품 특성 변화
1	원료(풀림하지 않은 냉연 강판)	
2	열처리	- 재질 - 아연 부착성
3	아연 도금	- 아연 부착량 - 표면성질 1차 결정
4	조질 압연	- 표면성질 개선 - 도금 요철분 제거 - 항복 연신제거
5	평탄 작업	- 평탄도 유지 - 항복점 연신 제거
6	후 처리	- 상품성 향상 - 내식성 개선
7	감기(적정 중량)	- 코일 형상 유지

(1) 연속 풀림 로

연속 풀림 로는 예열부분, 직화로, 가열부분, 균열부분, jet cooler, final cooling section 등으로 구성되어 있으며 예열부분에서는 직화 로의 폐가스를 이용하여 강판 온도를 200~280℃로 예열하고 직화 로의 압력을 조절하는 기능을 가진다.

직화 로는 무산화로 방식이 많이 채택되고 있으며 공연비(공기와 연료의 비율)를 조절하여 불완전 연소상태에서 강판 표면의 잔류 압연유를 태우고 강판 온도를 750℃내외로 가열하게 된다.

가열부분 이후에는 N2-H2 혼합가스의 환원 분위기 가스로서 가열과 균열에서 강판 온도는 850~900℃정도가 되고, 젯 냉각기에서 550℃로 냉각된 후, 최종 냉각부분에서 아연 욕 온도범위인 460~480℃로 조정되어 마지막 부분을 통해 용탕에 침적시킨다.

(2) 아연 욕(zinc pot)

풀림처리강판은 도금처리를 하게 되는데 아연 욕을 통과하면서 강판에 부착된 용융 아연은 에어 나이프에 의해 도금 부착량이 조절되고 필요에 따라 미니마이즈드 스팽글 또는 합금화처리를 거치게 된다.

아연 욕의 재질은 종전에는 철강재를 사용했으나 철의 용출로 인한 드로스 발생과 사용수명의 저하 등으로 최근에는 세라믹이 많이 사용되고 있으며 저주파 유도가열방

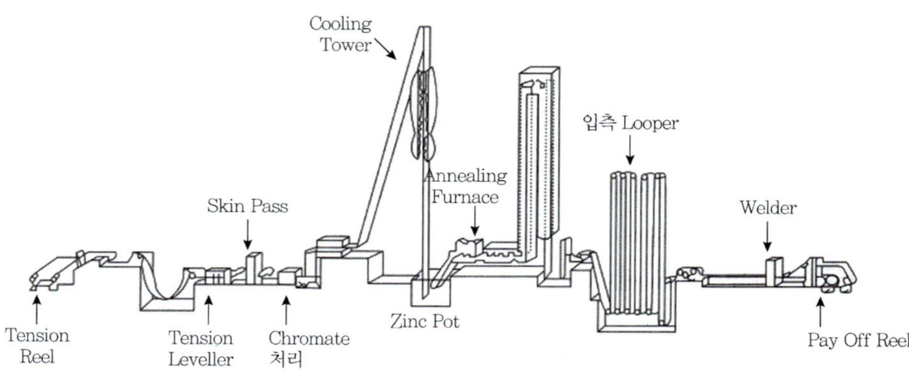

그림 6.2 용융 아연 도금 강판 제조공정도

식이 채택되고 있다. 아연 욕의 기본조성은 Zn+0.15~0.20%Al +0.07~0.1%Pb로서 알루미늄은 철- 아연 합금화 반응을 억제하여 도금 밀착성을 향상시키는 역할을 하며 용융아연도금 강판에 비해 합금화 용융 아연 도금강판 작업에서는 합금화반응이 너무 억제되면 안 되므로 알루미늄 농도를 저하시키게 된다.

납(Pb)은 도금 욕의 유동성을 다소 개선시키고 스팽글을 선명하게 하는 기능이 있으나 최근에는 표면이 균일한 미니마이즈드 스팽글의 수요가 증가하면서 무연 공정을 채택하는 경향을 보이고 있다.

(3) 도금 부착량 조절 에어 나이프

도금 부착량의 제어는 에어 나이프와 도금 조건에 영향을 받으며 강판에 도달하는 공기의 압력과 강판이 지나가는 속도가 주요 인자가 되며 아연 욕에 부착되어 나가는 용융 금속의 양이 문제가 된다. 에어 나이프의 사용유체로서는 상온 혹은 고온의 공기, 질소, 증기 분사 등이 있으며 부착량 균일화를 위해 강판과 노즐의 간격을 일정하게 유지해야 하므로 강판형상이 편평해야 하고 강판의 진동을 방지하는 것이 중요하다.

(4) 미니마이즈드 스팽글 처리장치

스팽글을 미세하게 하는 방법으로는 아연 응고 직전에 아연분말을 분사하거나 인산계의 용액을 고압 분무하는 방법이 있으며 아연표면이 응고하는 시간에 분무하는 것이 중요 한데 도금 부착량과 생산속도에 따라 변하게 된다.

(5) 합금화 처리 로

합금처리 로는 종래 복사 가열 버너를 사용했으나 최근에는 가열능력이 우수한 직류분류 버너와 유도가열방식이 채택되고 있으며 저온가열이 유리하다는 점에서 생산 장치의 고속화에 따라 합금 로가 크게 되는 경향을 보이고 있다.

(6) 조질 압연기(skin pass mill)

조질 압연기는 종전에 2 단 압연기가 사용되었으나 4단 가역 압연기 또는 5단 압연기로 기능이 강화되는 추세이며 항복점 연신제거와 표면품질 향상의 효과가 있으나 압하율이 과도하면 흑변을 촉진시키게 된다.

(7) 텐션 레벨러(tension leveller)

텐션 레벨러는 강판의 형상을 교정하기 위한 장치이지만, 저탄소강의 경우 항복점 연신현상이 강판 표면에 남게 되며 레벨러 마크의 원인이 된다.

6.2 전기 아연 도금강판

6.2.1 전기 아연 도금강판 일반

전기 아연도금 강판은 전기분해에 의한 도금방법으로서 고순도의 아연도금을 균일하고 아름답게 도금할 수 있는 장점이 있다. 따라서 전기 아연 도금 강판은 도장 강판의 원판으로 많이 사용된다. 그리고 용융 아연도금은 강판의 양면도금을 주로 하지만, 전기아연도금은 강판의 양면 또는 편면도금이 가능한 장점이 있으나 전기 사용량이 많아 제조비가 많이 드는 단점이 있다.

아연 도금강판의 일종인 전기 아연 도금 강판(EGI, electrolytic galvanized iron)은 전해법에 의해 냉연강판 또는 열연강판 표면에 아연피복을 입혀 내식성을 높인 제품으로 일반적으로 용융 아연 도금강판보다 도금 부착량이 적고 균일하기 때문에 도장성과 도장 후 내식성이 뛰어나다. 도금처리가 상온에 가깝고 원판의 재질특성을 유지할 수 있기 때문에 재질선택의 폭이 넓고 가공성이 뛰어난 특징을 갖고 있다. 인산염처리 등 표면처리를 한 후에 도장해서 사용하는 경우가 많으며 자동차 내·외판용이나 가전제품용 등에 사용된다. 용융 아연 도금강판에 비해 원판의 기계적 성질을 그대로 유지할 수 있으며 전류밀도와 생산 장치의 속도에 의한 도금 부착량 제어가 용이하여 도금층의 합금화와 복합화, 그리고 다층화는 물론 박막화 제품의 생산이 가능하다.

표 6.4 전기아연도금 강판의 도금층 구조와 제조가능 범위

구분		전기아연 도금 강판	합금 아연 도금 강판		TERNE 도금 강판
			Zn-Ni 도금 강판	Fe-Zn 도금 강판	
도금층 구조		Zn(20g/㎡: 2.8㎛) Fe	Zn-Ni (20g/㎡: 2.8㎛) Fe	Fe-Zn, Zn-Fe (3g/㎡ 0.5㎛),(20g/㎡2.7㎛) Fe Zn-Fe (60g/㎡: 8㎛)	Pb-Sn (40g/㎡:50㎛) Fe
제조 기능과 범위	도금면	양면/편면도금	양면/편면도금	양면/편면도금	양면도금
	도금부착량 (편면)	3~50	10~40	20+3 / 20+3	38~76
	철판 두께 (mm)	0.3~1.6	0.4~2.0	0.3~1.6	0.4~2.0
	판폭 (mm)	600~1270	600~1550	600~1550	600~1550

전기 아연 도금강판은 용도별로는 일반용, 가공용, 구조용, 고장력강용 등으로 구분되며 내식성과 도장성이 뛰어나 우수한 표면품질을 요하는 곳에 사용되므로 냉장고, 세탁기, 전자레인지, 진공청소기, 사무기기 등에 사용된다. 특히 전기 아연 도금강판은 가전제품과 건축용에 주로 쓰이고 Zn-Fe 및 Zn-Ni는 자동차 패널에 사용된다.

6.2.2 전기 아연도금강판의 특성

(1) 순수 아연(pure Zn) 전기도금강판

전기 아연도금 강판에서 가장 범용적인 특성을 가지며 사용목적에 따라 다양한 후처리를 실시한다. 박 도금으로 외장성과 도금성, 그리고 용접성이 양호하므로 가전기기, 도장 강판, 건축용 및 금속가구에 주로 사용된다.

(2) 아연-철 합금(Zn-Fe) 전기도금강판

아연-철 합금 전기 도금강판은 순수 아연 용융합금의 도장성 향상을 목적으로 개발됐으며 아연-철의 비활성적인 성질 때문에 철(Fe) 15~35%내외에서 양호한 내식성을 나타내며 순수아연보다 용접성과 도장성이 개선되고 도장 후 내식성이 우수하여 자동차의 내·외판용으로 사용된다. 이 전기도금은 전착 도장에서 크레이터라는 도장결함이 나타나기 쉬운 결점이 있으나 Fe-Rich layer(약 2g/m^2)를 한 번 더 도금함으로써 문제를 해결한 2층 합금 Electro-plating이 개발되어 상업적으로 이용되고 있다.

(3) 아연-니켈합금(Zn-Ni) 전기도금강판

니켈(Ni) 10~16% 내외의 합금 도금강판으로 자동차의 내식성을 향상하기 위해 개발되었으며 니켈첨가로 도금층이 견고하고 용접성과 내식성, 그리고 도장성이 우수하며 자동차의 내·외판용으로 사용된다. 아연-니켈 부식 포텐셜은 순수아연보다 높고 철보다 낮다. 부식이 진행되는 동안 아연의 부식이 먼저 일어나며 순수 아연부식으로부터 발생되는 아연산화물보다 전도도가 낮은 부식 생성물인 아연 수산화물이 발생되고 표면은 니켈농축합금이 남는다. 이러한 표면은 도금층에 적색의 녹 발생을 억제하며 동일 도금량의 순수 아연도금에 비해 내식성이 3~5배 강화된다.

(4) 이층 도금강판

구멍부식에 대한 10년 보증을 위해 개발된 강판으로 하층이 30~45g/㎡의 Zn-Fe(15%)로 구성되어 있고, 상층에 3~5g/㎡의 Fe-Mn(5%)을 도금하여 도장 하므로 내식성이 매우 우수하며 자동차 외판에 사용된다.

(5) 유기 피복강판

자동차용 강판의 내식성을 향상하기 위하여 Zn-Ni도금강판에 유기피복을 실시하여 내식성을 강화시킨 강판으로 자동차 내·외판에 사용된다.

표 6.5 기능성 도금 강판의 도금층 구조와 제조가능 범위

구분		전기아연 도금 강판		용융 도금 강판	
		윤활 강판	유기피복 강판	유기피복 강판	갈바륨 윤활 강판
도금층 그조		윤활수지(1~2㎛) 크롬산층(10~20㎛) Zn(20g/㎡: 2.8㎛) Fe	유기피복수지(1~2㎛) 크롬산층(10~20㎛) Zn(20g/㎡: 2.8㎛) Fe	유기피복수지(1~2㎛) 크롬산층(10~20㎛) GA:Zn-Fe(40g/㎡) Fe	윤활수지(1~2㎛) Zn-Al(75g/㎡: 20㎛) Fe
제조 기능과 범위	도금면	양면도금	양면도금	양면도금	양면도금
	도금부착량 (편면)	3~50	3~50	20~90	45~100
	철판 두께 (mm)	0.3~1.6	0.34~1.6	0.23~2.3	0.35~2.3
	판폭 (mm)	600~1270	600~1270	600~1270	600~1270

(6) 윤할 및 내지문강판

가전제품에 대한 내식성 및 내지문성을 향상시키기 위해 내지문 수지 피복강판 및 윤할 수지를 도포하여 프레스유를 사용하지 않고도 가공이 가능한 윤할 강판 등이 있으며 가전기기 등에 사용된다.

(7) 기타 고내식성 강판

Zn-Mn강판은 60%에서 내식성이 우수한 것으로 알려져 있고, Zn-Cr강판은 아연에 크롬을 금속상태로 공석시키는 것이 매우 어려운 일이기 때문에 최근 첨가제가 필요한 것으로 알려져 있다.

6.2.3 전기 아연도금강판의 제조공정

(1) 제조설비

고속도 전기 아연도금은 음극면에 도금 금속층을 형성하는 세 가지 과정을 통해 이루어진다. 환원된 아연이온 Zn^{2+}이 용액본체에서 전극면(강판)에 이송되는 과정인 물질이동이 되고 전극면(강판)에서 금속이온이 전자를 받아 원자로 되는 전하이동과정을 거쳐 환원된 금속원자가 도금층에 결정화되는 과정 등을 통해 전기 아연 도금강판이 만들어진다.

전기 아연도금설비는 도금조의 구조에 따라 수평형(horizontal type), 수직형 (vertical type), 원통형(radia1 type)등으로 구분된다.

(2) 제조공정

그림 6.3은 전기 아연도금 강판 제조설비의 공정도이며 전기 아연 도금설비는 입측설비, 전처리(탈지+산세), 전기도금 후처리(rinsing + chromate / AFP/유기피복/인산염) 출측 설비 등으로 구성되어 있다.

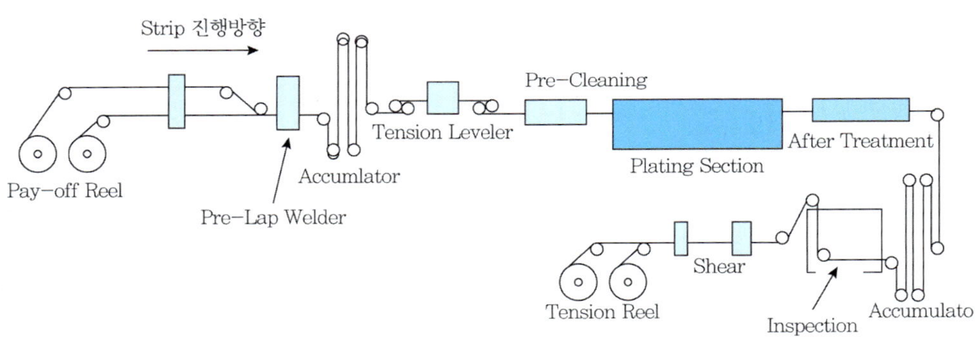

그림 6.3 전기 아연도금 강판 제조설비

6.3 착색 도장강판

6.3.1 착색 도장강판 일반

착색 도장 강판(칼라강판, prepainted steel sheets, co1or coated steel sheets)은 냉연강판과 아연도금강판, 그리고 아연합금 도금강판 등 각종 강판의 양면 또는 단면에 폴리에스터, 실리콘 폴리에스터, 불소수지 등 각종 수지를 도장 한 후 건조 경화시킨 강판을 통칭하는 것으로 일명 PCM(pre-coated meta1)이라고도 부른다.

과거에는 먼저 가공 한 후 착색 도장하는 방법이 일반적이었으나 근래에는 산업발전에 비례하여 소요되는 철강재의 양이 급속히 증가함에 따라 기존 방법으로는 한계가 있기 때문에 선 착색도장 후 가공하는 방법으로 점차 발전했다.

6.3.2 착색 도장강판의 특징

착색 도장강판은 연속적으로 코일 또는 판으로 도장한 후 여러 가지 형태로 가공하여 제품화하고 있으며, 수요자의 요구에 따라 생산 공정에도 많은 변화를 가져오고 있다. 또한 착색도장의 고속화, 균일화로 도료손실을 방지할 수 있고 품질의 균질화와 고급화를 꾀할 수 있게 되었다.

착석 도장강판은 도장공정이 생략되어 재료의 가공공정에서 완성에 이르는 공기가 단축되고, 상온 건조형 도료는 통상 분사도장이기 때문에 공기 중에 비산되면서 환경오염을 유발하고 도료의 손실도 많지만 착색강판을 사용하면 단순히 조립만 하면 되기 때문에 도장공정이 생략되고 기후에 관계없이 시공이 가능하다. 그리고 도장하지 않은 도장 금속재료보다 방청성이 뛰어나고 장기 내후성이 우수하며, 대량생산이 용이하고 품질안정, 생산성 향상, 인원절감, 공해방지, 에너지비용 절감 등이 가능하다.

그러나 가공성형 또는 운송에서 쉽게 도막이 파손되고 가공의 한계, 용접의 어려움 뿐만 아니라 절단부위의 방식대책이 필요하다는 단점도 갖고 있다.

6.3.3 착색 도장강판의 용도 및 Line

강판을 도전성 도료로 도장하여 그 도막에 의하여 방청 층을 형성시킨 것으로 아연 크롬계 도료를 도장한 징크로 메탈 강판이 있다.

도금강판의 표면에 유기도료를 도포하여 방청효과를 향상시킨 유기피복강판이 있다.

우수한 외관과 내식성을 지니고 있어 주로 지붕이나 외벽재의 건축용, 내부 건축용, 전기전자 기기용, 사무기기용 등으로 사용된다.

그림 6.4는 착색 도장강판의 제조공정 중에서 가장 중요한 부분인 코터의 종류별 롤 배열을 나타낸 것이며, 그림 6.5는 착색 도장강판의 제조공정도이다.

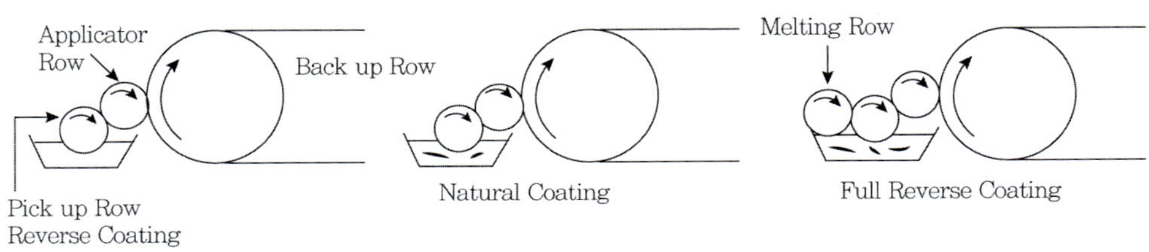

그림 6.4 코터의 종류별 롤 배열도

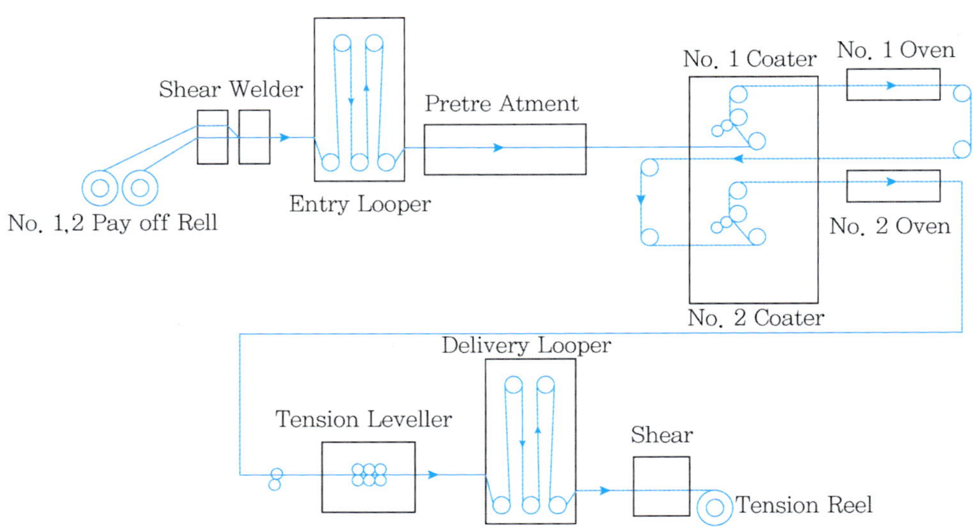

그림 6.5 착색 도장강판의 제조 공정도

착색 도장강판의 생산속도는 수요증가와 원가절감 측면에서 고속화 추세를 보이고 있는데, 초기에는 속도가 30m/min. 정도로 매우 느렸지만, 지금은 100m/min. 이상으로 증가 되었다. 그리고 초기에는 1 coat 1 bake 방식이었으나 그 후 2 coat 2 bake 방식으로 발전했으며 최근에는 3 coat 3 bake가 일반화되었고 경우에 따라서는 3 coat 4 bake 또는 4 coat 3 bake가 실용화되고 있다. 착색 도장 강판에서 일반적인 용융 아연 도금강판을 사용한 도장강판 제조공정은 표면조정 탈지, 수세, 건조, 표면조정 전처리, 도장, 가공 등으로 이루어져 있다.

6.3.4 착색 도장강판의 개발동향

향후 도장에서는 공해문제가 크게 대두되기 때문에 공해대책이 비교적 쉽고 여러 가지 장점을 가진 착색 도장강판이 많이 사용될 전망이다. 따라서 도료는 high-solid화와 도막의 내구성 향상 등에 적극적인 연구가 진행되고 있으며 실용화되기까지는 지속적인 투자와 시간이 필요하다. 현재 착색 도장강판의 유행주기가 1~2년 정도 정도이기 때문에 품질개선이나 제품개발 노력이 절실히 요구되고 있다.

6.3.5 기타 표면처리 강판

(1) 윤활강판

① 윤활강판의 개요

강판 표면에 미끄러질 수 있는 성질을 주어 프레스유의 도유 없이도 프레스에 의한 성형이 가능한 유기 피복수지 강판의 일종으로서 광범위하게 윤활성과 방청성, 그리고 내지문성을 가지고 있다.

두께가 얇은 박판의 성형성을 향상시키기 위하여 열연강판 및 냉연강판에 알칼리 용액으로 쉽게 탈지가 가능한 프레스유를 도포하고 있으며, 자동차 차체용 강판에도 방청성을 향상시키기 위하여 유기수지 피복재를 사용한 강판이 개발되었다.

그림 6.6은 윤활 수지 강판의 기본적인 구조를 나타낸 것으로 냉연강판인 소지철에

도금을 하고 크로메이트처리를 한 다음 그 위에 윤활 수지층으로 구성되어 있다.

기본구조	특징
윤활 수지층 Chromate층 아연 도금층 소지층(강판)	• 윤활 수지층 : 1~2 μm으로 박막 구조의 고분자 화합물 • Chromate층 : 반응형 혹은 도포형으로 10~100 mg/m^2 (1.3–13 Å) • 아연 도금층 : 전기도금 혹은 용융 아연도금강판

그림 6.6 윤활 수지 강판의 기본 구조

② 윤활 강판의 가공 특성

윤활은 소재와 금형 사이에 발생되는 마찰형상에 따라 유체 윤활과 혼합 윤활, 그리고 경계 윤활이 있다. 유체 윤활은 금형과 소재가 완전히 분리되므로 가장 바람직한 윤활 상태이다. 경계 윤활은 금속 간에 접촉이 생겨 마찰면의 온도 상승 및 마멸이 발생되는 것으로 프레스가공에서 가장 발생하기 쉬운 상태이다. 전기아연도금 강판(EGI)에 프레스유를 도포한 상태와 윤활강판을 사용했을 때 강판의 표면을 보면, 프레스유를 도유한 경우는 가공방향에 미세한 균열과 같은 손상이 발생되며 이것은 금형과의 강판 접촉에 의한 것으로 경계윤활에 가까운 혼합 윤활이 이루어지는 것을 알 수 있다. 그러나 윤활강판은 표면에 손상이 거의 없고 수지가 강판의 요철부를 덮기 때문에 프레스 가공의 온도 상승과정에서 폴리오레핀 왁스가 융점에 도달하여 응착된 상태가 된다. 따라서 유체윤활에 가까운 혼합 윤활 상태가 발생되는 것을 알 수 있다.

③ 윤활강판의 가공 공정비교

프레스유 도포 → 가공 → 탈지 → 건조 → 분체, 전착도장

그림 6.7 일반적인 냉연강판의 성형 공정

프레스유 도포윤활 수지강판 공급 → 가공 → 분체, 전착도장

그림 6.8 윤활 강판의 성형 공정

(2) 전기 강판

전기 강판(flat rolled magnetic steel sheet)은 전기 및 자기를 이용한 기기에 쓰는 재료로서 전자적 성질이 보증된 강판이며 전자 강판이라고도 부른다.

규소강판(silicon steel sheets)이외에 순철 강판, 저탄소 강판, 알루미늄 강판, 고 크롬 강판, 고 니켈 강판 등 모두 그 성질을 갖고 있는데 일반적으로 규소강판이 전기 강판이다. 전기 강판은 각종 전기 기기 내에서 전기적인 에너지를 다른 종류의 에너지 또는 그 자체의 상태를 변환시키는 전자석용 철심코어로 사용되는 연자성 재료로 대형 전동기나 변압기로부터 가전제품, 완구 등에 사용되는 소형 모터나 변압기에 이르기까지 광범위하게 사용된다.

(3) 주석 도금강판

주석 도금강판(tin plate)은 강판(두께 0.155~0.6mm)에 인체에 무해한 주석을 도금한 것으로 석도 강판 또는 석판으로 불린다. 석도 강판은 내식성 용기로서 오래 전부터 사용되어 왔으며 미려한 광택과 편리한 가공성, 우수한 내식성, 저장성, 무해성, 고강도, 경제성 등으로 음료용기 뿐만 아니라 식품 통조림, 페인트관 등에 널리 사용되게 되었다. 석도강판은 제조방법에 따라 용융 주석도금 강판과 전기 주석 도금강판으로 구분되며 용융 주석 도금강판은 생산성 저하와 주석의 과부착에 따른 원가부담 등으로 세계적으로 생산량이 감소하고 있다.

석도강판의 특징은 표면이 아름다운 광택을 갖고 있고, 주석의 유연성으로 인해 가공할 때 도금층의 파괴나 박리현상이 없다. 내식성이 뛰어나 용기재료에 적합하며 도장성과 인쇄성이 우수하며 주석이 용해되어 식품에 혼입되어도 인체에 무해할 뿐만 아니라 납땜이나 용접이 가능하여 각종 용기생산에 많이 사용된다.

(4) 제진 강판과 경량 라미네이트 강판

최근 소음에 대한 사회적 관심이 증대되면서 제진강판이 각광을 받고 있다. 일명 제진강판으로 불리는 적층강판은 차량의 경량화와 함께 방음과 제진효과가 있기 때문에 주로 차체의 내장부품에 많이 사용된다.

샌드위치 강판 또는 라미네이트 강판이라 부르며 2장의 얇은 강판사이에 진동이나 소음을 흡수하기 위한 수지나 기타 비금속 재료를 삽입하여 사용한다.

극박판을 사용한 경량 적층강판은 일부 소형 트럭의 실내 커버용 부품 등에 사용되며 승용차에서는 내장부품 외에 대시 패널과 후드 패널 등의 외장부품으로도 많이 사용된다.

제진강판은 2개의 박강판의 사이에 두께가 약 50~100㎛의 수지를 넣은 것으로써 수년 전까지는 트럭의 기름 팬 등 외부의 소음 대책용으로 사용되어 왔지만, 최근에는 대시 패널(dash panel)과 차체바닥 등 차내 소음대책용으로도 검토되어 오고 있다. 수지가 소음 에너지를 흡수하는 것은 자체의 점탄성에 의한 것으로 기름 팬에서는 90℃ 전후에서, 차내에서는 상온보다 약간 높은 온도에서 최고의 점탄성을 가지지 않으면 안된다. 그러나 이 강판은 제진성이 아닌 프레스 성형성과 점용접성도 동시에 만족할 필요가 있으므로 이와 같은 것을 완전히 만족할 수 있게 제조 조건을 설계해야 한다. 차내 소음용의 경우 연속 점 용접성을 확보하기 위하여 열경화성 수지의 중앙에 전도성이 있는 물질, 예를 들면 금속분말 등을 혼입 시키거나, 수지두께와 가루의 입경의 비가 1.0~1.2정도의 범위로 조절시킬 수 있을 때 특성을 동시에 만족시킬 수 있다.

제진 강판은 강판과 강판 사이에 폴리에스테르(polyester)계 또는 폴리에틸렌(polyethylene)계 등 점탄성이 있는 수지를 넣은 강판이다. 강판에 굽힘 진동이 걸리면 수지층이 미끄럼 변형을 하여 진동 에너지를 열에너지로 변하게 하는 것에 의해 감쇄하는 구조이다.

제진강판은 패널 자체가 진동하여 음을 내게 하는 부품 즉 대시 패널, 플로어 패널에 사용하면 차내 소음 감소에 효과가 있다. 휠 하우징 패널에 채용하면 타이어가 튀긴 작은 돌(모래)과 물이 부딪쳐 발생하는 소리를 줄 일 수 있다. 또한 도어 패널에 채용하면 도어를 닫았을 때의 음을 중후한 소리로 변화하는 것이 가능하다.

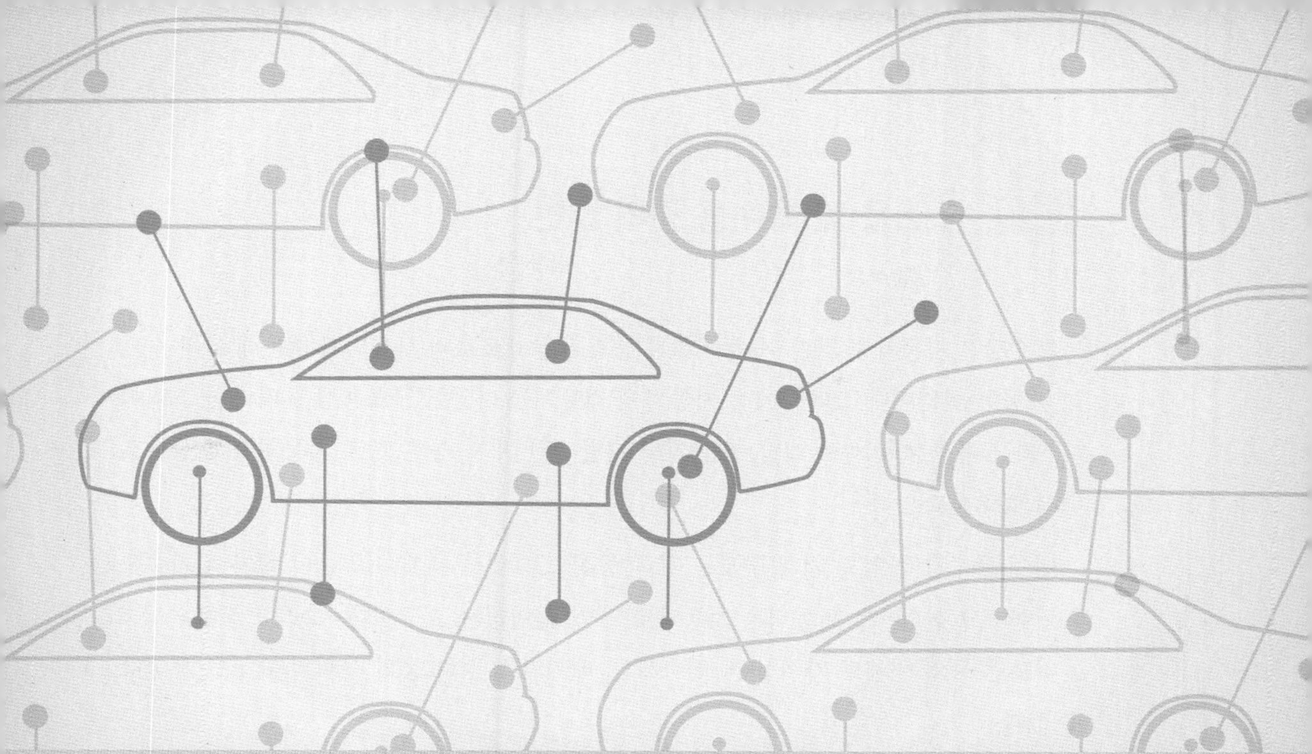

CHAPTER 7

구조용 강, 특수용 강

7.1 구조용 및 특수용 강의 일반

특수강은 자동차의 기관 · 구동 · 현가 등의 부품재료로써 사용되기 때문에 최대 수요는 자동차 산업이다. 그림 7.1은 자동차에 적용되는 다양한 구조용강을 나타낸 그림이다. 최근 특수강의 재료 개발, 생산기술 개발, 설비투자 등은 주로 자동차를 대상으로 해서 행해지고 있다.

현재 특수강 산업은 기계 구조용 강을 중심으로 해서 세계 최첨단의 독자의 기술을 확립했다고 한다. 그 원동력은 자동차로 부터 끊임없는 요구였다. 그리고 석유위기 · 몰리브덴 등의 원재료 가격상승, 연비개선, 배기가스 정화 등의 사회적 요구도 묵인할 수 없다.

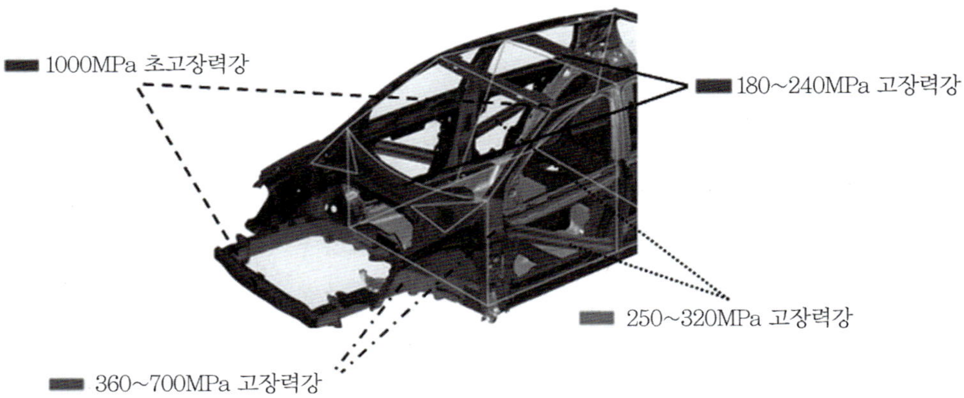

그림 7.1 자동차에 적용된 구조용 강

7.1.1 생산기술의 진보

최근 특수강의 생산기술 개발의 목적은 고품질화와 균질화가 대부분이다. 이것은 자동차의 고성능화와 대량생산에 호응하는 것이다. 이 같은 목적 때문에 진공 탈 가스(비금속 개재물의 제거, 정련)와 불순물의 제거와 소폭제어, 연속주조(화학성분과 조직의 균일성 향상, 정밀압연)과 치수정도의 향상, 제어압연(조직의 제어, 자동검사)과 고속·고정도 검사 등 각종 기술이 확립되었다.

또, 전산에 의한 생산이나 배송관리가 일반화되어 Just in time system의 진전에도 공헌하였다. 그래서 특수강에 주어진 가장 큰 과제는 부품비용의 절감이다. 여기에는 재료가격과 부품가공용 비용을 절감하기 위한 재료개발이라는 두 가지 측면이 있다.

7.1.2 재료개발

자동차용 특수강은 자동차 메이커뿐만 아니라, 각 차종의 요구 특성에 맞게 개발이 되어져 왔다. 그 결과 실제로 대단히 많은 종류의 강재가 실용화되었다. 여기에 더해 기관 밸브나 커넥팅 로드와 같은 부품은 일부가 특수강이기 때문에 니켈합금이나 티탄합금으로 치환되는 예도 있다. 그리고 터보차저의 회전날개는 니켈합금에서 세라믹스로 교체한 경우도 있다. 이처럼 자동차 재료는 구조용 부품이라 할지라도 특수강만 아니라 비철·비금속 재료를 종합적인 시야로 선택하는 시대로 접어들게 되었다.

또, 특수강은 봉재 혹은 선재의 형태로 공급되어 단조나 절삭가공에 의해 다양한 형태의 부품으로 가공되어지는 것이 일반적이다.

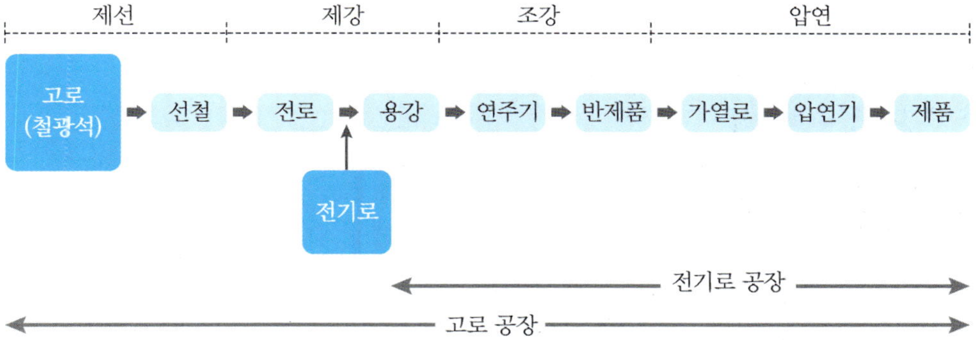

(a) 강판의 제조 공정도

(b) 1차 성형공정　　(c) 2차 성형공정　　(d) 강관 완성품

그림 7.2 강관의 제조공정과 완성품

그림 7.2는 강관의 제조공정과 완성품을 나타낸 것으로 냉연강판을 일정한 폭으로 가공하여 여러 개의 롤을 통과하면서 성형이 되는 과정과 고주파 용접 등을 통하여 원형으로 가공하여 완전한 형태의 강관을 만들게 된다. 그러나 최근에는 소결부품을 위한 특수강 분말이나 특수강 정밀 주조제품도 실용화되어 제품형상의 다양화가 이루어지고 있다고 말할 수 있다. 이처럼 재료의 다양화가 자동차의 고성능을 유지하는 중요한 요인이 되고 있다. 그러나 앞에 서술한 것처럼 최근 재료비용의 절감에 대응하기 위한 하나의 방법은 통합화이다. 부품의 성능을 저하시키지 않고 부품통합을 이루어 재료비의 절감을 이룩하는 것이 재료 개발 기술에 주어진 과제이다.

(a) 물 펌프(로터: 강과 수지)　　(b) 개스킷

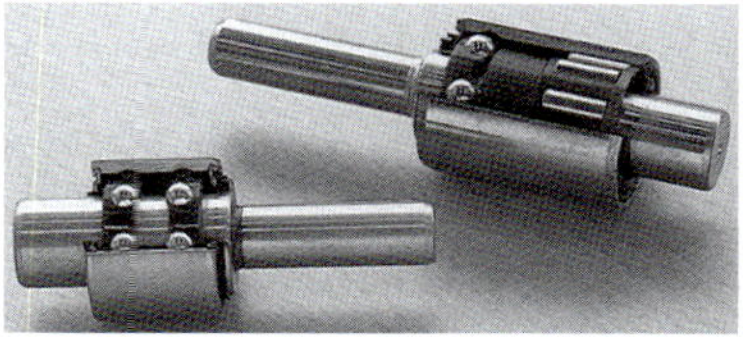

(c) 축과 베어링

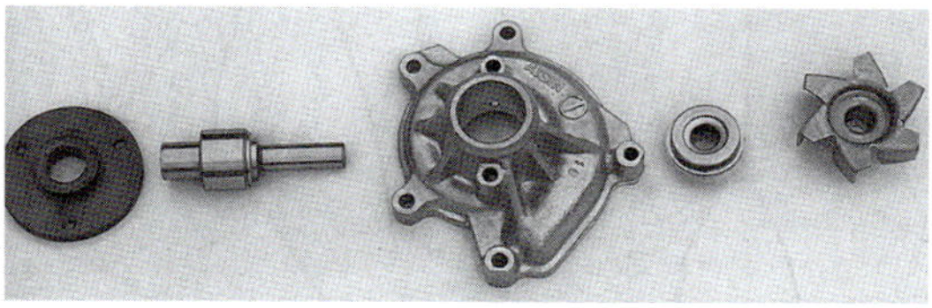

(d) 펌프의 분해상태

그림 7.3 물 펌프의 구성부품

그림 7.3은 자동차 기관의 냉각용으로 사용되고 있는 물 펌프의 구성부품을 분해하여 나타낸 것이다. 다양한 형태의 물 펌프가 있으나 대부분 로터는 강철과 수지를 사용하고, 개스킷은 비철금속을 사용한다. 그러나 베어링은 특수강을 사용하여 내구성을 향상시키고 볼 베어링을 사용하여 마찰을 감소시킨다.

7.2 특수강의 제조기술

7.2.1 특수강 강재의 첨가화학성분

- 니켈(Ni) : 강인성, 내식성 및 내산성 증가시키고 오스테나이트 안정화 원소로 저온인성을 향상시킴, 내열강의 열화를 방지하고 강성율, 도자율을 향상시킴
- 크롬(Cr) : 함유량이 적어도 강도 및 경도를 향상시키며, 10%이상 첨가시 내산화성과 내식성이 증가하며, 탄화물 생성으로 내마멸성이 향상 됨
- 몰리브덴(Mo) : 경화능이 매우 우수하고 내식성을 증가시키며 크리프 저항을 향상시킴, 또한 뜨임 메짐을 방지하고 경화능 향상을 위해 크롬과 함께 사용함
- 망간(Mn) : 함유량이 적으면 Ni과 비슷한 효과를 나타내며 황(S)과 결합하여 MnS를 형성해 적열메짐 현상을 억제함, 내산성 저해 원소지만 항복강도를 향상시키고 경화능 향상원소지만 너무 많으면 담금질 변형이 발생함

- 규소(Si) : 페라이트에 고용되어 기계적 성질에 영향을 주지 않으며, 함유량이 적으면 강도와 경도를 향상시키고 함유량이 많을 때에는 내마멸성과 전기적 성질을 향상시킴, 2%이상 첨가 시에는 인성을 저하시키며 소성가공성을 해침
- 텅스텐(W) : 함유량이 적으면 크롬과 비슷한 효과를 나타내며, 탄화물을 생성하여 내마멸성과 경도가 크게 증가함. 특히, 고온 강도와 경도를 향상시킴
- 바나듐(V) 및 니오비움(Nb) : 열처리시 강도가 증가하며, 바나듐의 경우 고온에서 조직 성장을 방해하는 성질이 있어 이는 공구강에서 중요한 역할을 함. 니오비움은 스테인리스강에서 탄소가 입계로 전이되어 부식을 촉진하지 못하도록 방해함

7.2.2 특수강 강재의 생산 프로세스

특수강 강재의 생산 프로세스는 그림 7.4에 나타낸 것처럼 5개의 프로세스로 크게 구별되며, 기본적으로는 이들의 조합에 의해 용도에 걸 맞는 강재가 생산되고 있다.

여기서 제강·열간가공 공정은 강재의 성능을 좌우하는 중요한 과정이고, 예전에는 새로운 용도의 대응이나 품질의 제조보증, 각 프로세스에서 비용절감 등을 주목해 왔지만, 요즘은 그것에 더해 열처리와 냉간가공 등의 공정을 생략하여 소재 생산비용을 절감하는 것을 목적으로 한 기술개선이 이루어지고 있다.

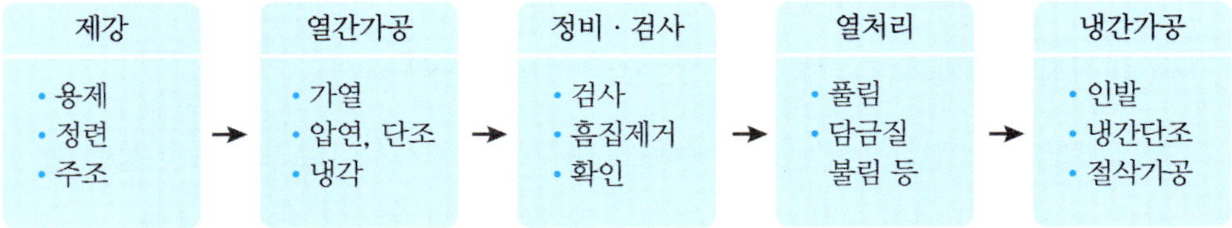

그림 7.4 특수강 강재의 기본적인 제조과정

7.2.3 기계 구조용강(탄소강 및 합금강)

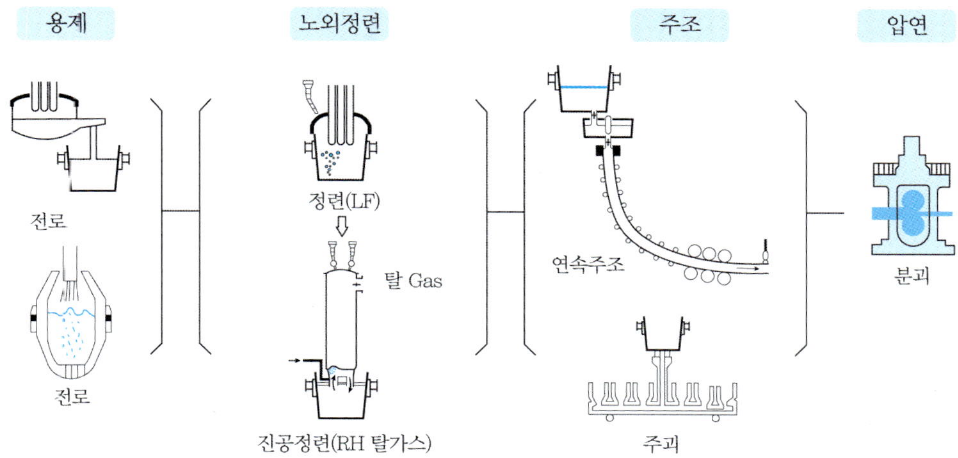

그림 7.5 기계 구조용강 생산과정

그림 7.5는 기계구조용 강의 생산과정의 대표적인 예를 나타낸 것이다. 여기서 노외정련은 중요 보안부품에 많이 사용되는 기계구조용 강의 생산에 꼭 필요하다. 설비기술은 기본적으로 4개의 기능이 조합으로 되어 있다. 즉, 슬래그(또는 flux)와의 접촉에 의한 S 등의 유해성분을 제거한 「취과정련」, 진공 내에 용강을 두어 가스성분을 제거한 「진공 탈가스」 또는 합금첨가 등의 「성분조정」과 그 사이 온도를 보상한 「가열기능」이다. 이들 노외 정련의 활용에 의한 담금질성의 소폭 관리가 가능하게 되고, 산소나 황 등을 10 ppm 이하로 감소시킨 초청정강과 대형 불순물을 철저히 제거한 초청정강의 제조기술이 개발되어 특수용도의 베어링강 등에 적용이 시도되고 있다.

주조에는 조괴법과 연속주조(연주)법이 있지만, 특수강의 본격적인 연주화는 80년대에 이루어졌으나, 기술의 진보와 함께 급속한 연주화가 이루어지고 있다. 특히, 고탄소강의 중심 편석 문제는 특수강 연주화의 최대 난관 중의 하나였지만, 수직 연주기의 활용 기술의 확립 등에 의해 조괴재보다 우수한 품질의 강재의 생산이 가능하게 되었다.

기계 구조용 강의 주조재는 대부분 가열 후 열간압연에 의한 봉과 선재로 가공된다. 그 마무리 치수 정밀도는 압연기술의 진보에 의한 초정밀 압연강재로써 생산되고 있다.

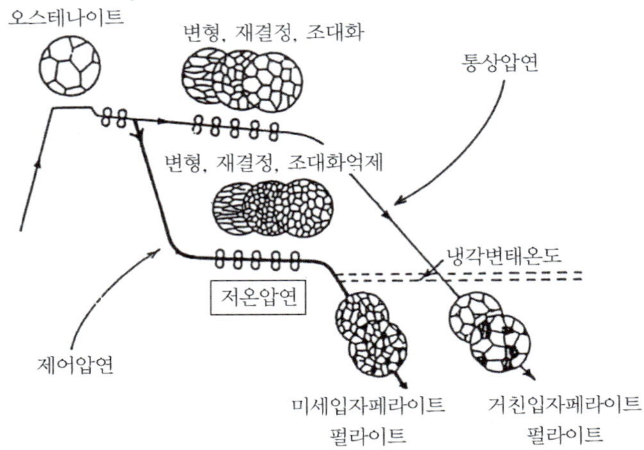

그림 7.6 제어압연과 통상압연의 공정비교

최근 직경이 작은 선재에서도 같은 모양으로 초정밀 압연재의 생산이 가능하게 되어 인장과정이나 피삭공정의 생략도 가능하게 되었다. 이처럼 압연 그대로인 흑피재의 사용을 가능하게 한 배경으로는 이미 언급한 정밀압연 기술을 포함해 제품압연 전의 강편 손질부터 압연 중 또는 압연 후에 발생한 결함까지도 포함하는 표면결함 대책기술이 있다. 또, 대상 사이즈에 대해서도 조정 정밀도가 향상되고 롤의 압하 조정의 신속화가 도모된 것에 의해 0.1mm 자국으로 자유롭게 사이즈 선택이 가능한 생산라인도 나타났다.

그 밖에도 그림 7.6에 보인 것처럼 압연 중의 온도 또는 그 후의 냉각속도를 제어해 압연 후의 조직을 조절하는 기술도 개발되어 일부 풀림처리 등의 열처리 공정의 생략이 시도되고 있다.

7.2.4 강인강(기계구조용 저합금강)

탄소강에 소량의 합금원소를 첨가하여 인장강도와 인성을 크게 한 것

→ 담금질에 의해 경도를 증가시킨 후 뜨임하여 인성 부여

예 저Ni강, 저Cr강, 저Mn강, Ni-Cr강, Cr-Mo강, Ni-Cr-Mo강 등

(1) Ni강

연율의 감소 없이 강도, 항복점, 경도의 상승과 충격값을 증가시키므로 강인성이 크다. 비가역강(5~30% 함유시 가열과 냉각 시에 큰 변태점의 차이가 발생: 25%일 때 = 500℃의 차이)의 성질을 갖는다.

① 종류 : 구조용의 저Ni강과 특수용의 고Ni강

- 저Ni 펄라이트강
  - C량이 0.2%이하, Ni이 5%까지는 펄라이트조직이고 침탄용 → 차축, 기어, 크랭크축 등의 강도를 요하는 부품, 인성부에 사용
  - C가 0.25%이상의 Ni강은 침탄하지 않고 담금질하여 기계부품용
- 고Ni 오스테나이트강

  Ni 20~30%의 강: 공랭으로도 쉽게 오스테나이트가 되어 강도, 탄성한계, 충격값이 크고, 비자성이므로 무자성강으로 사용

② 불변강이란 무엇이며 그 종류는?

고Ni강은 열팽창계수, 탄성계수가 온도변화에 따라 불변인 강

→ 종류: 인바, 엘린버, 플래티나이트 등

- 인바(invar) : Fe-36%Ni계로 선팽창계수가 0.97×10-8로 보통강의 1/11.5만큼 낮다 → 용도: 시계의 진자, 표준척, 지진계, 바이메탈재료(황동 또는 모넬메탈과 짝)
- 초인바(super invar) : 인바의 Ni량을 줄여 Co로 대체, Ni 30~32%, Co 4~6%, 나머지 Fe → 20℃에서의 선팽창계수가 거의 0에 가깝다.
- 엘린버(elinvar) : Fe-30%Ni-12%Cr계로 상온 탄성계수의 변화가 매우 적다 → 용도: 시계의 스프링, 정밀계측기 부품

  코엘린버(coelinvar) : 26~58%Co, 10~11%Cr, 16.5%Ni을 함유, 탄성률 변화가 적음
- 플래티나이트(platinite) : Fe-42~46%Ni합금은 백금(Pt)의 팽창계수와 동일 → 용도:

전구도입선, 진공관, 백금선 대용

- 퍼멀로이(permalloy) : Ni 70~90%, Fe 10~30%의 합금으로 투자율이 높아 고주파 철심재료에 사용

(2) Cr강(SCr_)

탄소강에 약 1% Cr을 첨가하고 담금질성을 향상시킨 강으로 담금질은 830~880℃에서 유중냉각 후 뜨임은 580~680℃에서 행한다. 뜨임 후는 급랭한다. Cr강의 내마모성은 Cr이 에 고용해, 탄화물의 경도를 높이기 위해서이다. 또, Cr의 탄화물은 매우 경하여 그 내마멸성은 탄소강에 비해 현저하게 우수하며, 유냉에 의한 담금질경화는 그 유효직경이 50mm에 달한다. 크롬강은 내연 기관의 실린더 라이너, 기어, 캠축, 밸브 및 강력 볼트 등의 재료로 사용되며, 자동차 부품용 재료로 그 이용 범위가 넓다. 아래 표는 크롬 강재의 화학 성분과 기계적 성질을 나타낸 것이다.

<table>
<tr><th rowspan="2">기호</th><th colspan="6">화학성분[wt%]</th><th colspan="3">기계적 성질의 예</th><th colspan="2">외국 규격</th></tr>
<tr><th>C</th><th>Si</th><th>Mn</th><th>P</th><th>S</th><th>Cr</th><th>내력 [MPa]</th><th>인장강도 [MPa]</th><th>연신율 [%]</th><th>ASTM</th><th>JIS</th></tr>
<tr><td>SCr 415</td><td>0.13~0.18</td><td rowspan="3">0.15~ 0.35</td><td rowspan="3">0.60 ~ 0.85</td><td rowspan="3">0.03 이하</td><td rowspan="3">0.03 이하</td><td rowspan="3">0.90 ~ 1.20</td><td>-</td><td>784 이상</td><td>15 이상</td><td></td><td>SCr415</td></tr>
<tr><td>SCr 435</td><td>0.33~0.38</td><td>735 이상</td><td>822 이상</td><td>15 이상</td><td>5,135</td><td>SCr435</td></tr>
<tr><td>SCr 440</td><td>0.38~0.43</td><td>784 이상</td><td>931 이상</td><td>15 이상</td><td>5,140</td><td>SCr440</td></tr>
</table>

① 용도는?

- Cr 1~2%에0.18% C 이하의 강 : 표면경화용, 핀, 기어, 볼트 너트 등
- Cr < 1~2%에 C 1~1.2%강 : 베어링, 롤러, 다이스, 줄 등의 공구용

(3) Mn강(SMn_)

- 저Mn 듀콜(Ducol)강 : C 0.2~1.0%, Mn 1~2%의 펄라이트조직: 일반구조용
- 고Mn 해드필드(Hadfield)강 : C 1~1.3%, Mn 11~13%의 오스테나이트조직: 내마모용
- 수인법(水靭法, water toughening)이란?

  고Mn강은 서냉되면 탄화물이 석출하여 취약하므로 1000~1100℃의 고용된 상태에서 수냉하여 오스테나이트 조직으로 만들어 인성을 개선시키는 열처리

(4) Ni-Cr강(SNC_)

- Ni : 페라이트 기지에 고용되어 강인성 증가와 Cr: 탄화물에 의한 경화를 동시에 얻음

  → 연신율 감소 없이 강도와 항복점이 큰 특징, 대표적인 구조용강이고 뜨임취성의 경향이 있으므로 Mo 또는 V을 첨가하여 줄인다.

- 뜨임취성(temper brittleness)이란 무엇이며 그 발생원인은?

  Ni-Cr강을 뜨임온도에서 서냉시키면 충격값의 큰 감소를 일으키는 현상이고, 그 원인은 뜨임 서냉시 560℃ 부근에서 Cr의 탄화물이 석출하기 때문이다. 따라서 뜨임 후는 급랭시켜야 강인성이 좋고 충격저항이 크게 된다.

(5) Cr-Mo강(SCM_)

Cr외에 Mo을 약 0.25%첨가하면 담금질성은 더욱 향상된다. 또 뜨임으로 인한 연화도 일어나기 힘들고 뜨임여림도 적다. Cr-Mo강은 Ni-Cr 강에서 Ni 대신 Mo을 소량 첨가하여 성질을 향상시킨 저합금 강으로 Ni-Cr 강의 대체강으로 개발한 것이며 기계적 성질, 질량효과와 용도까지도 Ni-Cr강에 비하여 큰 차이가 없으며, 용접성도 우수하다. 비교적 큰 축, 기어, 강력 볼트, 아암 및 레버 등에도 사용되며, Cr강과 같이 자동차 부품용 재료로 그 이용범위가 넓다.

(6) Ni-Cr-Mo강(SNCM_)

가장 우수한 구조용강이고, 0.15~0.3%Mo 첨가로 경화능을 증가시키고 뜨임취성을 감소시켜 강인성 높다.

(7) 기타 강인강

- Cr-Mn강 : Ni-Cr강의 Ni 대신에 Mn을 첨가 → Ni-Cr강보다 강도는 낮으나 인성이 좋다.
- 크로만실(Cr-Mn-Si강) : 싸고 강인성이 커서 기계가공이 쉽고 단조, 열처리가 용이하다.

7.2.5 스테인리스강의 제조

Fe에 12% 이상의 Cr 을 합금하면, 강한 보호피막이 생성되어 부동태화 되지만, 이처럼 산소의 산화작용이 있는 사용상태에서 녹을 발생하지 않는 강을 스테인리스강(Stainless steel)이라 한다.

고Cr강에 Ni 을 첨가하면, 내식성과 내산성에 대해 효과가 있다. 스테인리스강은 녹슬지 않는 강이라는 의미이지만, 이것에 내산성을 부여했을 경우도 스테인리스강이라 한다. 스테인리스강은 Cr 계 스테인리스강과 Cr－Ni 계 스테인리스강으로 크게 나뉜다.

Cr을 12~15 % 함유한 강은 내식성이나 내산성이 양호함으로 13Cr 계 스테인리스강이라 부르며 이것을 개량한 것도 많이 있다. 또한, 이 강은 고온에서 오스테나이트 조직이 되고, 담금질을 하면 마르텐사이트 조직이 됨으로 마르텐사이트계 스테인리스강이라 부른다.

Cr 계 스테인리스강은 탄소 함량에 따라 탄소량이 극히 적고 담금질 효과가 없는 페라이트계와 중탄소강으로 담금질 효과가 있는 마르텐사이트계로 나뉜다. 페라이트계는 내식성이 우수하고, 연질로서 가공성이 좋으므로 선, 관, 판 등으로 가공하여 여러 가지 기계 기기 등의 부품으로 사용된다. 또, 마르텐사이트계는 내식성이 좀 떨어지나 강도가 크므로, 일반 구조용과 내식용 공구 등에 쓰인다.

(1) 크롬·니켈계 스테인리스강

Fe에 Ni을 합금 시킨 경우, Cr량 10%이상을 함유한 합금에 Ni을 10%이상 합금시키면, 크롬이 13%이상의 합금에 Ni을 10%이상 합금시키면, 산화성분위기에 미치는 내식성과 비산화 성분위기에 있어 내식성도 동시에 부여된다.

(2) 석출경화형 PH스테인리스강

근대 공업의 여러 분야에 필요 불가결한 재료로 사용되고 있다. 그러나 보다 많은 분야에 적용하기 위해서는 내식성 외에도 기계적 성질, 내열성, 피삭성, 가공성 및 용접성 등의 개선이 요구되고 있다. 이러한 기술적 요구에 대응하기 위해 개발된 재료의 하나가 스테인리스강에 Al, Ti, Nb, Cu, Be, P등의 석출경화성 원소를 첨가한 석출 경화형 스테인리스강 (Precipitation Hardening)이다. 석출 경화형이란 스테인리스강의 바탕 중에 적당 한 화합물을 석출분산시켜 그 분산강화에 의해 강의 강도를 높이는 방법이다. 일반적으로 강은 탄화물의 알맞은 분산에 의해 강인성을 얻을 수 있게 된다.

석출경화형 스테인리스강은 강도가 높고 마르텐사이트계에 비하여 성형성, 용접성 및 내식성이 우수한 특징이 있다. 또 경화 열처리온도가 마르텐사이트계의 담금질온도보다 낮으므로 열처리시의 변형이 적은 이점이 있다. 석출 경화계는 석출을 일으키는 바닥조직에 따라 마르텐사이트계, 세미 - 오스테나이트계, 오스테나이트계 등이 있다.

7.2.6 공구강 및 특수용도 강의 제조

이와 같은 강의 경우는 개재물이나 편석을 극한까지 절감시키는 것이 요구될 뿐만 아니라, 탄화물의 크기나 분포상태의 제어도 필요하다. 이 때문에 ESR(electro-slag remelting) 등의 재 용해 프로세스가 채용되고 있다. 이것은 전술한 공정에 의해 제조한 강재를 전극으로 하면서, 수냉 몰드 내에서 재 용해시켜 융적상태로 정련하면서 급속하게 응고시킨 것이고, 고품질이지만 비용·납기에 문제가 많다. 그러나 위에서 기술한 노외 정련과 연주기술의 진보에 의해 일부 분야에서는 재 용해하지 않아도 요구품질을 만족시킬 수 있는 기술이 나타났고, 앞으로 이들 특수제조의 강재는 고품질의 추구와 보통 공정재의 활용으로 나누어질 것으로 생각된다.

7.3 구조용 강

7.3.1 경량화를 위한 재료

자동차 부품의 경량화는 자동차의 주행성능이나 연비를 높이는데 효과가 있는 것은 말할 것도 없다. 한 부품을 소형 경량화한다면 그 부품에 관련된 다른 부품의 소형화도 가능하고, 전체가 경량으로 연결되는 가능성이 있다. 부품의 경량화는 경금속이나 비금속을 이용하거나 중실부품의 중공화 등도 생각되지만, 여기에서는 부품의 소형화에 따른 경량화를 전제로 최근 개발되어 실용화된 각종 고강도 강을 소개하고자 한다.

(1) 고강도 톱니바퀴용 강

변속기나 차동장치에는 크롬강이나 크롬-몰리브덴 강의 침탄 톱니바퀴가 사용되고 있다. 톱니바퀴의 고강도화에는 톱니바퀴 재료, 가공, 열처리, 설계를 포함한 종합적인 검토가 필요하지만, 이 가운데서 재료에 대해서는 고강도 톱니바퀴용 강이 별도로 개발되고 있다. 그러나 Si나 Mn, Cr 등을 감소시켜 입계산화를 방지하고, P를 감소시켜 입계강도를 높이고, Mo이나 Ni을 첨가하여 침탄층의 탄성을 개선하는 방법은 거의 동일하다.

그림 7.7에는 침탄 톱니바퀴의 충격강도에 영향을 미치는 합금원소의 영향을 나타냈다. 그리고 Ni의 함유량을 증가하면 뜨임처리에서 베이나이트가 생성되기 쉽고 피삭성이 저하되기 때문에 Mo을 첨가한 것이 많이 사용되고 있다. 피로강도 개선을 목적으로 높은 투사 에너지의 쇼트 피닝(하드 쇼트 피닝)이 보급되어 왔지만, 취약한 입계산화가

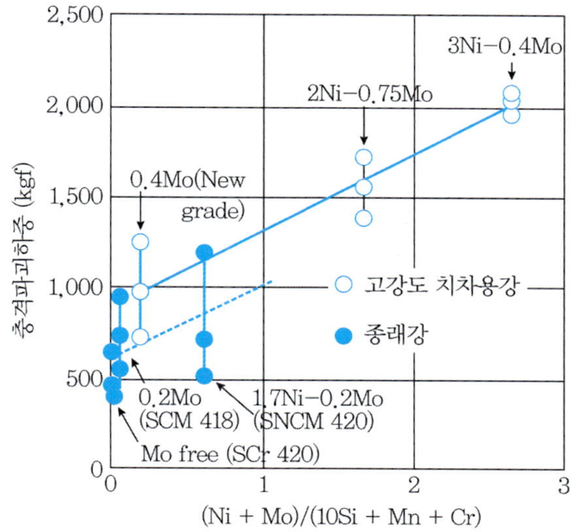

그림 7.7 침탄치차의 충격강도와 합금성분의 관계

있으면 표면조도가 열화되는 문제가 있다. 고강도 톱니바퀴용 강은 입계산화가 적고, 하드 쇼트 피닝에도 잘 견디는 성질이 있다.

(2) 고강도 고탄성비 조질강

비조질강은 열간 단조 후 냉각 중에 조질강과 동등한 경로가 얻어지는 강이고, 담금질과 뜨임 처리의 생략이 가능하기 때문에 부품제조 비용의 절감과 생산성 향상에 효과가 있어 자동차 부품에 많이 사용되어지고 있다.

탄소강에 0.1%의 V를 첨가해 V 탄질화물의 석출경화를 이용한 페라이트·펄라이트형 비조질강이 대부분이었지만, 이것에는 인성이 낮은 결점이 있으므로 저합금 강인강을 대체하기 위해서는 인성의 개선이 필요하다. 비조질강의 탄성개선에는 페라이트·펄라이트 조직 그대로 인성을 개선하는 방법과 미세조직을 베이나이트나 마르텐사이트로 바꾸는 방법이 있으나 장단점이 있다. 따라서 페라이트·펄라이트 조직으로 경도를 유지하면서 인성을 개선하는 경우에는 C를 감소(페라이트 면적의 증가)시키고, V와(페라이트의 강화), Mn이나 Cr을 증가(펄라이트의 탄성개선)시키되, 단조온도를 저하(페라이트나 펄라이트의 미세화) 시키는 방법이 사용되고 있다. 또 MnS나 V 탄질화물을 입내 페라이트의 핵으로 이용하는 방법도 개발되고 있다. 매트릭스의 인성 개선은 개재물질을 기점으로 한 피로 균열의 발생이나 전파의 방지에 효과가 있고, 개재물질을 다량으로 함유한 쾌삭강에서는 피로강도를 개선한 고강도 비조질강이 실용화되고 있다. 그림 7.8은 종래의 비조질강과 고강도 비조질강으로 제조한 커넥팅로드의 피로강도를 비교한 것이고, 같은 경도에서도 고강도 비조질강은 종래 강보다 높은 피로강도를 나타내고 있다. 이 강을 사용하면 약 15%의 경량화가 가능하다.

약 0.2%의 C를 함유하는 강에 Mn이나 Cr을 2% 이상 첨가한 강은 열간 단조 후, 공랭시키면 베이나이트 조직으로 된다. 베이나이트는 인성이 높기 때문에 주변부품 등에 고탄성 비조질강으로 사용되고 있다. 단, 이 강은 내력이 낮은 결점이 있어 시효처리에 의한 내력 개선방법이 개발되고 있다.

0.1% 이하의 탄소를 함유하고, Mn이나 Cr을 1~3% 정도 함유한 강을 열간 단조 후 직접 담금질(단조 담금질)해서 고강도, 고인성을 얻는 방법이 부품이나 커넥팅 로드에 실용화되고 있다. 이것은 단조 담금질 후 뜨임이 생략된 것이기 때문에 비조질강으로 분류되어 진다. 또 미세조직은 베이나이트 또는 오스테나이트, 그리고 마르텐사이트로 불려지지만, 단조 담금질 공정 때문에 마르텐사이트형 비조질강으로 불려진다.

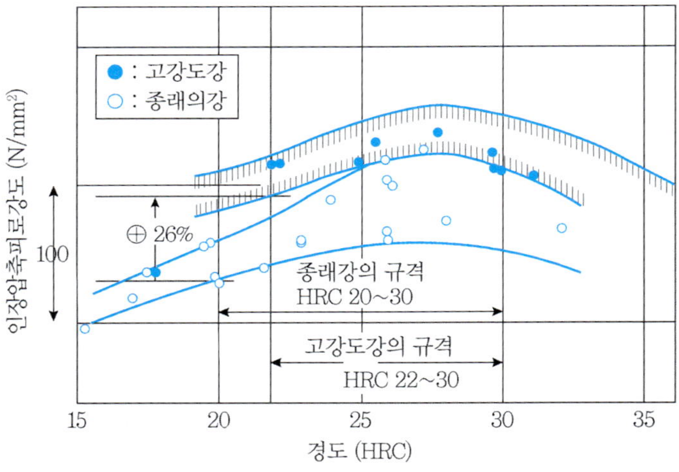

그림 7.8 종래강과 고강도 비조질의 커넥팅 로드 실체피로강도 비교

인장강도 500MPa급까지는, 조질처리 필요없이, 합금원소의 조정만으로 좋지만, 600MPa급에서는 조질처리 하는 편이 강도의 개량에 용이하고, 700MPa 이상에서는 조질처리에 따라 첨가합금원소을 증가시키지 않고 높은 강도를 얻을 수 있다.

(3) 고강도 고주파 담금질 · 축용 강

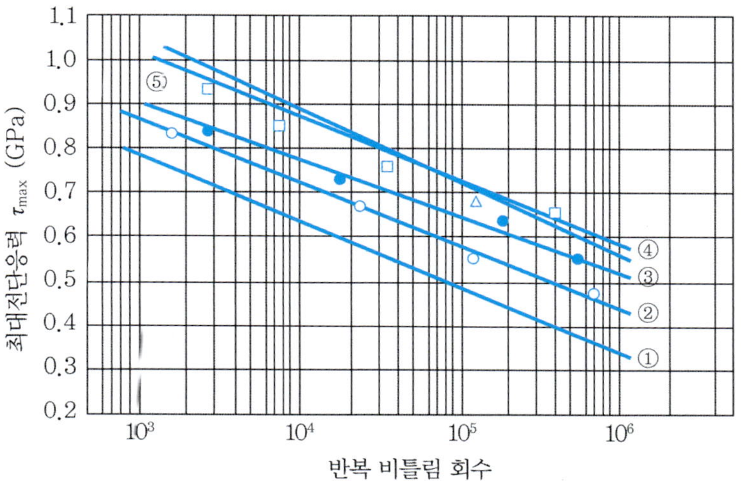

①		종래재료 (γ = 0.33)
②	○	개발강재 (γ = 0.43)
③	●	개발강재 (γ = 0.55)
④	△	개발강재 (γ = 0.64)
⑤	□	개발강재 (γ = 0.78)

그림 7.9 등속 연결축의 경화 깊이와 비틀림 피로강도의 관계

등속 조인트나 트랜스미션의 축에는 고주파 담금질이 많이 사용되고 있다. 고주파 담금질 축의 고강도화에는 경화층 깊이의 증가가 가장 효과적 이지만, 탄소강이나 구상화 풀림상태의 저합금강은 고주파 담금질성이 좋지 않고, 고주파 담금질의 조건을 변경해도 별로 효과가 없다. 모재의 경도를 변화시킨 것이 아니라 고주파 담금질 성능을 개선해 보론의 특징을 살린 고강도 고주파 담금질 축용 강이 개발되고 있다.

그림 7.9는 고강도 고주파 담금질 축용 강으로 주조한 등속 조인트 축의 비틀림 피로 강도와 경화조건의 영향을 나타낸 것이다. 경화층 깊이의 증가에 의해 30% 이상의 피로강도가 향상되었다.

(4) 고강도 용수철 강

그림 7.10은 고강도 용수철과 제조 장치를 나타낸 것으로 자동차의 현가코일 용수철에는 용수철강의 SUD 7이 많이 사용되고, 보통 47~51 HRC로 조질처리 되고 있다. 용수철의 고강도화에는 경도의 상승이 필수적이지만, 감수성의 증대에 의한 부식 피트(fit) 등 은 자동차에 탑재한 경우, 강도를 고려하는 것이 필요하다.

53~56 HRC의 경도에 충분한 연성과 부식피로 강도를 확보한 고강도 용수철강(ND 250S)이 개발되어 승용차에 적용되고 있다.

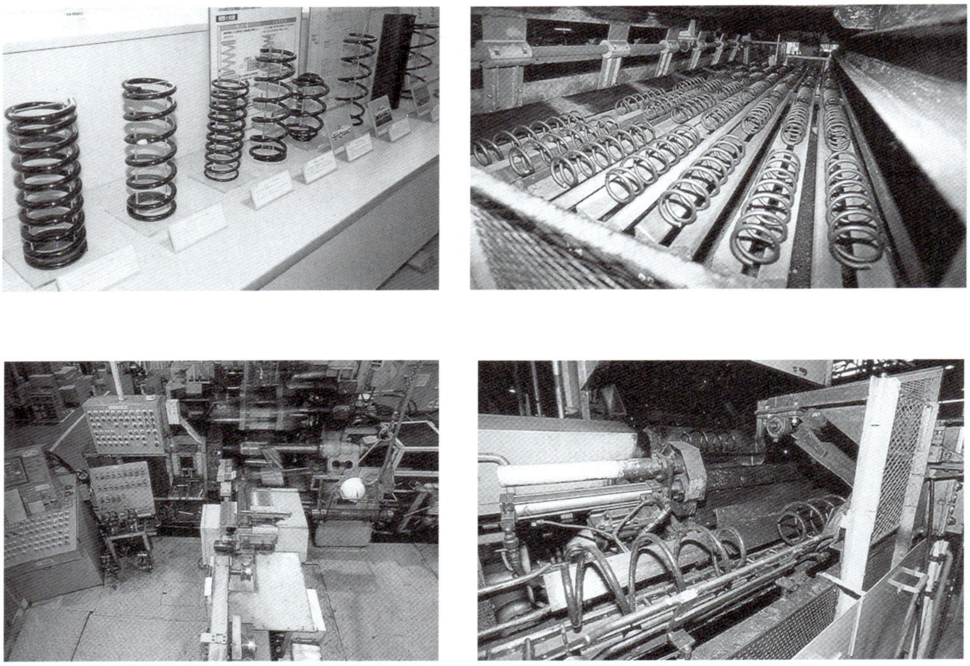

그림 7.10 고강도 용수철과 제조장치

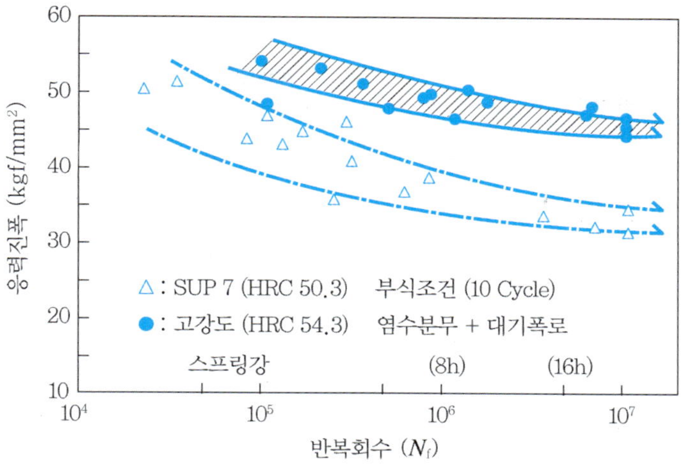

그림 7.11 고강도 스프링의 부식피로강도

표 7.1 고강도 스프링강의 화학성분

C	Si	Mn	Ni	Cr	Mo	V
0.40	2.50	0.75	2.00	0.85	0.40	0.20

표 7.1에는 그 화학성분을 나타내었고, 그림 7.11에는 부식시험 후의 샘플에 의한 피로시험 결과를 나타냈다. 고강도 용수철강은 우수한 부식피로 강도를 나타내고 있고, Ni · Mo · V는 파괴탄성 및 내식성 개선효과를 나타내고 있다.

7.3.2 고정 합리화 · 제조비용 저감을 위한 재료

(1) 비조질강

최근 주류를 이루고 있는 비조질강은 중탄소강 또는 Mn강에 V를 미량 첨가한 강으로, 가공 전에 가열해 오스테나이트 중에 V를 일단 고용시켜 열간가공 한 후, 냉각과정을 거쳐 미소한 V탄질화물로써 석출시킨 석출강화에 의해 조질 처리를 행하지 않고도 조질강과 동등한 경도가 얻어질 수 있다. 그림 7.12에 비조질강의 원리를 나타내었다.

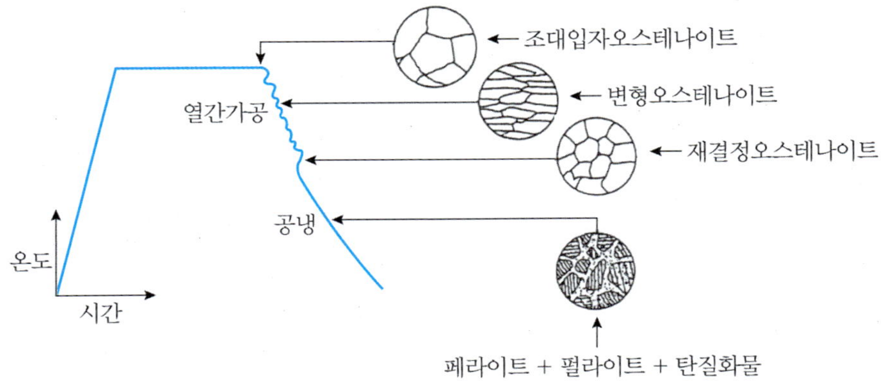

그림 7.12 비조질강의 원리

비조질강에는 열간 단조용, 직접 절삭용, 냉간 압연용의 세 종류가 있고, 열간 단조용은 단조 메이커의 단조로, 절삭용 및 냉간 압연용은 제강 메이커의 압연으로 소정의 강도를 부여하는 것이다.

(2) 풀림 · 뜨임 없는 강

기계 구조용 강, 특히 합금강의 경우 Cr, Mn 등의 담금질 성능 향상 원소가 첨가되어 있어 압연 상태에서는 베이나이트, 마르텐사이트 등의 단단한 조직으로 되기 때문에 인발 · 냉간 단조 · 절삭 등의 냉간가공을 실시하기 전에 풀림 또는 뜨임이 필요하다.

최근 선재나 봉강의 압연 작업은 압연과 냉각작업을 자유롭게 제어하는 기술이 발달되어 인라인으로 뜨임 또는 담금질 처리 재질에 가까운 연질 재료의 제조가 가능하게 되어 널리 사용되고 있다.

(3) 캘리퍼 강

캘리퍼 강은 소재 상태로 제강회사가 담금질 · 뜨임의 조질 처리를 하고 열처리 후의 기계적 성질을 보증해서 사용자에게 공급하는 강재이다. 따라서 이 강재는 수요자가 직접 부품까지 가공함으로서 가공공정의 단축, 재고의 감소, 그리고 공정 관리의 생략이 가능하다.

(4) 결정립 조대화 방지 강

표 7.2 개발 강(ATOM강)의 화학성분 (mass %)

소재	C	Si	Mn	P	S	Cr	Nb
SCr 420 (ATOM강) SCr 420 (종래 강)	0.20 0.21	0.22 0.23	0.75 0.76	0.015 0.015	0.015 0.015	1.01 1.03	

기본적인 소재 강은 냉간 단조 후 침탄온도로 가열하면 오스테나이트 상태의 결정립이 조대하게 성장되어 열처리에 의한 변형이나 인성 열화의 원인이 된다. 결정립의 성장을 저지시켜 미세석출 입자에 의한 입계의 멈춤 효과로 알려져 있다. 최근에는 기어 등의 과혹한 냉간 단조 후에 강력한 석출입자가 오히려 필요하게 되어 종래의 Al, N첨가에 의한 AIN 석출물 외에 Nb, V, Ti 등의 첨가에 의한 성장방지를 시도하고 있다. 요즈음에는 급속 주조법이나 제어압연 기술이 개발되어 고온에서도 견딜 수 있는 고온 단시간 침탄강이 개발되고 있다.

표 7.2에는 최근 개발된 신기소강(브랜드 명 : ATOM강의 화학 성분 예)을 나타내었고, 그림 7.12에서는 가열온도와 결정입도, 조직별 면적의 관계를 기존의 강과 비교하여 나타내었다. 이 강은 미세 입자임과 동시에 결정립의 입자 조대화에 대한 저항이 크기 때문에 냉간 단조 후의 뜨임 생략에 응용되고 있다.

(5) 냉간 단조 · 고주파 담금질 강

표면 경화법의 하나인 고주파 담금질은 침탄 담금질을 한 강을 탄소강으로 전환시켜 사용하는 것으로 기계가공 후 바로 인라인 열처리가 가능하므로 용도가 증가하는 경향을 나타내고 있다. 한편, 냉간 단조는 절삭량의 감소, 환경개선, 고생산성 등의 이점이 있기 때문에 열간 또는 온간 단조로부터 전환이 증가하고 있다. 그런데 이 두 가지 방법을 만족시킬 수 있는 제조 프로세스는 정착되지 않고 있다. 그것은 고주파 담금질에는 보통 0.45C% 이상의 강을 이용하기 때문에 구상화 풀림상태에서도 냉간 단조가 쉽지 않기 때문이다. 그러나 변형저항을 줄이기 위한 합금원소를 감소시킨다면 고주파 담금질성이 저하되어 충분한 경화층이 얻어질 수 없다.

이처럼 양자는 상반되는 관계이지만, 최근 이 두 가지 특성을 동시에 만족시킨 냉간 단조와 고주파 담금질 강이 개발되어 종래의 강+침탄처리에 대신하는 CV 조인트와 같은 부품용으로 양산되고 있다.

7.4 특수용도 강

7.4.1 내열재료

내열재료는 사용 환경과 목적에 따라 매우 다양하다. 자동차 기관의 밸브, 연소실, 터보차저나 배기 매니폴드, 배기가스 정화장치 등 고온부품으로 사용되고 있다.

(1) 기관 밸브

기관 밸브는 내마모성, 내식성, 고온강도 등이 요구된다. 연소가스로 가열되기 때문에 흡기밸브는 300~500℃, 배기밸브는 700~900℃까지 가열 된다. 따라서 사용되는 재료도 높은 내열성이 요구되므로 흡기밸브에는 SUH 11(0.5C-1.5Si- 8.5Cr) 등의 마르텐사이트계 내열강이 사용되고, 배기밸브에는 SUH 35(0.5C-9 Mn-4 Ni-21 Cr-0.4N)나 SUH 36(SUH 35+0.06S) 등의 오스테나이트계 내열강이 주로 사용되고 있다. 또, 터보차저 부착기관보다 고온에서 사용되는 배기밸브에는 인코넬 751(0.05C-15Cr-2.5Ti-1AL- 1Nb-7Fe-bal. Ni) 등의 Ni기 합금도 사용되고 있다.

배기가스 대책을 위한 연소개선이나 터보차저 탑재에 의한 고출력에 의해 사용온도와 부하응력이 가혹하게 되는 경향이 있어 고온에서 강도가 높은 밸브재료가 요구되고 있다. 그리고 고출력을 내기 위한 기술로는 밸브 등 다양한 부품의 경량화가 있으며 관성질량의 감소측면에서 중요한 과제로 되고 있다. SUH 35 등의 밸브 축에 중공 밸브를 사용하거나 티탄합금(TiAl)계 금속간 화합물이나 세라믹스 등의 경량화 재료를 사용하는 것이 검토되고 있다. 중공 밸브는 이미 스포츠형 양산 차에는 사용이 되고 있고, 앞으로는 상기 경량화 재료를 점차 증가시키는 것이 목표이다.

어떠한 경우에도 양산 적용의 전제 조건은 대폭적인 비용 절감이다. 따라서 양산 밸브에 대한 재료비뿐만 아니라 부품제조 비용의 대폭적인 감소가 요구되고 있다. 밸브 재료의 조성과 제조공정, 그리고 부품가공 공정의 근본적인 검토가 필요하다고 생각된다.

(2) 터보차저

터빈측은 700~900℃ 정도의 고온으로 되기 때문에 하우징에는 고온 강도와 내산화성에 우수한 고 Si계 구상흑연 주철(3.5C-4Si-0.5 Mo)이 사용되고 있지만, 고출력에 따른 배기가스 온도의 상승에 대응하기 위한 페라이트계 주강도 사용되고 있다. 터빈 휠은 고온의 배기가스와 직접 접촉하기 때문에 고온 강도와 내식성이 요구된다.

인코넬 713C(0.05C-12Cr-4.5Mo-0.6Ti-5.9Al-2Nb-0.12r-0.01B-bal. Ni) 등의 니켈기 내열합금이 사용되고 있지만, 얇고 복잡한 형상 때문에 정밀 주조법으로 제조되고 있다. 경량화에 따라 1985년 초 승용차의 터빈 휠에 질화규소(세라믹스)가 적용되었지만, 고출력화에 따른 배기가스 온도의 상승에 적응하기 위해 TiAl계 금속간 화합물 등 경량이면서 내식성에 우수한 금속계 재료의 개발이 진행되고 있다.

(3) 배기 매니폴드

지금까지는 주로 구상흑연 주철(예를 들어 3.5C-2St)과 주철(예를 들어 2.8C-2.2Si-20Ni-2Cr)이 사용되어 왔지만, 배기가스 정화대책이나 연비향상 대책으로 배기가스 온도가 700~900℃로 상승하기 때문에 스테인리스 강제 파이프나 얇은 주조나 스테인리스 주괴 등 스테인리스강의 적용이 증가하고 있다. 그림 7.13은 배기 장치의 레조네이트와 배기 매니폴드로 촉매작용에 의해 활성화 온도까지 단시간에 온도를 올려야 하므로 열용량이 작은 것으로 사용하는 경우가 증가하고 있다.

그림 7.14는 자동차의 소음기를 나타낸 것으로 재료는 STS 430 modify(0.03C-18Cr-미량 Nb)이나 갈바륨 강판 등이 사용되고 있다. 그리고 파이프의 경우 용접구조이지만

유사 성분의 페라이트계 스테인리스강으로 용접하여 사용하는 경우가 증가하고 있다. 한편, 주강으로는 페라이트계 스테인리스강(예를 들어 18Cr-미량 Nb)이 사용되고 있어 박육화가 가능한 감압 주조법에 의해 제조되고 있다. 파이프에 비해 형태의 자유도가 크고 강도가 우수하지만 값이 비싸기 때문에 현재 부분적으로만 적용이 되고 있다.

(a) 레조네이트(resonator)

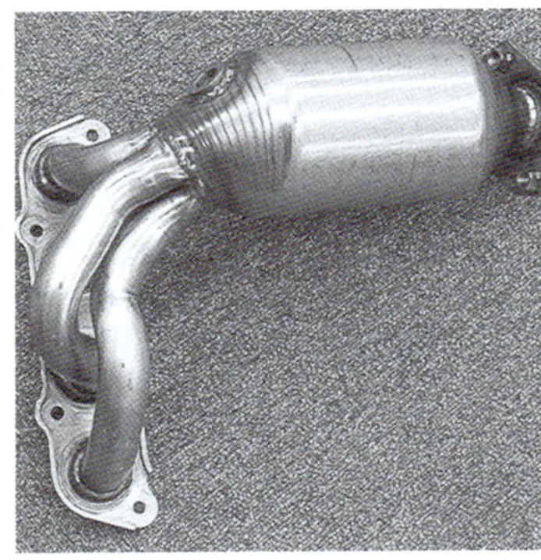

(b) 배기 매니폴드

그림 7.13 배기 장치의 레조네이트와 배기 매니폴드

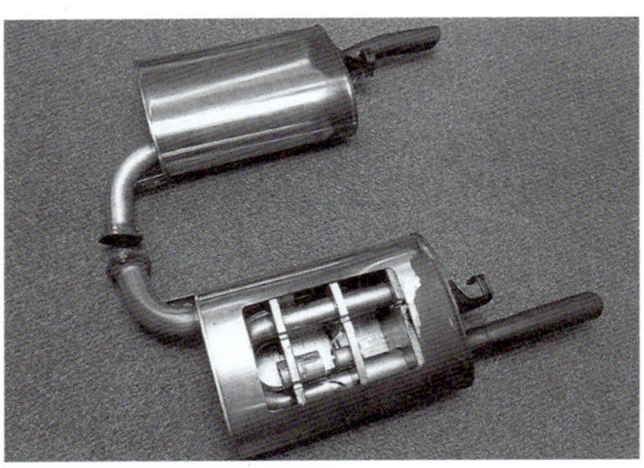

(a) 스테인리스강 소음기

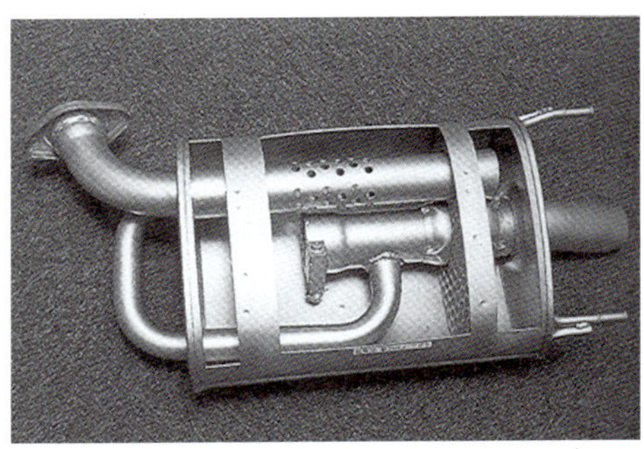

(b) 갈바륨 강판 소음기

그림 7.14 자동차의 소음기

7.4.2 내식 내마모성 재료

봉재나 선재를 소재로 한 내식·내마모성 재료가 사용되고 있는 자동차 부품에는 전자식 연료 분사변(인젝터)의 산소센서, ABS, 트랜스 컨트롤 시스템, 에어 백 시스템 등이 있다. 여기에는 인젝터용 재료에 대해 서술하고자 한다.

그림 7.15및 7.16과 같은 인젝터에 사용되고 있는 주재료는 페라이트계, 마르텐사이트계, 오스테나이트계 스테인리스강 등이다. 현재 콤팩트화나 비용절감을 목표로 설계하기 위한 공법의 종합적인 재검토가 진행되고 있다. 하우징은 13Cr 페라이트계 스테인리스강이나 저탄소강으로부터 냉간 단조와 절삭에 의해 제조되고 있어 내식성 향상과 무도금화의 요구로부터 페라이트계 스테인리스강의 사용비율이 증가하고 있다. 그리고 콤팩트화를 목적으로 판의 프레스 가공에 의한 새로운 형상의 하우징 적용도 시작되고 있다.

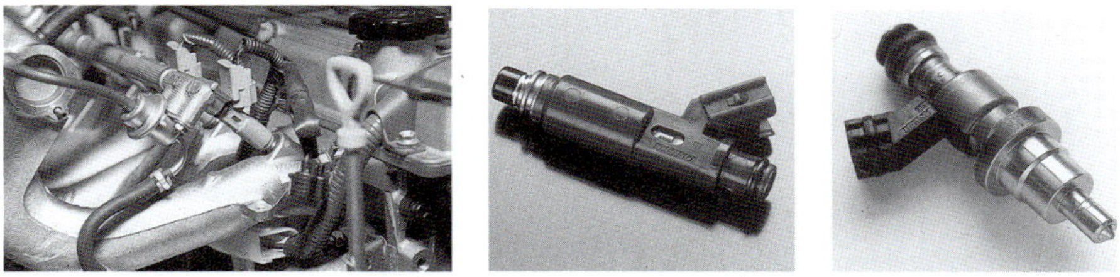

(a) 인젝터 부착위치 (b) 인젝터 외형

그림 7.15 디젤 엔진의 인젝터(injector)

(a) 단면도 (b) 노즐부 확대 (c)노즐가공펀치(WC)

그림 7.16 인젝터 단면과 노즐부, 가공펀치

밸브 보디는 주로 STS 440C이기 때문에 절삭가공에 의해 제조되고 있지만, 비용절감을 위한 냉간 단조화가 검토되고 있다.

그림 7.17과 7.18은 컨트롤 밸브의 유닛 구성부품을 나타낸 것으로 냉간 단조성과 내마모성을 겸비한 재료의 개발과 냉간 단조 기술 향상이 과제이다.

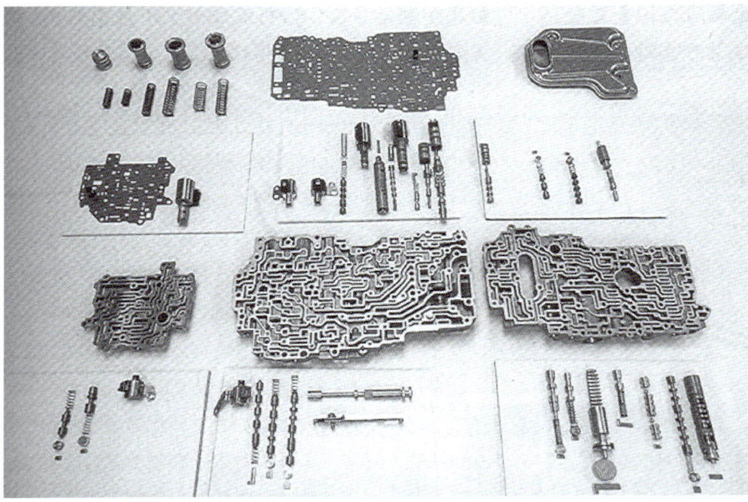

그림 7.17 컨트롤 밸브 유닛 구성부품

그림 7.18 자동 변속기용 밸브와 부품

7.5 ABS

안전성 때문에 사용량이 증가하고 있다. 센서 링(세레이션 로터)에 소결 제품이나 페라이트계 스테인리스강, 차륜 속 센서(전자 픽업방식)에 페라이트계 전자 스테인리스강(폴 피스) 그리고 SmCo 등의 자석밸브에 저탄소강, 순철·규소강 등이 사용되고 있지만 공법의 재검토가 진행되고 있다. 예를 들면 센서 링은 스테인리스 강제 파이프의 절삭과 스테인리스 강 선재의 플래시 버트 용접제의 절삭, 그리고 저탄소강 단조재의 절삭(도금), 철분이나 페라이트계 스테인리스 분말의 소결 등 여러 가지 재료나 공법으로 제조되고 있지만, 최근 내식성과 비용을 만족시키는 재료 및 공법으로 17~20Cr 페라이트계 스테인리스 강분제 소결품의 적용이 증가하고 있다.

그림 7.19부터 그림 7.28까지는 자동차에 실제 사용된 부품을 나타내었고 그림 7.29는 자동차에 사용되는 강판의 종류에 대해 나타내었다.

(a) 절삭가공

(b) 연마작업

그림 7.19 실린더 내부 가공

(a) Low cap

(b) Seam 용접

그림 7.20 실린더 외부 가공

(a) 선단부 가공

(b) rod와 eye ring 용접

그림 7.21 피스톤 제조

그림 7.22 베어링 세대의 진화(Hub 1, 2, 3) 및 Hub 3의 구조

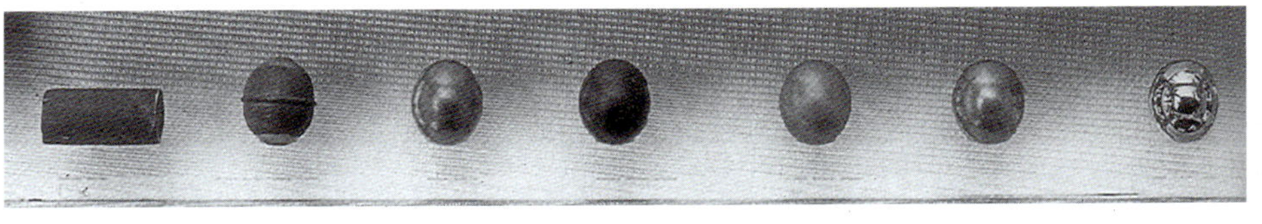

그림 7.23 강구(steel ball)제조 과정

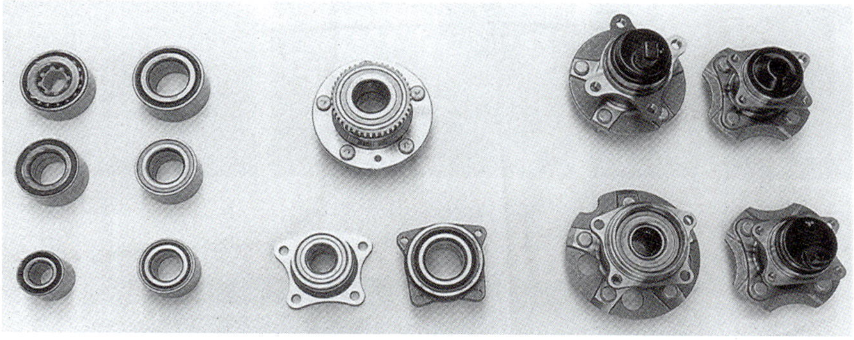

그림 7.24 베어링의 형상(좌측 1세대, 우측 3세대)

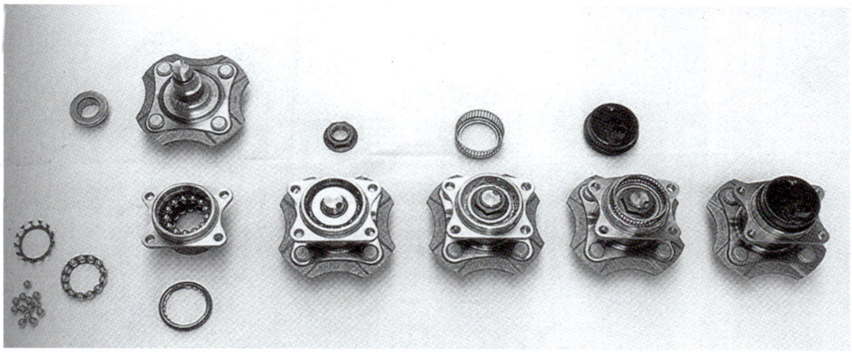

그림 7.25 Hub 3의 구성부품

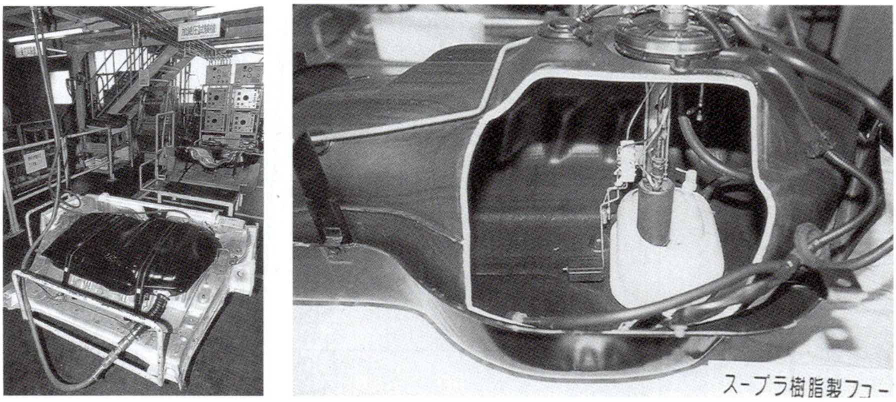

(a) 강재 탱크

(b)수지 탱크

그림 7.26 연료 탱크

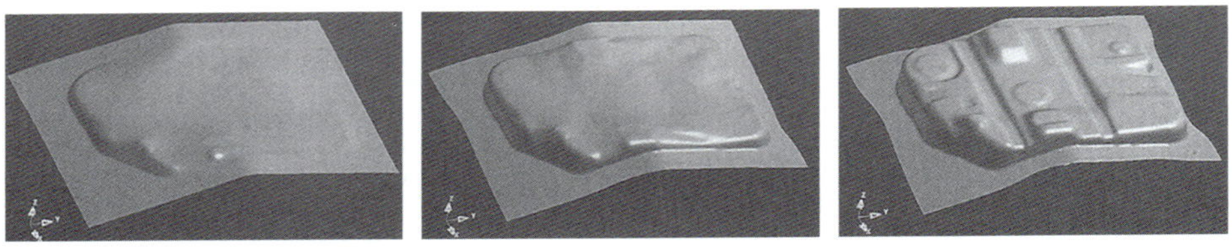

그림 7.27 프레스 시뮬레이션

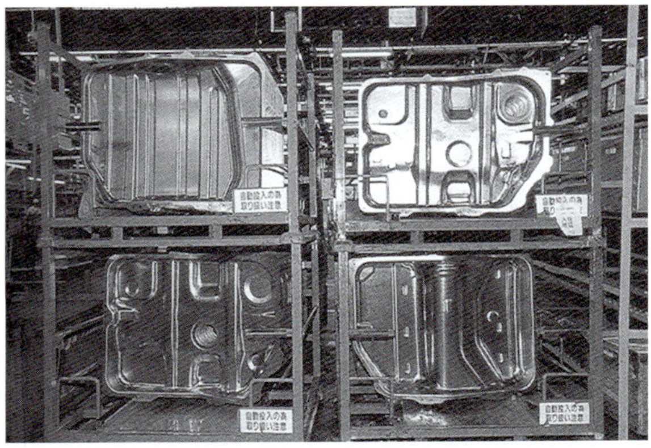

그림 7.28 프레스 제품

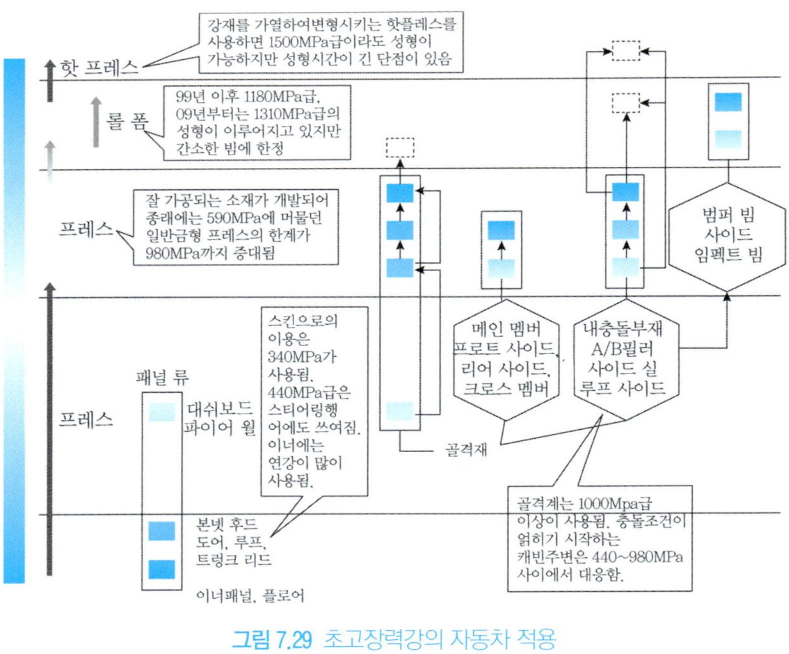

그림 7.29 초고장력강의 자동차 적용

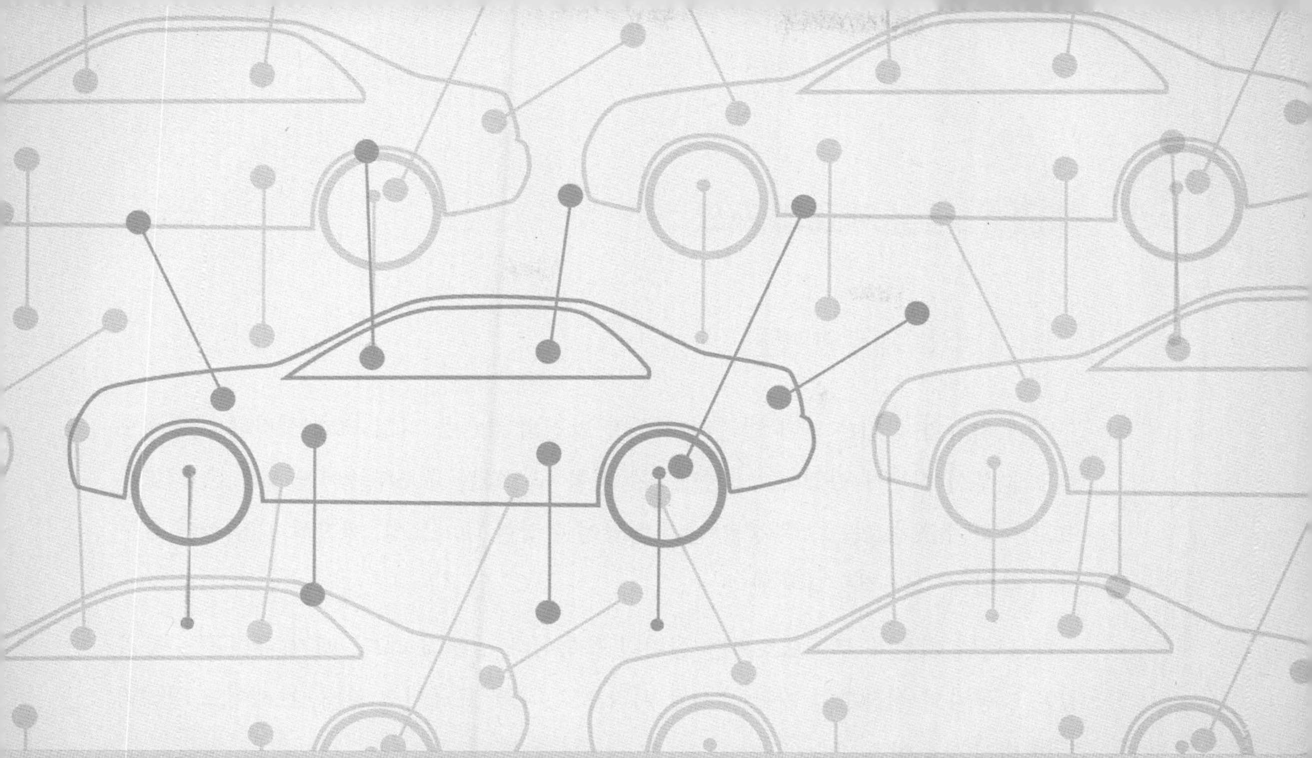

CHAPTER **8**

주철

8.1 주철 재료의 개요

8.1.1 주철 재료의 변천

국내 자동차 산업은 경제 발전과 자동차 발전의 흐름을 타고 크게 성장해 기술적으로도 눈부신 진보가 있었다. 그 중에 자동차를 구성하는 주조부품이 달성해 온 역할은 크고 특히 주조재료는 그 특징을 살려 형상이 복잡한 내마모성, 제진성, 내열성이 요구하는 부위에 널리 적용되어 왔다.

대표적인 자동차 부품으로서는 실린더 블록이나 실린더 헤드, 배기 매니폴드 등과 같은 자동차의 심장부인 기관 본체를 시작으로 너클, 브레이크 로터, 브레이크 캘리퍼 등의 섀시 부품이 있다.

또, 자동차의 발전과 함께 자동차를 둘러싼 환경도 차츰 변화하여 주철재료에 대한 요구도 변화하고 있다. 시대와 함께 변화한 과제의 변천과 주철분야에 대한 대응기술의 변천에 대해서도 나타나고 있다. 여기서 자동차의 발전 중에 주철 재료가 달성해 온 역할과 각 컴포넌트에 의한 주철재료의 변천에 대해 서술한다.

8.1.2 주철의 개요

주철은 2.5%~4%의 C외에 1~3%의 Si, 0.3~1%의 Mn, 1%이하의 P, S〈0.1% 정도를 포함한 여러 가지 성분의 합금이다. 선철, 강 스크랩, 주철, 합금철 등을 주원료로 하며 큐폴라(cupola)나 저주파 유도로 등에서 용해하여 주형에 주입하여 제품을 만들며 주철의 일반적인 성질은 다음과 같다.

- 강에 비해서 융점이 낮고 응고 시 수축률이 작아 주조에 적합함
- 조직중의 흑연이 점재하기 때문에 절삭성이 좋음
- 경도가 매우 높아 내마모성이 크고 열전도율도 좋음

- 내산성은 약하지만 알칼리에는 강한 내식성이 있음
- 인장강도와 인성은 약하지만 압축강도는 큼
- 흑연의 존재로 강에 비해서 진동흡수능이 크고, 표면에 흑피라고 하는 견고한 층이 있어 내식성이 좋음

- 주철
  - 파면
    - 백 주철 (white castiron)
    - 반 주철 (mottled castiron)
    - 회 주철 (gray castiron) (흑연형상)
      - 편상흑연 주철
      - 공정상흑연 주철
      - 구상흑연 주철
  - 성분
    - 저탄소 주철
    - 고탄소 주철
    - 고규소 주철
    - 합금 주철 : Ni 주철, Ni-Cr 주철, Cr-Mo 주철
  - 조직
    - 페라이트 주철 (ferrite castiron)
    - 펄라이트 주철 (pearlite castiron)
    - 오스테나이트 주철 (austenite castiron)
    - 베이나이트 주철 (bainite castiron)
  - 성질
    - 보통 주철
    - 강인 주철 : 가단 주철, 구상흑연주철
    - 고급 주철

그림 8.1 주철의 구분

8.1.3 주철의 조직

강의 경우에는 Fe-Fe_3C계의 단평형상태도가 사용되지만, 주철에 있어서 C가 흑연과 Fe_3C의 두 가지 형태로 존재한다는 것을 설명하기 위해서는 그림 8.2에 나타내는 Fe-Fe_3C계의 준안정평형도와 파선으로 나타내는 Fe-흑연계의 안정 평형도를 겹친 복평형 상태도가 이용된다. 준안정 평형상태와 안정상태는 다음과 같이 구분할 수 있다.

- 준안정 평형상태 : 상태도에서 실선의 Fe-Fe_3C(시멘타이트)계는 가열되면 흑연으로 변화할 경향을 가지는 준안정(meta-stable)적인 상태

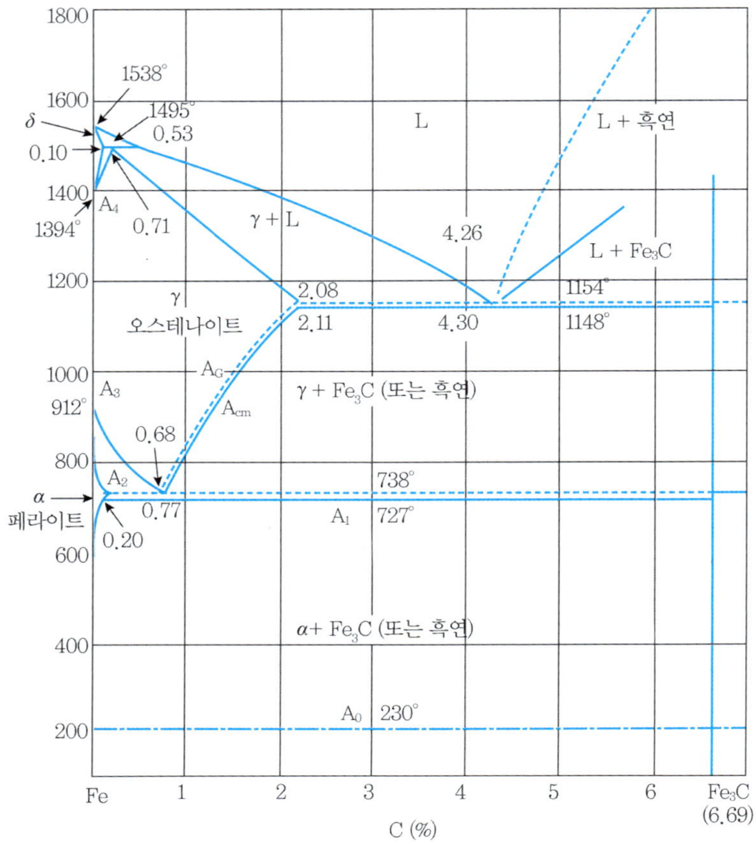

그림 8.2 Fe-C계 복평형 상태도

- 안정 평형상태 : 점선의 Fe-C(흑연)계는 더 이상 변화가 일어날 수 없는 최종 안정한 상태에 있고, 상태도에서는 더 고온에 위치하므로 냉각시 변태가 먼저 일어남

8.2 주철 · 주강 재료의 종류와 특징

주철과 주강은 탄소의 양으로 나누어지고 있다. 즉, 약 2% 이하는 주강(이를 위해 주강은 재질상 강에 포함되어 주철과는 구별되고 있다). 그 이상을 주철로 부르고 있다. 주철 중의 탄소는 대부분 미세한 흑연으로 철의 내부에 존재하며 철과 화합물을 만들

어 시멘타이트(Fe_3C)와 같은 형태로 존재한다.

이처럼 탄소의 존재형태는 녹은 용탕이 응고할 때 냉각제어나 C, Si 또는 Cr, Mo, Mn, V 등에 의해 변화한다. 또, 응고 후의 냉각속도에 의해 흑연 이외의 「기지」로 불리는 부분이 변화해 속도가 빠른 경우, 기지가 펄라이트로 불리는 시멘타이트와 페라이트 조직이 나타난다. 냉각속도가 늦은 경우에는 페라이트(순철에 가까운 것) 조직으로 된다.

보통은 이들 펄라이트와 페라이트의 혼합조직이다. 흑연은 철과 비교해 매우 약하기 때문에 주철의 강도와 경도 등의 기계적 성질은 흑연조직과 기지조직에 따라 결정된다.

KS 규격에 있어서도 이들에 의해 분류되고 있다. 주철의 특징은 철에 비해 탄소가 흑연으로 존재하기 때문에 다음과 같은 장점과 단점이 있다.

장점으로는 다음과 같은 것을 들 수 있다.

① 강에 비해 융점이 낮고, 응고할 때의 수축률도 작기 때문에 주조에 적용하고 있다.

② 흑연이 조직 중에 점재하고 있기 때문에 피삭성이 좋다.

③ 흑연이 존재하고 있기 때문에 강에 비해 진동을 잘 흡수한다.

④ 흑연에 윤활작용이 있기 때문에 동마찰계수가 작고, 높은 압력에도 소부 등에 의한 이상마모가 적다.

⑤ 강도상, 외부 충격에 의한 파손도 둔감하다.

⑥ 흑연이 존재하기 때문에 열전도가 좋다.

단점은 다음과 같다.

① 압축강도는 크지만 인장강도·탄성은 열악하다.

② 고온에서 팽창이나 변형, 균열이 발생하기 쉽다.

③ 흑연이 존재하기 때문에 강에 비교해 강성(영률)이 낮다.

주철의 일반적인 특징에 대해 서술해 보았지만, 주강 재료를 포함하여 이하에 각 재질마다의 종류와 그 특징에 대해 서술한다.

8.2.1 회주철

회주철은 주철 중에 가장 널리 사용되고 있는 재료이고 그 중에 반 이상이 자동차용으로 사용되고 있다. 회주철은 응고 시에 흑연이 편상으로 정출하여 파면이 회색 또는 주색을 하고 있기 때문에 이 이름이 붙었다. 기지조직은 페라이트, 펄라이트 혹은 이들의 혼재 조직이다. 주철의 경우 같은 용탕에 주조해도 제품의 크기나 두께 등의 형상에 의해 그 특성이 상당히 변화하는 경향이 있다. 따라서 자동차 부품과 같은 복잡한 형상을 한 제품에 대해서는 시험만으로 특성을 대용하는 것은 곤란하기 때문에 제품의 재질지시와 함께 필요부위의 경도를 지시하는 것이 바람직하다.

또, 제품의 흑연, 기지조직 등에 대해서도 규정하는 경우가 있다. 회주철의 흑연형상과 분포에 대해서는 ASTM(American Society for Testing Materials)에 의해서 분류되어 있고 국제적으로 널리 이용되고 있다. 보통 A형 흑연화로 불리어지는 알맞게 늘린 편상 흑연이 무질서하게 균일하게 분포한 것으로 회주철의 가장 바람직한 조직이며 그림 8.3과 같다.

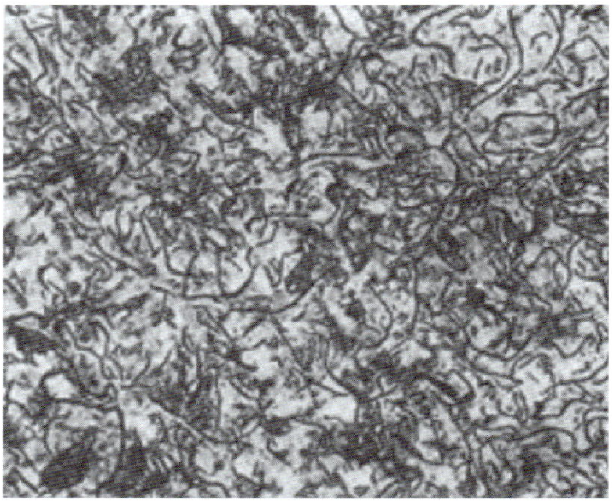

그림 8.3 회주철의 조직도

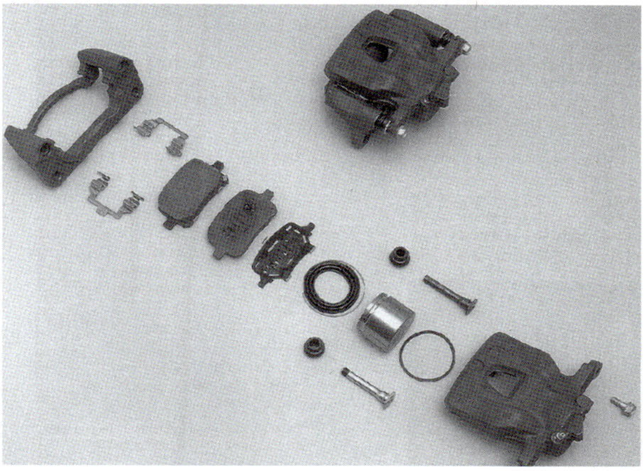

그림 8.4 캘리퍼 분해상태

8.2.2 구상흑연 주철

구상흑연 주철은 주철용탕에 마그네슘 또는 셀륨 등을 첨가해 회주철에서 보인 편상 흑연을 구상화시킨 것이다. 구상흑연 주철을 제조할 때 사용하는 원재료를 특히 생각하지 않으면 안 된다. 특히, 구상화를 저해하는 황의 함유율을 낮게 억제하는 것이 필요하다.

구상흑연 주철의 특성을 간단하게 표현한다면 주철의 특성으로 강에 가까운 특성을 겸비한 재질이다. 즉, 주철의 특성인 주조성, 절삭성이 양호함과 동시에 강도·강성이 강에 가까운 특성을 가지고 있다. 구상흑연 주철은 기지의 조직을 화학성분(주로 Si, Mn)이나 주형 내의 냉각속도, 열처리 등에 의해 전 페라이트, 전 펄라이트 및 그들의 혼합조직으로 되는 것이 가능하고 용도에 맞게 구별하여 사용한다. 각 재질의 제조구분은 보통 열처리에 의한 것이 많다. 즉, 주조 후, 소둔을 행한다면 강도는 낮지만 연신은 큰 재질이 얻어지고, 뜨임을 행한다면 연신은 낮지만 강도는 높은 재질이 얻어진다. 또, 열처리를 행할 수 없다면 그 중간의 재질이 얻어질 수 있다. 주조한 제품과 불림한 제품에는 제품 질량의 영향을 받기 쉽기 때문에 특히 재질보증이 엄격히 요구되는 것에 대해서 재질표시에 더해 경도나 조직을 규정하는 경우가 있다. 또, 구상흑연 주철에는 특히 중요한 인자가 흑연의 구상화율이고, 70% 이상으로 규정하고 있다.

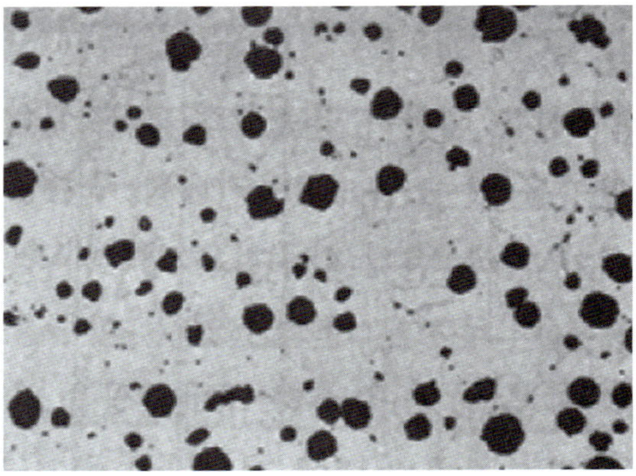

그림 8.5 구상흑연주철의 조직도

8.2.3 가단주철

회주철은 기지 중에 편상의 흑연이 존재하고 있기 때문에 강도가 낮아 주철의 기계 구조 부품으로 널리 이용되어 왔지만, 더욱 강도가 높은 주철이 요구되었다. 그래서 백선주물을 소둔하여 흑연을 괴상으로 해서 강도를 향상시킨 가단주철이 발명되었다. 가단주철은 흑연의 형상이 괴상인 점이 특징이며, 예로부터 강도나 인성을 필요로 하는 부재에 사용되는 예로 나타나고 있다.

가단주철의 최대결점은 열처리에 많은 시간(80~140시간)이 필요하며 주조결함이 나오기 쉽다.

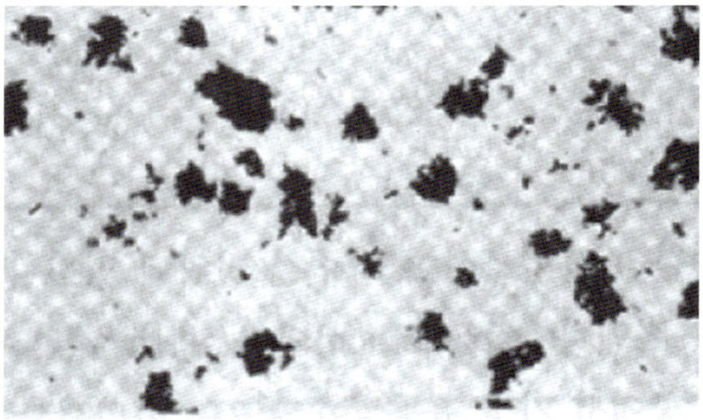

그림 8.6 가단주철의 조직도

8.2.4 합금주철

합금주철은 회주철에 Cr, Mo, Cu, N, V 등을 첨가해서 내마모성이나 내열강도의 향상을 시킨 것이다. 예를 들어 캠축이나 밸브 게이트에는 기관의 고출력과 고회전화에 의해 보다 내마모성이나 스캐핑성의 요구가 높아져 C, Mn, Ni, P 등의 합금원소를 첨가한 합금주철이 이용되고 있다. 또, 디젤 기관용의 실린더 블록에는 강도나 내식성 향상을 목적으로 Cr, Mo, Ni 등의 합금을 첨가한 것이나 다른 재질의 라이너를 사용한 것도 있다. 라이너재료는 회주철에 P나 Cr, B 등을 첨가한 것이 있다. 더욱이, 주철 실린더 헤드는 고성능화, 콤팩트화가 됨에 따라 연소실 주위의 열부하가 높게 되어 왔다. 특히, 흡기·배기 밸브 간에는 열 피로에 의해 균열이 생기기 쉬워 사용하는 재료의 열 피로 특성의 향상이 요구된다. 그래서 회주철을 기본으로 주조성·피삭성 등을 고려해서 Cr, Mo, Cu 등의 합금이 첨가된 저합금 주철이 일부 사용되고 있다.

8.2.5 주강

강의 주조품을 강 주물 또는 주강물로 부른다. 주강은 주철에 비교해 융점이 높고 피삭성도 열악하기 때문에 자동차 재료로써 사용되는 양은 적다. 그러나 그림 8.7의 주강은 단조나 용접에는 제작이 곤란한 대형 또는 복잡한 모양의 제품을 만들 수 있는 주물의 특징을 가짐과 동시에 화학조성과 열처리 방법에 의해 성질을 대폭 개선하는 것이 가능하다.

그림 8.7 캘리퍼 분해상태 브레이크 어셈블리

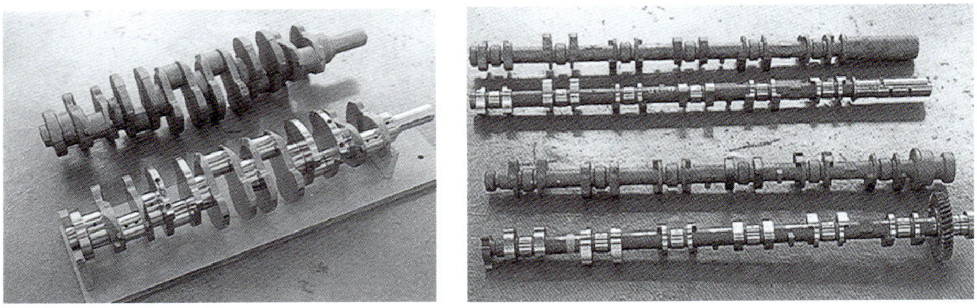

(a) 크랭크 축　　　　(b) 캠 축

그림 8.8 크랭크축과 캠축의 가공 전 후 비교

크게 구별하면 탄소주강, 저합금 주강, 고합금 주강 등으로 나뉜다. 자동차 부품에는 주강 크랭크축이 단조와 주조 제품으로 사용되었다. 그러나 구상흑연 주철이 개발되면 그림 8.8에서 보는 바와 같이 주강을 대신해 점차 구상흑연 주철이 사용되었다. 크랭크축 외에는 탄소강 주강이나 저합금 주강에 의한 로크 암, 변속기 부품 등을 들 수 있다. 향후 더욱 주조성과 피삭성 등의 개선이 이루어진다면 기관용 재료뿐만 아니라 부품의 경량화에도 좋은 재료가 될 것이다.

8.3 컴포넌트와 재료의 종류

8.3.1 엔진

기관의 구성은 「기관본체」, 「연료계」, 「흡배기계」, 「동변계」, 「윤활・냉각계」 등으로 구성되어 있다.

(1) 실린더 블록

실린더 블록은 연료의 폭발 압력에 잘 견디고 피스톤 링이 왕복운동을 해도 연소실의 기밀성을 유지해야 한다. 그리고 연소가스의 압력을 피스톤을 끼운 크랭크 계에 전

(a) 경량 기관(1000cc) (b) 알루미늄 기관(4996cc)

그림 8.9 가솔린 기관의 외형

달해 피스톤의 왕복운동을 회전운동으로 바꿀 때 크랭크를 지지하는 역할을 한다. 또, 내부에는 실린더의 냉각을 위한 냉각수 통로와 각부 윤활을 위한 기름 통로를 가지고 있다.

그림 8.9와 같은 실린더 블록은 강도와 강성 이외에 내마모성, 내식성, 냉각성, 내열성, 기밀성, 감쇠능, 면정도 등의 특성이 요구된다. 동시에 최근 기관의 고성능화에 수반하여 진동·소음이 증가하기 때문에 보다 우수한 강성이 필요하고 기관의 소비향상으로 실린더 블록의 경량화가 이루어져야만 한다. 따라서 실린더 블록의 과제는 강성의 향상과 경량화의 양립을 시도한다.

그림 8.10 가솔린 기관의 실린더 블록 내부

그림 8.10의 실린더 블록은 회주철제가 주류였다. 예를 들어 일체형의 가솔린 기관용에는 FC 250이 일반적으로 채용되었다. 또, 디젤 기관용에는 회주철에 0.2~0.4% 정도의 Cr를 첨가해 보다 우수한 내마모성을 확보한 것과 Cu, Mo, Ni 등의 합금을 첨가해 내마모성에 뛰어난 라이너를 별체구조로써 사용한 예도 있다.

라이너 재료는 회주철에 P를 0.1~0.3% 정도 첨가한 것과 P첨가와 함께 Cr, B를 첨가해 내마모성의 향상을 시도한 것도 있다. 실린더 블록은 대부분 생형과 셀과 콜드 박스 내부를 이용한 중력주조에 의한 것이 제조되고 있다. 라이너는 중력주조 이외에 원심주조에 의해 생산되는 것도 있다. 또, 최근에는 그림 8.11과 같이 경량화와 연비향상을 위해 주철에서 알루미늄과 같은 재료로 바뀌고 있다.

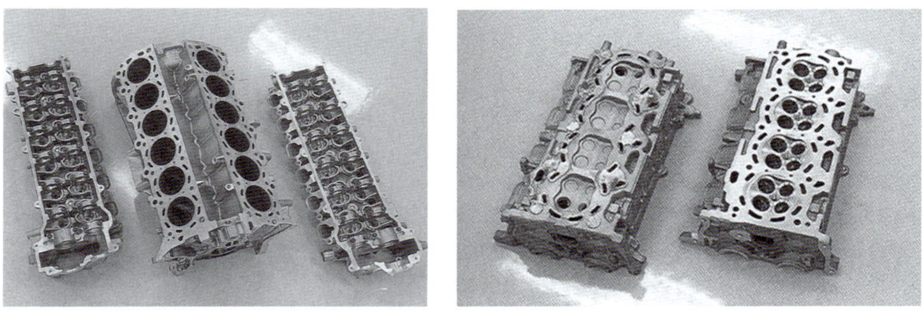

그림 8.11 가솔린 기관의 소형 실린더 블록

(2) 실린더 헤드

실린더 헤드는 연소실과 흡배기 포트, 그리고 내부에는 냉각용 재킷과 윤활유 통로가 있고, 윗면에는 각종 부품을 지지하는 구조로 되어 있다. 따라서 실린더 헤드는 열부하가 높기 때문에 내열성과 강성, 그리고 내식성, 냉각능력, 기밀성 등이 요구된다. 실린더 헤드는 반복 폭발압력을 받기 때문에 연소실 주위는 충분한 피로강도가 요구되고, 특히 디젤용 실린더 헤드에는 흡배기밸브 사이의 열 피로 강도가 요구된다. 주철 실린더 헤드는 내식성을 향상시키기 위해서 0.1~0.5% Cr과 0.2~0.5% Mo 등의 합금을 첨가한 회주철에 Cu 및 Ni 등의 합금을 첨가시킨 합금주철을 사용한다.

최근 기관의 고성능화나 배기가스 대책을 위해 디젤 기관용 실린더 헤드도 다변화의 경향이 있다. 예전 보다 형상이 복잡하게 되기 때문에 주조성이 양호하고 내식성이 우수한 재료의 개발이 요구된다. 일반적으로 주조방법은 생사(生砂)를 이용한 중력주조 방법을 사용하고 있으며, 포트 또는 재킷부에 코어(中子)가 사용되고 있다. 또, 최근에는 경량화나 연비향상을 위해 주철에서 알루미늄으로 변하고 있다.

(3) 크랭크 축

크랭크축은 피스톤이 받는 폭발력을 커넥팅 로드를 통해 회전운동으로 변환시켜 회전력을 만드는 역할을 한다. 그렇기 때문에 크랭크축에 요구되는 성질은 강성과 피로강도가 높아야 하고, 내소부성이나 피삭성도 좋아야 한다. 1930년대에는 기계 구조용 탄소강에 의한 단조품이었지만, 그 후 주조된 크랭크축도 사용되어 한 동안은 단조품과 주조제품이 모두 사용되었다. 1940년대의 말에 구상흑연 주철이 발명되어 주철로 크랭크축을 제작하려는 시도가 실현되어 1950년대 말에는 종래의 주강을 대신해 구상흑연 주철의 본격적인 생산이 개시되었다. 따라서 오늘날 크랭크축에 사용되고 있는 재료는 강과 주철로 크게 나누어진다. 주철은 최고 회전수가 낮은 기관이나 V6 기관에 중공구조 등의 복잡한 형상을 한 크랭크축에 사용되어 왔다.

그림 8.12는 주조한 크랭크축을 가공하기 전과 후의 상태와 가공작업 중인 크랭크축을 나타낸 것이다. 재질은 그 자체의 강도가 부족하기 때문에 열처리(뜨임)를 하거나

(a) 가공전과 후의 비교

(b) 가공 작업 중

그림 8.12 크랭크 축

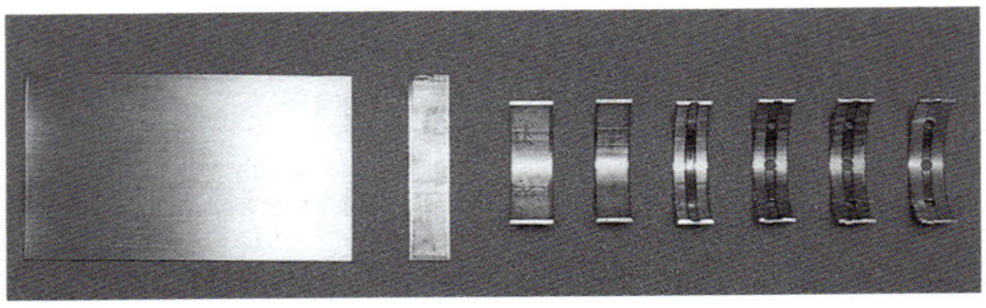

(a) 메탈 성형과정

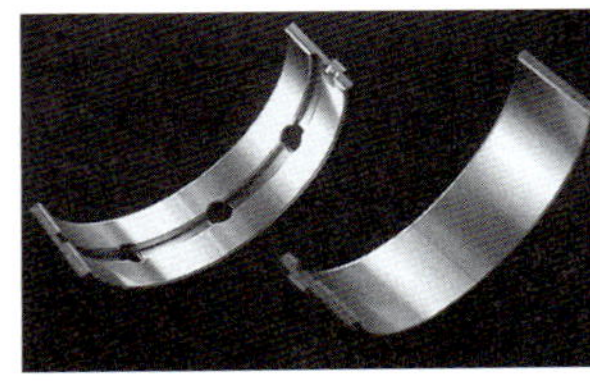

(b) 메탈 정밀가공제품(Al합금)

그림 8.13 크랭크 메탈과 제조과정

Cu, Mn, Sn 등의 합금을 한 주물인 FCD 700 또는 FCD 800으로 사용된다. 재료에 대한 요구특성은 제품의 성능을 만족시키는 강으로서 보통의 피로강도를 가지는 것이다. 또 크랭크 메탈과의 결합부분에도 문제가 없고 인성이 우수한 강이다. 최근에는 기관의 고출력화나 경량화와 더불어 진동·소음규제 등에도 잘 대응해야 하므로 주조품은 강도에서 강에 비해 열세이므로 강 제품으로 바뀌고 있다.

주조나 강으로 제조된 크랭크축과 직접적으로 접촉하는 축의 저널부분에는 그림 8.13의 크랭크 메탈을 면 접촉을 하면서 베어링 역할을 하게 된다. 이 메탈은 경도가 낮은 연한 금속의 합금으로 그림 8.13의 a)와 같은 공정으로 제작되어 축과의 마찰에서 윤활작용이 요구되는 부분이다. b)에서는 메탈을 정밀 가공하여 제품(Al합금)의 가운데 부분을 통하여 윤활용 기름이 공급되도록 하였음을 볼 수 있다.

(4) 캠 축

캠축은 기어, 타이밍 체인, 타이밍 벨트 등의 구동방식에 의해 로크 암이나 푸시 로드, 밸브 리프터를 통하여 흡배기 밸브를 개폐시키기 위한 캠을 가진 축이다. 따라서 캠축에 요구되는 특성은 내스캐핑성이나 우수한 내압피로 강도이다.

또, 그림 8.14와 같은 캠축은 값이 싸고 양산성이 좋은 보통 주철 캠축이 많이 사용된다. 이 중에 칠드주물이 일본이나 유럽에서 일반적으로 많이 사용되고, 주철의 대표적인 것으로는 회주철에 약 0.5% Cr 및 1~0.3% Mo 등을 첨가한 합금이 있다. 그리고 Ni, P 등의 합금원소를 첨가한 것도 사용되고 있다. 주조방법으로는 생사(生砂)를 사용한 중력주조가 일반적이지만, 내마모성이 필요한 캠 노즈부에 대해서는 「냉각금속」으로

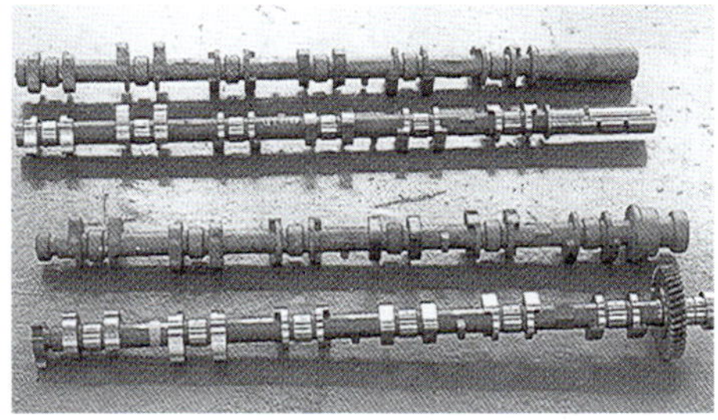

그림 8.14 캠 축

불리고 있는 주철이나, 강이나 구리의 금속 조각으로 용탕의 냉각속도를 빠르게 하여 내마모성이 뛰어난 급랭응고 조직으로 만든다.

(5) 밸브 로크 암

밸브의 로크 암은 캠축의 회전운동을 밸브의 상하운동으로 변환시키는 동력전달부품이다. 따라서 로크 암에 요구되는 특성은 본체의 강성과 내마모성 및 면압 피로도이다. 이를 위해 기존의 FC 300을 사용해서 캠축이 닿는 면에는 냉각금속을 사용한 칠드 주물이나 FCE 700에 화염 담금질을 하여 부분경화 시킨 것이 사용되고 있다.

(6) 배기 매니폴드

그림 8.15와 같은 배기 매니폴드는 배출가스를 배기관에 모으는 역할을 하는 것으로 기관부품 중에서 형상이 복잡하며 고온에 노출되는 부품 중에 하나이다. 이것의 제조 방법은 용접구조에 비해 형상의 자유도가 있는 주조에 의해 주로 제조되고 있다.

그림 8.15 배기 매니폴드

제품에 요구되는 성질은 산화박리에 의한 부피감소가 적고, 열과 진동에 의한 피로 파괴와 고온에서 변형이 적어야 하며, 주조성과 가공성이 우수한 재료가 요구된다. 실용되고 있는 재료는 회주철이 사용된 적도 있었지만, 내열성·내진동성에는 개선의 여지가 있어 지금은 구상흑연 주철을 일반적으로 사용하고 있다. 최근에는 3.4~4% Si를 첨가한 고규소 구상흑연 주철이 주류를 이루고 있다. 그러나 최근에 문제가 되고 있는 경량화나 배기가스 대책을 위해 난기특성을 향상할 필요가 있다. 주조방법은 생사에 의한 중력주조가 일반적이다.

(7) 터보차저 하우징

터보차저 하우징은 형상이 복잡하여 주조 제품이 주로 사용되고 있다. 부품에 요구되는 것은 열 피로에 의한 균열이나 배기가스에 의한 열 변형에 의해 발생하는 가스 누설에 대해 충분한 내구성을 가질 것과 터빈 휠과의 간섭이 없고 휠과 웨스트 게이트 밸브가 접촉하는 시트면의 기밀성의 열화가 없는 것이다.

재료에 요구되는 특성은 내산화성, 열 피로 강도, 고온 크리프 강도, 주조성, 가공성 등이 있다. 재질로는 고규소 구상흑연 주철이나 구상 흑연계의 오스테나이트 주철이 일반적으로 사용되고 있다. 주조법은 보통 생사에 의한 중력주조이다.

8.3.2 섀시

섀시의 구성은 「주행장치」, 「조향장치」, 「현가장치」, 「제동장치」로 구성되어 있다. 그림 8.16에는 일반적인 FF(전륜구동)차의 섀시 구조를 나타내었다. 지금부터는 대표적으로 섀시를 구성하는 주철부품에 대해 서술한다.

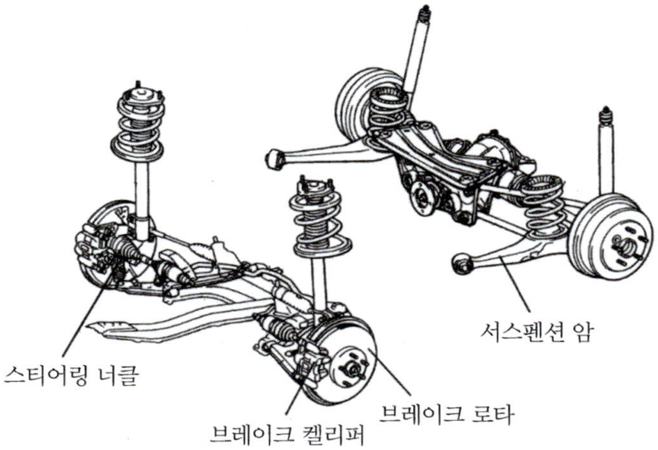

그림 8.16 섀시의 구성도

(1) 너클

서스펜션에 요구되는 기본적 기능은 i) 차체를 용수철로 지지하고, 노면에서부터 진동이나 충격을 완화하고 차륜의 불규칙적인 진동을 단파로 제어하여 주행 안정성의 향상을 이루고자 한다. ii) 차체의 전후좌우 방향으로 적당한 강성을 가지게 하여 차륜을 링으로 결합시켜 차륜과 노면 사이에서 발생하는 구동력과 제동력, 전후좌우 하중을 차체에 확실히 전달하여 소정의 주행운동을 가능하게 한다.

서스펜션은 크게 구별해서 좌우양륜을 하나의 차축으로 연결한 고정 차축 (rigid axle) 서스펜션과 좌우륜이 독립적으로 운동이 가능한 독립 서스펜션으로 분류된다. 이외에 다관절이나 더블 위시본(double wishbone) 등으로도 분류된다. 멀티링크 방식은 너클 이외의 완충기나 링류, 스프링 등의 부품으로 구성된다. 이 중에는 형상이 복잡한 너클은 주조품이 사용된다.

재료에 요구되는 특성은 인장강도, 내력, 연신율, 충격치, 피로강도 등으로서 강도와 탄성이 가장 중요하다. 따라서 지금까지 구상흑연 주철(FCD 400~700)이 많이 사용되고 있고, 필요에 따라 풀림이나 뜨임 등의 열처리가 행해진다. 주조법은 생사에 의한 중력주조가 일반적이다.

(2) 브레이크 로터

그림 8.17에서 보는 바와 같이 브레이크의 기본 기능은 차량의 운동 에너지를 마찰에 의한 열로 변환시켜 대기로 발산 시키는 것이다.

마찰열은 브레이크 패드와 브레이크 로터에서 발생해 반 이상이 일반적으로 브레이크 로터의 온도상승 형태로 저장되고 나머지는 대기로 방출된다. 따라서 핀을 디스크 브레이크에 부착하여 방열을 빠르게 한다. 이를 위해 로터재료는 내열구조의 재료로 높은 강도와 빠른 열전달이 가능해야 한다.

특히, 내열성과 균열성에서 강도와 열전달률의 적당한 균형이 중요하므로 단지 고온 강도만 높다고 좋은 결과를 얻을 수는 없다. 따라서 현재는 FC 150~250이 일반적으로 사용되고 있다. 회주철이 사용되는 것은 진동 감쇠능이 크고 제동시의 소음발생을 억제하는 효과가 있기 때문이다. 또한 회주철에 0.1~0.35 정도의 Cr이나 Mo, Cu 등을 첨가하여 내마모성을 향상시킨 재료를 사용한 예도 볼 수 있다.

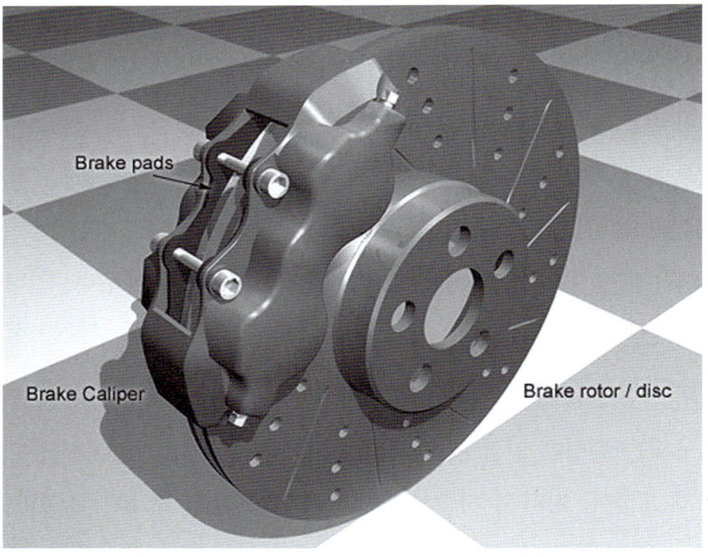

그림 8.17 브레이크 로터와 캘리퍼

(3) 브레이크 캘리퍼

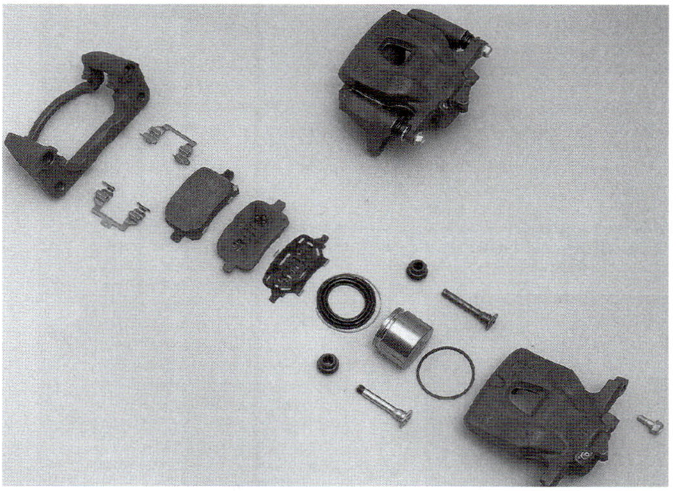

그림 8.18 캘리퍼 분해상태

그림 8.18과 같은 브레이크 캘리퍼에는 플로팅식과 대향 피스톤식이 있다. 이것과 실린더 몸체는 형상이 복잡한 것이기 때문에 주조품이 일반적이다.

브레이크 캘리퍼는 강도와 동시에 강성이 특히 중요한 부품이므로 FCD 450~700이 일반적으로 사용되고 있다. 또, 알루미늄 합금 브레이크 캘리퍼를 사용하는 경우도 있다. 이것은 주철에 비해 비중이 가벼운 만큼 단면적이 증가하는 알루미늄 합금은 30~50%의 경량화가 가능하게 된다.

(4) 서스펜션 암

서스펜션 암은 종래 프레스 제품이 주류를 차지해 왔다. 일반적으로 승용차용 서스펜션 부품은 노상의 돌기물이나 측벽과의 추돌 등에 의한 충격적인 외력에 대해 파손되지 않고 휘어지는 고인성 재료가 요구된다.

특히, 사용 환경의 변화에 의한 충격특성의 열화를 막기 위해 보다 천이온도가 낮은 재료선정이 필요하다. 또, 연비의 향상에 따라 경량화나 저가를 위해 볼 조인트나 부시의 일체화가 중요한 과제로 되고 있다. 이 때문에 열처리에 의한 페라이트 구상흑연 주철(FCD 400)은 기본 몸체를 얇게 하여 고인성 부품 일체화 주조제품인 서스펜션 암에 일부 사용되고 있다. 주조법은 생사에 의한 중력주조가 일반적이고 복잡한 형상 제품에는 코어를 사용하는 것도 있다.

8.4 주조재료의 과제와 대응기술

8.4.1 강도향상

강도향상의 중요한 목적은

① 단순한 주조부품의 요구강도가 높아진 것도 있지만,

② 주조제품 또는 프레스 제품에서 주철로 변환할 때 필요한 강도의 향상이다.

(1) 롤 가공

현재 크랭크축은 주조 혹은 단조에 의해 제조되고 있다. 그러나 주조부품의 재질은 FCD 700 정도가 주로 사용되고 있다. 주조품의 신뢰성에 있어서는 크랭크의 구석부분(필렛부분)의 피로강도가 특히 중요한 사항이고, 이것을 향상시키기 위해 롤 가공을 하고 있다. 롤 가공은 구석부분에 롤을 사용하여 표면을 압축가공 함으로서 압축 잔류 응력을 부여하고, 약간의 가공경화가 발생되어 피로강도를 향상시키게 된다.

그림 8.19에 나타낸 것처럼 주철의 경우 최적 롤 하중으로 가공하면 피로한도를 30% 이상 향상시키는 것이 가능하다.

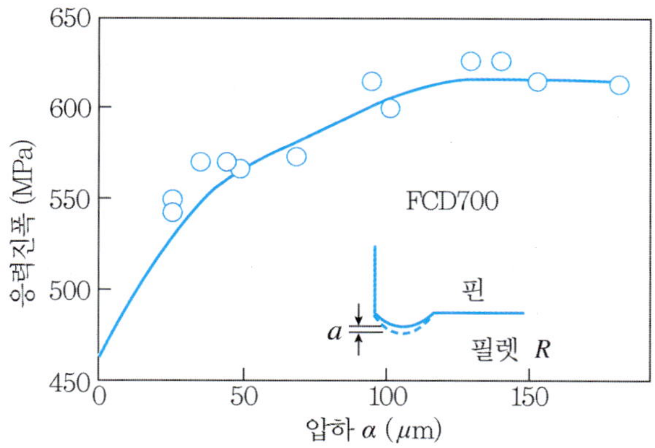

그림 8.19 롤 가공도와 피로강도

(2) 버미큘러(vermicular) 흑연주철

구상흑연과 편상 흑연의 중간이며 압축 흑연이라고 불리는 버미큘러 흑연주철의 특징은 흑연의 형태가 편상과 구상의 중간에 위치하기 때문에 일반적으로 강도나 연신·영률은 구상흑연 주철에 가까운 특징을 가지고 있다. 피삭성이나 감쇄성·열전달성 및 주조성은 회주철 보통의 특성이 확보 가능하기 때문에 균형 잡힌 주철로 실용화되고 있다. 질석 흑연주철은 C/V(Compacted/ Vermiculite graphite cast iron) 주철로도 불리며 자동차 부품에는 각종 브라켓류, 크랭크 캡 등에 사용되고 있다.

(3) 오스템퍼 구상흑연 주철

최근 오스템퍼 처리에 의해 기지를 베이나이트화 시킨 것으로 인성을 저하시키지 않고 인장강도, 피로강도가 강과 유사한 수준인 베이나이트화 구상흑연 주철이 개발되었다. 그림 8.20은 경도와 피로한도와의 관계를 나타낸 것으로 베이나이트 구상흑연주철에 450MPa 정도의 피로한도를 가지게 하는 것이 가능하다. 또, 오스템퍼 구상흑연 주철은 피칭강도가 크고, 주동면의 열처리가 불필요하여 비용절감이 되므로 시작으로 캠축나 크랭크 축, 스프링 시트, 볼 조인트, 소켓 등에 사용되고 있다.

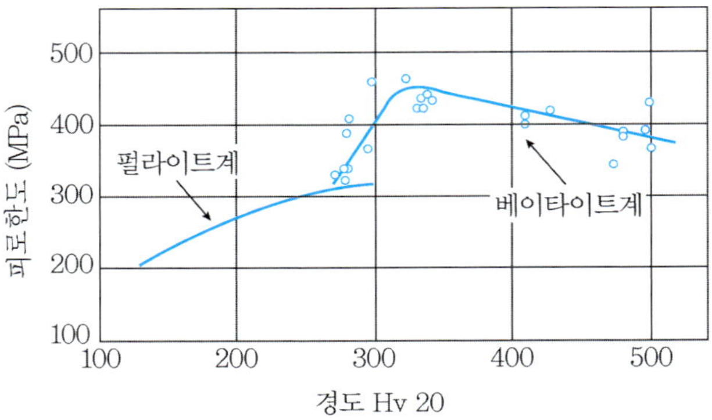

그림 8.20 경도와 피로한도의 관계

(4) 고강도·고탄성 주철

자동차의 고급화는 승차감과 조향 안정성을 들 수가 있다. 이 특성은 서스펜션의 주조에 의한 영향이 크며 현가방식인 더블 위시 본 형에 의한 조향 너클에는 하이 마운드 너클이 사용되고 있다. 종래에는 하이 마운트 너클은 구조상 강도와 인성이 우수한 단조품이 사용되고 있지만, 오늘날에는 형상의 자유도나 저비용화를 위해 페라이트계 구상흑연 주철이 사용되고 있다. 최근에는 금형 주조법으로 흑연 및 결정립을 미세화하고 열처리하여 기지를 페라이트화 함으로서 충격값이나 천이온도에 있어서 우수한 특성을 가지는 피로강도가 높은 주철제품 하이 마운드 너클을 사용한 경우가 보고되고 있다.

8.4.2 내열성 향상

자동차에서 내열성을 필요로 하는 단조부품으로는 디젤 기관용 실린더 헤드 외에도 콤팩션 챔버 터보차저의 하우징 등이 있다. 배기 매니폴드는 원래 회주철로 만들어졌지만, 그 후 성능향상 요구에 따라 각종 재료의 적용 가능성에 대한 검토가 행해지고 있다.

(1) 고규소 구상흑연 주철

배기가스 규제대책이 엄격해지고 있지만, 기관의 고성능화에 의한 배기가스의 온도는 급격하게 상승해 왔다. 배기 매니폴드는 실린더 헤드의 각 기관 포트로 부터 배기가

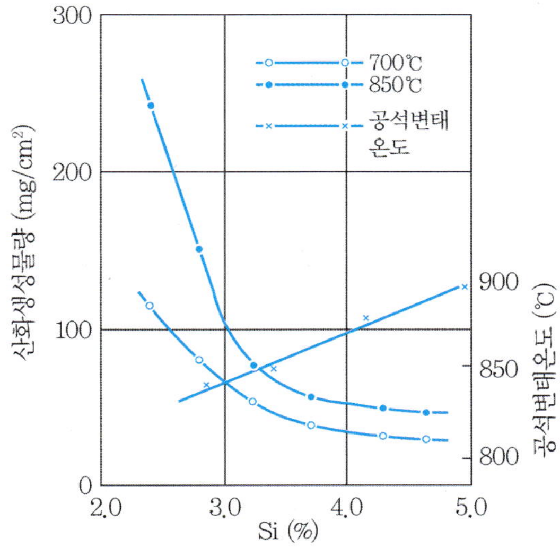

그림 8.21 산화 생성물 및 Si의 영향

스를 모아서 밖으로 배출시키는 기능을 가진 부품이기 때문에 사용재료의 열 피로 특성 및 내산화성의 대폭적인 향상이 요구된다. 그러므로 공석변태 온도를 상승시켜 열 피로 특성을 개량하고, 또 표면에 치밀한 산화 스케일층을 형성시켜 내산화성을 향상시킨 재료로 고규소 구상흑연 주철이 사용되었다.

그림 8.21에는 내산화성 및 공석변태 온도에 영향을 미치는 Si층의 영향을 나타내었다. 이와 같은 특성을 향상시키려는 요구에 의해서 고규소 구상흑연 주철에 Mo을 첨가한 재료도 사용되지만, 충분한 것이라고는 말할 수 없는 것이 현실이다.

(2) 구상 흑연계 오스테나이트 주철

최근 기관의 고성능화를 위한 한 수단으로서 터보차저가 사용되고 있다. 그 하우징은 고온의 배기가스를 터빈 휠로 유도하고 회전시키는 기능을 가진 부품이다. 이것은 고온에서 반복적으로 가열과 냉각이 이루어지므로 터빈 휠과 마찬가지로 청결을 유지하는 것이 필요하기 때문에 특히 내성장성이 우수한 재료가 요구된다. 그 결과 내식 내열성 주철합금이며 공석변태 온도가 없는 구상 흑연계 오스테나이트 주철(통칭, 구상 흑연 Ni-resist 주철)이 많이 사용되고 있다.

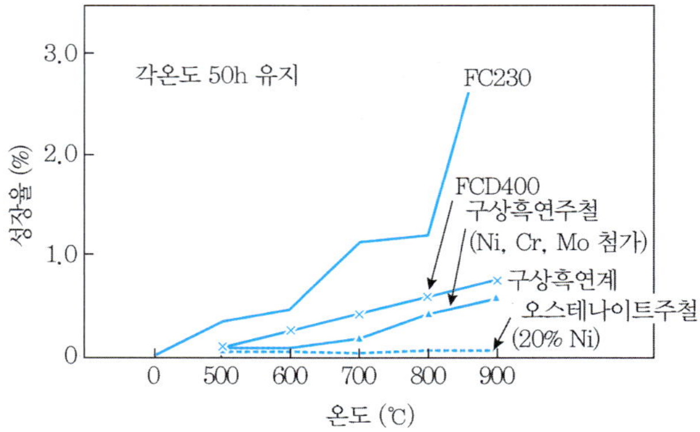

그림 8.22 구상흑연계 오스테나이트 주철의 성장

그림 8.22에는 20% Ni의 구상 흑연계 오스테나이트 주철의 성장성을 다른 주철과 비교한 것이다.

(3) 내열주강

최근 자동차용 기관의 고성능화뿐만 아니라, 연비의 향상이나 배기가스 대책 등에서 배기가스 온도가 더욱 높게 되는 경향이 보이고 있다. 이처럼 고온에 노출된 배기 매니폴드나 터빈 하우징의 배기계통 부품에 대해서 내열 변형성이나 내열 균열성, 혹은 내산화성 등 때문에 종래 사용된 구상흑연 주철로는 대응이 어려워 내열성이 우수한 주철이 사용되고 있다. 그렇지만, 16~18% Cr계의 페라이트계 내열주강이 사용되는 경우가 많다.

더욱이, 변태점을 넘는 고온영역에서 사용되는 경우, 페라이트계 내열주강에도 내열 변형성이 충분하지 않아서 고온내력이 우수한 오스테나이트계 내열주강을 사용한 예도 보고되고 있다. 그러나 오스테나이트계 내열주강은 배기 매니폴드 등의 내열피로 강도를 필요로 하는 부품에 사용되는 경우, 페라이트계의 내열주강에 비해서 열팽창률이 높기 때문에 응력완화 등의 설계적인 배려가 필요하다.

최근 배기 매니폴드는 보다 얇아지는 경향을 나타내고 있다. 내열성이나 내산화성이 우수한 두께 약 2.0 mm의 페라이트계 스테인리스 강판을 사용하여 열용량이 작고, 저온 스타트에서 발생되는 난기특성을 향상시키는 것과 함께 경량화도 가능하게 되는 주철·주강재료를 대신하는 재료로 주목 받고 있다.

따라서 내열주강 부품에 있어서도 재료비의 절감이나 피삭성이 우수한 재료의 개발뿐만 아니라, 박육화가 가능한 유동성이 우수한 재료의 개발이나 생산기술 개발이 필요하여 흡인주조를 이용한 경우도 있다. 자동차 디젤 기관의 콤팩션 챔버는 고온에서 부식성이 있는 분위기에서 사용되기 때문에 고온강도가 있는 특수한 내식·내열 재료를 사용하기도 한다. 더욱이 터보차저 부품인 터빈 휠은 초내열 합금이 사용되고 있다. 제조방법은 치수 정밀도가 좋은 정밀주조방법이 많이 사용되고 있다.

8.4.3 내마모성 향상

(1) TIG 용융경화

최근 고밀도 에너지를 이용해 주물의 표면을 재용융 경화시켜 내마모성을 향상시키는 검토가 진행되고 있다. 예를 들면, 캠축은 기존의 캠 접촉부에 냉각금속을 사용하여 백선 조직화하는 속도가 냉각쇠(冷金)의 경우와 비교해서 빠르기 때문에 매우 미세한 백선 조직으로 된다. 또, 그림 8.23에 나타난 것처럼 비커스 경도 700~800으로 종래의 냉각금속에서 얻어질 수 없는 매우 높은 경도를 얻는 것이 가능하여 내마멸성이 향상된다.

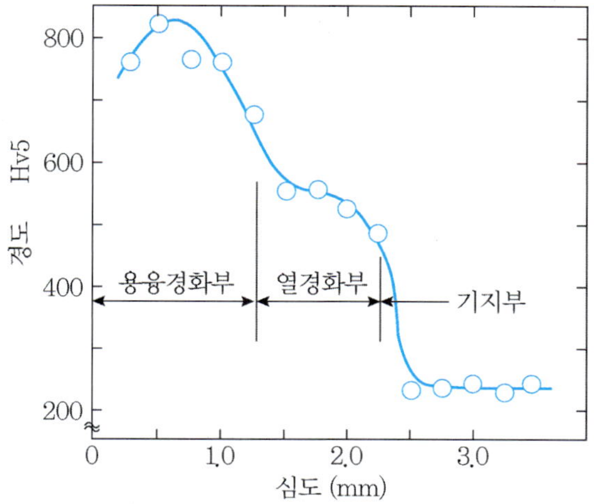

그림 8.23 경화심도

(2) 고주파 담금질

고주파 담금질은 피로강도의 향상이나 내마모 특성의 향상을 위한 것이기 때문에 강의 열처리방법이 자동차 부품에 잘 이용되어 왔다. 주철부품으로 캠 축이나 밸런스 축으로 많이 사용되고 있다. 부품 재료로 FCD 700도 사용하고 있다. 캠축에는 롤러 로커 암이 많이 적용되면서 면압에 대한 피로강도를 확보하기 위해 캠 노즈를 고주파 담금질로 경화시킨다. 또, 밸런스 축은 저널부의 내마모 특성을 향상시키기 위해 고주파 담금질을 하고 있다.

그러나 주철부품에는 열응력이나 주조 시에 발생한 잔류응력에 의해 고주파 담금질이나 연삭가공 후에 균열이 발생하는 경우가 있다. 제품의 형상이나 처리조건에 의해 피로강도가 저하되는 경우가 있어 처리조건이나 공정관리와 같은 면에서는 아직도 기술적인 과제로 남아 있다. 따라서 이 같은 과제가 극복된다면 더욱 많은 자동차 부품에 확대 적용되어 주철재료의 용도도 넓어지리라 생각된다.

(3) 고크롬 주철

보통 밸브 로크 암은 FC 300이나 FCD 700 혹은 이들의 주철을 베이스로 하여 소량의 합금을 첨가한 것이 사용되고 있다. 그러나 최근 경량·고성능 기관의 개발에 따라 부품에 대한 요구 성능이 높아지고 있지만, 마찰 마모에 대해 충분한 내마모성을 확보하는 것이 어렵다.

이 재료를 대신해 Cr을 다량 첨가하여 마르텐사이트 기지에 다량의 Cr 탄화물을 정출시킨 고크롬 주철이 밸브 로커 암 뿐만 아니라 밸브 로크 패드에도 널리 사용되고 있다. 제조방법은 정밀 주조가 일반적으로 사용되고 있지만, 밸브 로크 패드는 셀 주형에 의해 제작이 된다.

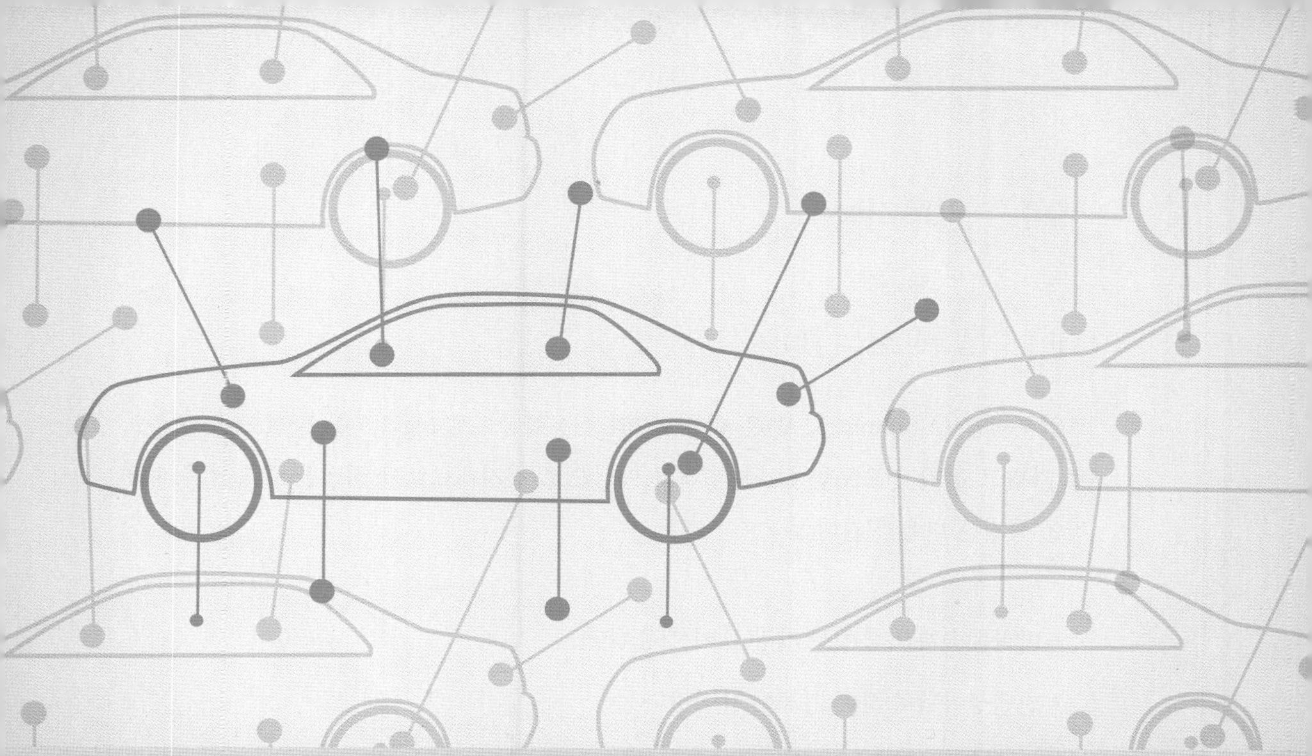

CHAPTER 9

알루미늄 재료

9.1 알루미늄

9.1.1 알루미늄의 개요

알루미늄 (Aluminium, Al)은 비중 2.7의 실용합금으로 Mg(1.74), Be(1.84), 다음으로 가볍고 전기 전도도는 Cu의 약 60% 이상으로 전기재료로서 적당한 금속이며 개략적인 특징은 다음과 같다.

- 비철금속재료 중에서 가장 많이 이용된다.
- 전연성이 우수하여 가공이 용이하다.
- 전기 및 열의 양도체이고 합금이 용이하다.
- 내식성이 비교적 양호하고 색도 아름답다.

9.1.2 알루미늄의 성질

- Al : 흰색의 fcc구조를 가지는 금속, 전기전도도는 Cu의 약 65%로 양호하고 불순물량에 따라 다르다.
- 전도도를 해치는 원소의 순서 : Ti, Mn, Zn, Cu, Si, Fe
- 기계적 성질은 순도, 가공도, 열처리조건 등에 따라 달라지며, 순도가 높을수록 연하고 가공도가 클수록 강도는 높아진다(99.99% Al의 인장강도= 48MPa, 연신율= 50%).
- 알루미늄은 활성인 금속으로 대기 중에서 쉽게 산화되지만, 표면에 치밀한 알루미나(Al_2O_3)를 형성하여 내부의 산화를 방지함

표 9.1 Al의 물리적 성질

성질	알루미늄의 순도	
	99.996	> 99.0
비중(20℃)	2.6987	2.71
용융점 [℃]	660.2	653~657
비열(100℃)(cal/g℃)	0.2226	0.2297
전기전도도(%)(Cu에 비해서)	69.94	59(풀림재)
전기저항 온도계수	0.00429	0.0115
열팽창계수(20~100℃)	23.86×10^{-6}	23.5×10^{-6}
결정격자	면심입방격자	면심입방격자

9.1.3 자동차용 알루미늄의 발전

자동차용 알루미늄은 1900년대 초기에는 거의 엔진관련의 주물이나 차체 외판 등에 주로 사용되었다. 그렇지만, 1973년 제 1 차 석유위기로 인한 세계적인 에너지절약 운동으로 자동차용 알루미늄은 극적으로 진보하였다. 자동차도 연비가 가장 중요한 과제가 되면서 경량화에 의한 연비향상을 이루기 위해 알루미늄을 대량으로 사용하게 되었다. 특히, 미국에서는 1975년에 제정된 에너지법(energy policy and Conversation)에 의한 기업 평균 연비규제(CAFE;Corporate Average Fuel Economy)와 1978년에 규정된 가솔린 낭비세(GGT)에 의해 연비의 법적제어가 시작되어 목표미달 기업에는 벌칙이 부가되면서, 알루미늄 사용에 한층 더 박차를 가하게 되었다. 1976년 이후, 광범위한 알루디늄의 적용이 시작되었다.

일본은 당시 비교적 소형 경량차가 많아 미국보다 충격이 적었다. 예를 들면 양산용 차체 외판의 알루미늄화는 1985년의 마쓰다 RX-7이 처음이다. 그 후, 대형화, 고급화, 고성능화 등의 고객요구와 안전대책 강화 등에 의해 알루미늄이 많이 사용되기 시작하게 되었다. 자동차에는 그림 9.1과 9.2에 나타낸 단조, 주물, 다이캐스트 제품이 늘어나고 있지단,앞으로는 전신재가 많이 증가 할 것으로 생각된다.

(a) 단조용 금형 내부

(b) 단조 제품

그림 9.1 알루미늄 단조용 금형과 제품

(a) 유압 단조

(b) 유압 단조품

(c) 기계 단조

(d) 기계 단조 작업

그림 9.2 알루미늄 단조 작업

9.1.4 자동차용 알루미늄 부품

우리나라 자동차의 알루미늄화는 꾸준히 진행되고 있으며 사용량은 대당 80~90 kg 정도로 6~7%에 해당된다. 전체 사용량 중 엔진과 변속기 부분의 주물이 80% 정도를 차지하고 있고, 엔진 후드를 제외한 차체 패널이나 구조부분에는 알루미늄 전신재의 본격적인 적용이 아직까지 많지는 않다. 그러나 최근 범퍼 보강재로 알루미늄 압출재가 많이 사용되기 시작한 것이 주목할 만하다. 하지만, 이것은 범퍼의 안전기준인 시속 5마일의 충격강도에도 충분히 대처하기 위해 6000계, 7000계의 고강도 합금이 사용되고 있으며, 단면은 일자형(日字型) 또는 목자형(目字型)의 두께가 얇고 속이 텅 빈 얇은 중공형 소재가 주로 사용되고 있다.

그림 9.3과 같이 알루미늄을 사용하는 것은 경량화 이외에 복잡한 단면형상의 가공이 가능한 압출 특성이 있기 때문에 앞으로도 이러한 용도의 확대가 기대된다.

그림 9.4는 알루미늄의 사형 주조과정을 나타낸 것으로 모형을 사용하여 주형을 제작하고 용탕을 적절한 온도에서 주입하는 과정을 볼 수 있다.

현재, 여러 차종에 알루미늄 범퍼가 사용되고 있다. 그 밖에도 ABS나 에어 백 부품 등에도 사용되고 있으며 안전관련 부품의 알루미늄화도 급증하고 있다. 암과 링과 같

(a) 알루미늄 소재

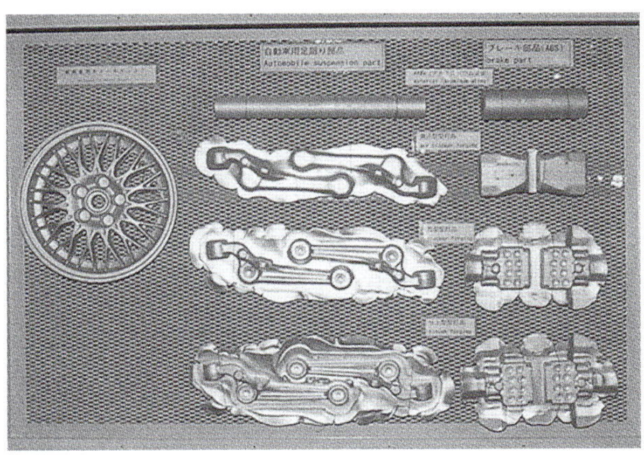

(b) 알루미늄 단조제품

그림 9.3 알루미늄 소재와 단조제품

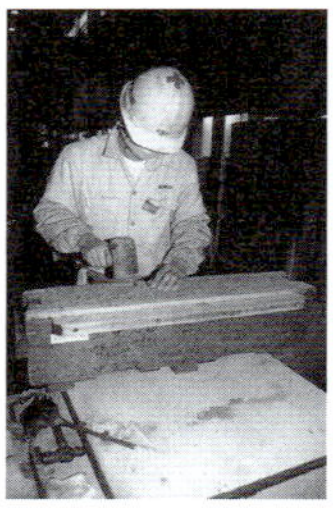

(a) 목형사용

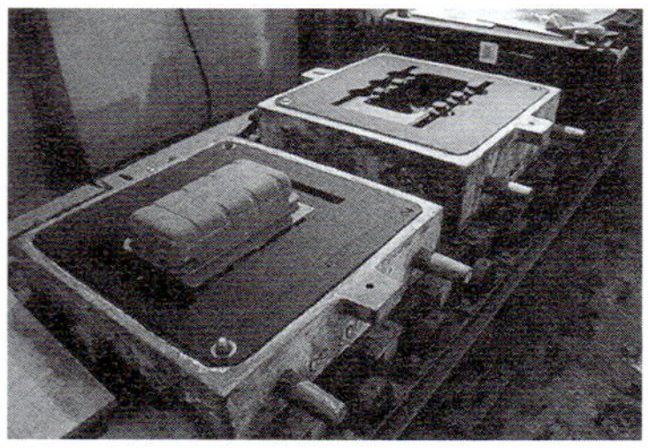

(b) 사형주조(주형제작)

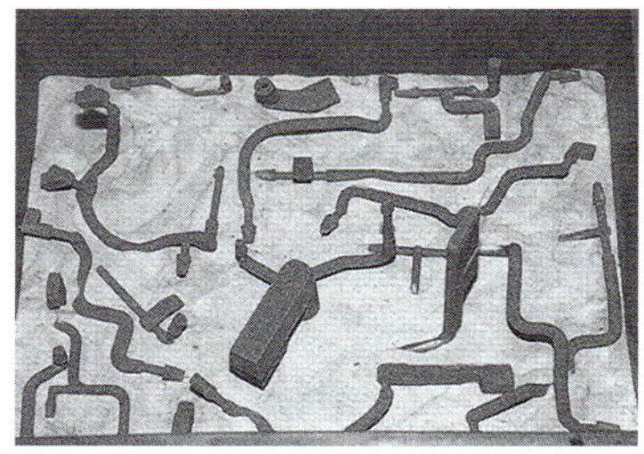

(c) 코어 제작

(d) 코어 설치

(e) 외형용 목형

(f) 용탕 주입

그림 9.4 사형 주조 작업

은 부품에도 알루미늄 주조 또는 고품질 주물화가 일부 진전되고 있지만, 본격적인 확대적용은 그리 많지 않다.

열교환기 관련 부품도 알루미늄 전신재의 분야이고, 에어컨용 콘덴서나 증발기(evaporator)도 거의 100% 알루미늄화 되어 있다. 현재 고성능화, 소형, 경량화가 재료개발과 더불어 적극적으로 전개되고 있다. 향후, 알루미늄화의 확대가 기대되고 있는 것은 방열기와 히터 코어이다. 특히, 방열기는 미국이 알루미늄화 100%(GM, Ford가 100%, Chrysler도 신형차는 100%)를 거의 달성 했지만, 일본은 아직 30% 정도에 머물고 있어 급증이 기대된다.

- 시효경화(age hardening 또는 석출경화) : 시효에 의해 석출물이 나타남으로써 이전보다 경화되는 현상
- 시효온도에 따라 :
  - 자연(natural, 상온)시효 : 실온에 방치하여 느리게 시효
  - 인공(artificial, 고온, 소려)시효 : 실온 이상의 고온에서 빠르게 시효

9.2.4 접합

알루미늄 합금의 용접은 강판에 적용되고 있는 방법과 본질적으로 같다. 즉, 그 용접 방법은 점용접 불활성 가스 아크 용접이 각각 대표적이다.

(1) 점 용접

알루미늄 합금은 강에 비해 열전달율과 전기 전도율이 높기 때문에 점 용접에는 대전류, 또는 단시간 통전이 필요하다. 판 두께가 동일한 강판의 용접작업과 비교하면 용접전류는 강판의 3배, 통상 시간은 $\frac{1}{7}$~$\frac{1}{8}$로 해야 한다.

알루미늄 합금 판재의 점 용접용 전극은 Cu-Cr, Cu-Cr-Zr 합금 등이 사용되고 있다. 알루미늄 합금 판재의 점 용접용 전극에 대한 문제는 그 드레싱 간격(전극수명 혹은 연속점 용접가능 횟수)이 강판의 경우(연강 판 : 수 만회, 도금강판 : 수 천점)에 비해 짧은 것이다. 연속 점 용접 시험에서 용접부의 강도가 저하되고, 용접횟수가 감소되는 것은 전극과 모재와의 용접면에서 발생되는 열 때문에 줄어든 전극에 의해 발생되는 용접부 융합불량 때문인 것으로 생각된다.

합금판재에 따른 적절한 용접전류는 조금 다르지만, 어디에서나 전극수명이 800회 정도로 충분하다고 판단된다. Al-4.5Mg-Cu 합금 판의 경우, 열처리 산화막을 제거시켜 용접부의 강도를 향상시키고, 제품의 품질이 균일하지 못하여 발생되는 문제점도 감소하는 것을 알 수 있다. 이것은 산화막 제거처리에서 모재와 전극과의 용접면에서 접촉저항에 의한 발열량이 낮게 되어 전극의 소모가 작게 되고, 융합불량의 발생이 줄어들

기 때문이라고 생각된다. 연속 점 용접성의 향상에는 산화막 제거처리(산세)가 효과적이다.

알루미늄 합금 판재용 점 용접기는 그 물성에 따라 전류를 정확하게 단시간에 공급 가능한 용접기가 바람직하고, 전극수명의 개량에는 높은 도전형의 Cu-Ag-O 합금 전극을 사용하여 도금 강판 정도의 전극수명을 달성하였다는 보고가 있다.

(2) 불활성 가스 아크용접

알루미늄 합금에는 보통, 교류 혹은 직류 역극성(전극은 플러스, 모재는 마이너스)과 아르곤 가스 실드에 의한 아크의 청정작용(크리닝 작용)의 기본으로 모재표면의 산화막 제거와 용융금속의 산화방지를 행하여 우수한 용접부를 얻는다. 이 방법은 텅스텐 전극을 교류에 사용하고, 전극과 모재 사이에 용가재(용접봉 혹은 용접 와이어)를 공급해 용접을 행하는 TIG 용접(TIG : Tungsten Inert Gas arc welding)과 용가재가 전극(전극 와이어)인 전극 와이어를 자동적으로 공급해 용접을 하는 MIG 용접(MIG : Metal Inert Gas arc welding)이 일반적이다.

맞대기 용접부의 이음효율은 Al-Mg계 합금이 96~100%이고, Al-Mg-Si 합금은 열처리형 합금이기 때문에 용접상태에서 용접금속이나 용접 열영향부의 강도가 낮게 된다. 그러나 용접 후 도장 소부 처리와 같이 200℃에서 30분 열처리를 하면, 그 강도가 모재와 같은 정도로 된다.

더욱이, 최근 강판에 있어서 서로 다른 재질과 판 두께, 표면처리 판을 용접한 틸러드 블랭크를 차체 패널로 프레스 성형하는 방법이 개발되었지만, 알루미늄 합금 판에도 똑같은 검토가 행해지고 있다. 그 밖의 용접으로는 프라즈마 아크용접, 스터드 용접, 레이저 용접, 압접용접, 폭발용접, 기계적 접합이 있다. 특히, 기계적 접합에는 리벳접합, 나사 및 기계적 죔 등이 옛날부터 알려져 있고, 알루미늄 합금의 구조물의 맞붙임에 적용되어 왔다. 이 중에 자동차 차체 패널용 알루미늄 합금에는 기계적 죔이 적절하다고 보고되고 있다. 그 밖에도 접착접합, 웰드 본드(weld bond) 등이 검토되고 있다.

9.2.5 표면처리

자등차의 차체 패널에 알루미늄 합금을 사용하여 강판과 똑같은 내식성을 확보하는 것이 중요한 과제이다. 알루미늄 합금을 자동차 차체 패널에 적용한 경우, 외부에 발생하는 녹, 특히 줄 녹 부식 등의 의한 미관의 저하가 문제된다.

자동차 차체 패널용 알루미늄 합금의 도장에서 하지 처리는 비용과 생산성면에서 강판과 동일의 인산아연 처리를 하는 것이 자동차 메이커로부터 요구되고 있어, 인산 아연 화성 처리약제의 개량과 여기에 적합한 알루미늄 합금소재의 개발이 이루어지고 있다.

(1) 도장하지 처리(인산아연 처리)

인산아연 처리로는 인산, 아연, 산화제 등이 들어 있는 용액을 사용하는 화성처리방법이 강판의 하지처리에 적용되고 있다. 강판의 인산아연 처리액으로 알루미늄 합금을 처리하면 알루미늄은 반응성이 부족하고 피막이 소량밖에 석출하지 않아 액 중에 용출한 Al 이온은 인산아연 피막의 석출을 저해하는 문제가 발생한다.

지금은 이들 문제를 해결하기 위해 유리 불화물 이온(F−)을 첨가해 반응성을 높임과 동시에 용출한 Al 이온을 슬러지화 하고 있다.

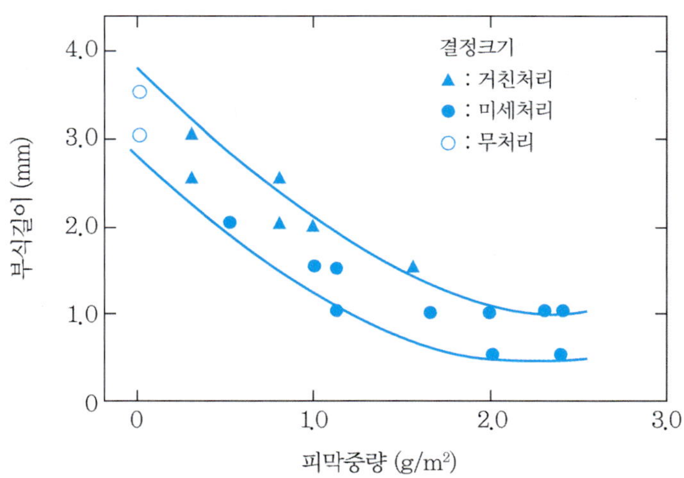

그림 9.5 알루미늄 합금 인장시험 후의 부식과 인산 아연 피막량의 관계

5000계 알루미늄 합금에 있어서 인산아연 피막량과 도장 후의 줄 발청(rust)에 대한 관계를 그림 9.5에 나타내었다. 인산아연 피막량이 증가하는 만큼 길이가 짧게 되므로 인산아연 피막이 녹을 억제하는 효과가 있는 것을 알 수 있다.

앞으로 내수 2차 밀착성 향상을 위한 불화물의 농도관리와 알루미늄 슬러지 제거의 검토가 필요하다.

(2) 표면 처리와 내식성의 알루미늄 합금소재

자동차 차체 패널용에 적합하다고 생각되는 5000계 또는 6000계 합금에는 Cu의 함유량이 인산아연 피막생성에 큰 영향을 미치므로 Cu의 함유량이 많은 만큼 인산아연피막이 생성되기가 쉽다. 따라서 Cu 함유량이 적은 합금에는 인산아연 피막생성이 부족함을 주의할 필요가 있다. 6000계 합금의 경우에 Cu 첨가는 소재 자체가 도장 내식성을 크게 나쁘게 하므로 가능한 한 Cu 함유율을 저하시키는 것이 좋지만, 다른 방향으로 Cu를 감소시키면 인산아연 처리성이 저하되기 때문에 6000계 합금에 인산아연 처리의 적용에는 주의할 필요가 있다.

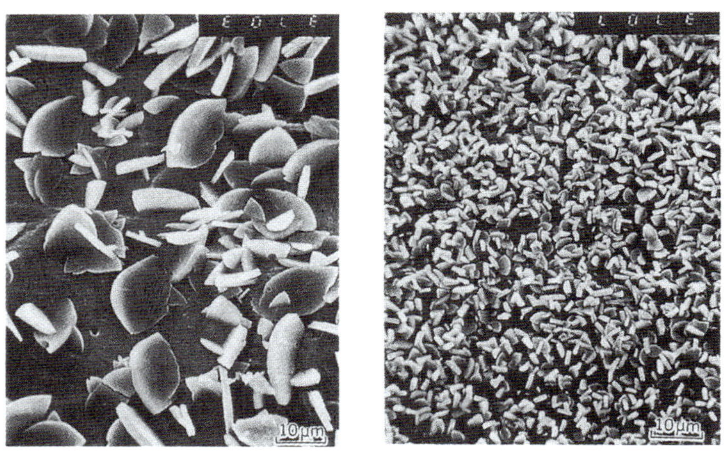

(a) 가열산화피막 (b) 가열산화막제거

그림 9.6 5000계 자동차 패널용 알루미늄 합금상의 인산아연 피막 SEM사진

현재 많은 자동차 메이커에서 5000계 알루미늄 합금 차체 패널에 인산아연 처리를 하여 실용화되었다. 그리고 알루미늄 합금 표면에 Zn계 합금도금을 실시하여 알루미늄 합금의 인산아연 처리를 Zn 아연합금과 동등한 수준까지 향상시키는 것이 가능한데, 이와 같은 아연도금을 실시한 알루미늄 합금재도 이미 일부 자동차에 적용되고 있다. 앞으로 6000계 합금의 적용이나 내식성 향상 등을 검토하는 것이 과제이다.

그림 9.6은 알루미늄 합금 판재 표면의 오염된 산화피막을 비교한 것이다. 산화피막을 제거한 것은 균일한 인산아연 피막이 생성된 것을 알 수 있다.

9.3 가공용 알루미늄 합금

9.3.1 비열처리형 알루미늄 합금

시효경화성이 없음 → 고용강화, 가공경화에 의한 강화, 열처리형 합금에 비해 강도는 낮지만 내식성은 양호하다.

- 1000계의 순Al : 가공성, 내식성은 우수하나 강도가 낮아 구조재로 부적합
- 3000계의 Al-Mn합금(almin) : Mn첨가로 내식성, 가공성의 손상 없이 강도를 약간 개선
- 4000계의 Al-Si합금(실루민) : Si첨가로 내마모성의 향상, 열팽창율을 감소
- 5000계의 Al-6~10%Mg합금(hydronalium) : 내식성 양호, (Mg량이 많은)5083 합금=비열처리형 Al합금 중 최대의 강도 → 용접, 내해수성, 저온특성이 우수, 선박, 차량, 저온탱크, 압력용기 등에 이용된다.

9.3.2 열처리형 알루미늄 합금

시효경화 처리에 의해 강도를 부여한 합금

- 2000계의 Al-Cu-Mg합금 : 두랄루민(2017, Al-4Cu-0.5Mg-0.5Mn) → 항공기 등 재료
  - 초두랄루민(2024, Al-4.5Cu-1.5Mg-0.6Mn) : 220MPa 이하 → 500MPa 이상의 인장강도
- 6000계의 Al-Mg-Si합금(aldrey) : β상(Mg_2Si)의 석출에 시효경화, 강도와 내식성이 우수
  - 대표적 합금: 6063합금(압출용) → 건축용 새시재료, 가구 등에 사용
- 7000계의 Al-Zn-Mg합금 : ESD합금(초초두랄루민, Extra Super Duralumin): $MgZn_2$상의 석출로 시효경화되어 고강도를 얻음
  - 대표적 합금 : 7075합금(Al-7~9Zn-1.2~1.8Mg-1.5~2.5Cu): 540MPa이상의 Al합금 중 최대의 강도 → 항공기와 스포츠 용품 등
- alclad합금(Al합판) : 고강도 Al합금판의 표면에 내식성이 좋은 순Al, Al-Mn, Al-Mg계합금판을 피복시켜 심재를 보호하는 일종의 음극방식법에 의해 제조된 합금

9.4 주물용 알루미늄 합금

9.4.1 일반주물용 알루미늄 합금

(1) Al-Cu계 합금

- 라우탈(Lautal) : Al-3~8Cu-3~8Si계(Si: 주조성, Cu: 피삭성 개선) → 실린더 헤드 등
- Y합금(알구니마) : Al-4Cu-2Ni-1.5Mg계 → 고온강도가 우수하여 피스톤 등 내열용합금

(2) Al-Si계 합금(실루민, silumin)

공정형 상태도이고 주물용 Al합금 중 가장 용도가 많다.

- 실루민의 개량처리 : Al-10~13%Si의 공정합금을 서냉 → 초정Si가 조대하게 분포되어 취약한 성질 → Na(NaF와 NaCl의 혼합염) 등을 0.1%정도 첨가 → 초정조직이 미세화되어 기계적 성질을 개선시키는 처리
- Lc-Ex합금 : Al-11~14Si-1Cu-1Mg-1Ni계 → 열팽창율이 낮은(Low Expansion) 내열성, 내마모성 합금 → 피스톤, 벨트풀리, 베어링 등에 사용

(3) Al-Mg계 합금(hydronalium or magnalium)

내식성, 양극산화성이 우수하고, 강도와 인성도 양호한 합금 → AC7A, AC7B

9.4.2 다이캐스팅용 알루미늄 합금(ALDC 1~9)

① 다이캐스팅(die casting)이란?

고압의 용탕을 금형에 주입 → 가압 급랭시켜 응고하는 주조법 → 치수정밀도와 기계적 성질이 양호, 복잡한 형상의 주물도 가능 ← 유동성이 좋고 금형으로의 용착이 적어야 하고, 또한 수축이 적고 열간균열을 일으키지 않아야 한다.

- 종류 : Al-Si, Al-Mg, Al-Si-Mg, Al-Si-Cu계 등의 1종~9종까지 있다.

9.5 알루미늄 압출제품

알루미늄 합금 형재는 단면적 형상을 다이스로 불리는 금형에 의해 제어하기 때문에 형상의 자유도가 크고 복잡한 단면형상의 부품이나 중공재도 용이하게 제조 가능한 이점이 있다. 압출가공에서는 최종형상에 가까운 단면의 형재를 적용시킨 예 등이 있다.

9.5.1 스페이스 프레임

현재 차체구조는 강재에 의한 모노코크 구조가 주류이지만, 경량화를 목적으로 알루미늄 합금제 스페이스 프레임의 실용화가 진행되고 있다. 특히 해외의 자동차 메이커에는 양산 가솔린차에 적용하고 있는 예도 있다.

알루미늄 스페이스 프레임에는 중공 압출 형재를 이용하여 인성을 높임과 동시에 점용접을 대폭적으로 줄일 수 있기 때문에 경량화와 비용면에서 효과적이다.

알루미늄 스페이스 프레임의 장점은 다음과 같은 항목이 있다.

① 부품수를 줄일 수 있다.

② 파스너 방식의 특수한 용접방법으로 용접을 없앤다.

③ 충격시의 강도가 현행의 강재와 동등하다.

④ 설비투자가 적다.

⑤ 차체중량이 30~40% 경감된다.

⑥ 차 중량을 경감할 수가 있다.(어셈블리 파트의 소형화).

⑦ 스타일의 자유도가 있다.

⑧ 리사이클성이 우수하다.

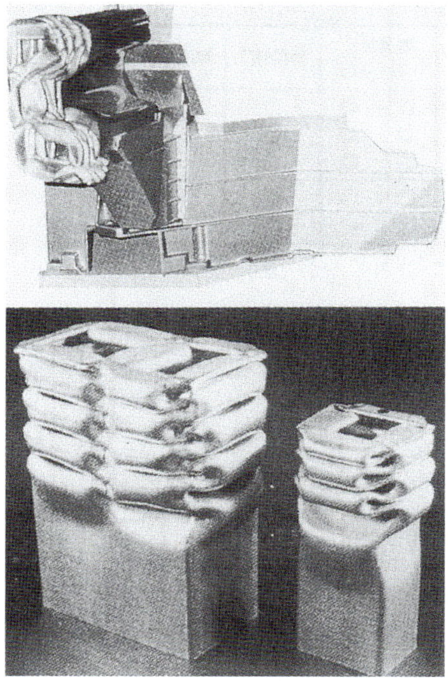

그림 9.7 충격 흡수후의 변형상태

스페이스 프레임은 압출 형재를 사용해 접착과 용접, 그리고 기계적 접합 등에 의해 접합된다. 형재의 단면형상은 구자형(口字型), 혹은 목자형(目字型)을 기본으로 한 것이 주류이고, 포트 홀(pot hole) 압출재에 의해 제조된다. 합금 재료로서는 6000계 합금(Al-Mg-Si)과 7000계 합금(Al-Zn-Mg)이 대부분이다.

또, 그림 9.7처럼 프레임에 알루미늄 합금 중공재를 사용해 범퍼뿐만 아니라 형재의 탄성변형에 충돌 에너지를 흡수하는 연구도 행해지고 있다.

9.5.2 범퍼 보강재

범퍼는 차량의 대물충돌이나 차량과의 충돌시에 차체의 보호를 목적으로 하므로 그 보강재는 경량화와 함께 보강재로서의 강도 및 충돌 에너지의 흡수성이 요구된다.

종래의 범퍼 보강재는 고장력 강판을 프레스 가공을 하고 용접한 다음, 도장하여 제조하지만, 알루미늄 합금제를 이용한 보강재의 경우, 포트 홀(pot hole) 압출법을 이용한 중공형재가 대부분이며 압출재를 굽히고 구멍가공을 하기 때문에 그 중량은 강성의 $\frac{1}{2} \sim \frac{1}{3}$ 이 된다.

6000계 합금은 압출성이 좋기 때문에 비교적 대형 형재로 제조하기가 쉽고 형상의 자유도가 크다. 그러므로 단면형상의 고안에 의해 강성을 높이고, 충격 흡수성이 좋은 보강재가 제조되고 있다. 소재의 인장강도는 JIS A6061 합금의 경우에 310MPa 정도이지만, 더 고강도 합금도 개발되어 있다. 이것에 대해 7000계 합금은 6000계 합금에 비해 고강도가 얻어지기 쉽기 때문에 형상을 줄이는 것이 가능하고 경량 고강도 보강재에도 이용된다.

9.5.3 도어 빔

도어내부에는 추돌되었을 때 도어 빔의 실내침입을 억제해 승무원의 생존공간을 확보하기 위해 충돌 에너지를 흡수하는 목적으로 도어 빔(임팩트 바)을 설치하고 있다. 도어 빔은 고장력강의 파이프가 대부분이지만, 알루미늄 합금을 사용하는 목적은 범퍼 보강재의 경우와 같고, 경량화 및 단면형상의 자유도가 높기 때문이다. 단, 도어 빔은 도어 내부에 붙여진 것이기 때문에 크기에 제약이 생긴다. 따라서 알루미늄 합금 중에도 7000계의 고강도 합금이 일반적으로 사용된다.

9.5.4 프로펠러 축

프로펠러축에 알루미늄 합금을 사용하면 중량이 강 제품 보다 30~40% 경감이 가능하기 때문에 진동이 감소하는 효과가 있다. GM의 콜 벳, 포드의 에어로 스타 등에 채용되고 있다. 축재료는 6061 합금 압출관이 일반적이지만, 강성 향상을 목적으로 6061 합금에 Al_2O_3 입자를 20% 첨가시킨 DURALCAN을 적용한 예와 6061합금에 탄소섬유를 첨가한 경우가 있다. 요크재에는 6061 합금 혹은 2024 합금 단조품 등이 적용되고 있다.

9.5.5 기타

위에서 설명한 것 외에도 형재로 사용되는 것은 시트 레일, 그릴 가드, 루프 캐리어, 그리고 사이드 실 등이 있다.

사이드 실의 예를 그림 9.8에 나타내었다. 강제의 경우 (우측)에는 6개의 부재로 구성되어 있지만, 알루미늄 합금 압출 형재를 이용하면 일체화시킬 수 있다(좌측).

그림 9.9은 정밀하고 대량생산에 적합한 주조방법인 알루미늄 다이캐스팅용 장치와 알루미늄 부품을 나타내었다.

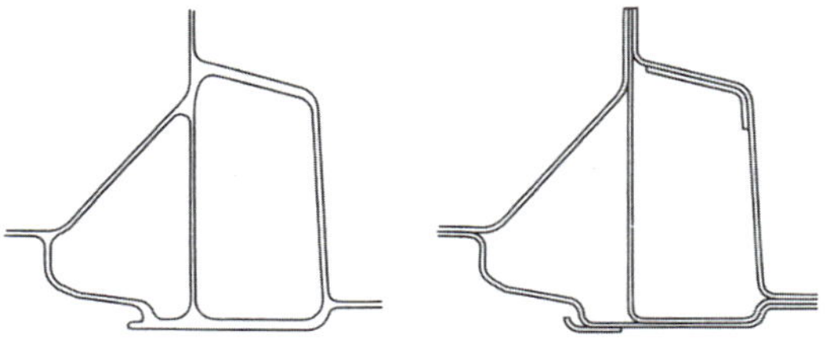

그림 9.8 사이드 실

(a) 다이캐스팅장치

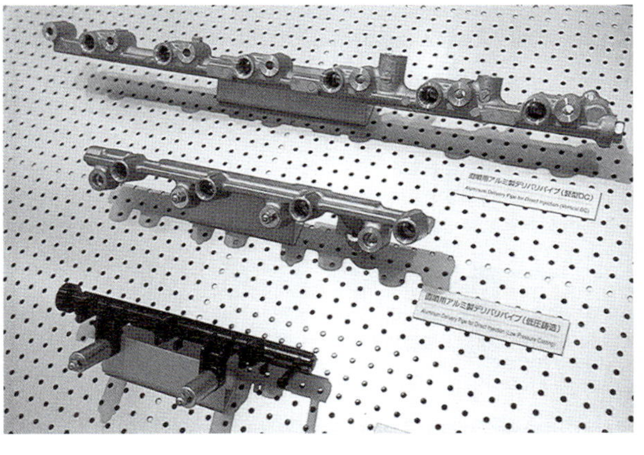

(b) 각종 부품

그림 9.9 알루미늄 다이캐스팅 장치와 부품

9.6 열교환기

9.6.1열교환기의 알루미늄화

자동차에는 엔진의 냉각이나 공조를 목적으로 열교환기가 사용되고 있다. 이것은 다른 분야에 사용되고 있는 열교환기에 비해 경량·소형화의 요구가 매우 강하다. 가볍고 열전도성이 양호한 알루미늄 재료는 자동차용 열교환기에 적합한 재료라 할 수 있다. 알루미늄은 1960년부터 이미 카 에어컨 등에 사용되었으며, 현재는 대부분의 자동차용 열교환기에 널리 사용되고 있어 더욱 그 용도는 확대되리라고 생각된다.

자동차용 열교환기는 그 용도나 제조방법에 의해 그림 9.10에 나타낸 것처럼 다양한 형식이 고안되어 있다.

알루미늄 재료를 열교환기에 적용하기 위해서는 관과 핀, 관과 관판과의 접합기술이 필요하다. 알루미늄의 접합기술에는 그 사이에 두 가지의 변혁이 있었다. 첫 번째는 1975년경에 실용화된 플럭스리스(fluxless) 경납 땜법이다. 플럭스리스 경납 땜작업은 진공이나 불활성 분위기가 필요하기 때문에 설비가 대형으로 되었지만, 침적과 노중 경납 땜의 과제인 플럭스의 증발에 따른 대기오염과 설비의 부식, 그리고 경납 땜 후의 플럭스 제거 문제를 해소하여 고생산성과 고품질의 접합을 할 수 있게 되었다. 두 번째는 1978년에 공표된 노콜로크(nocoloc) 경납 땜법으로 종래의 염화물 플럭스 대신 불

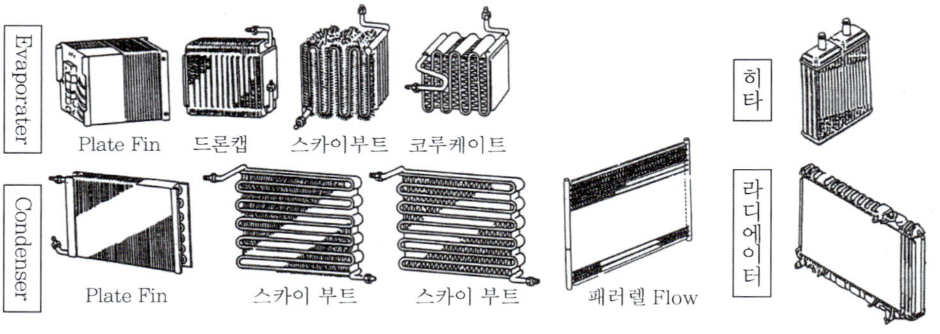

그림 9.10 자동차용 열교환기의 형식

화물계 플럭스를 사용하기 때문에 경납 땜 후의 찌꺼기를 세정해야 할 필요가 없고, 설비의 손상도 줄어들어 경납 땜 분위기의 제약이 완화되기 때문에 간편한 설비로도 작업이 가능한 특징이 있다.

(1) 콘덴서 증발기

1960년대부터 자동차 냉각기용 콘덴서와 증발기(evaporator)에는 이미 알루미늄 재료가 사용되었다. 콘덴서 전체가 알루미늄인 스캐이브드 핀형 또는 코르게이트(corrugate : 파상) 핀형이 있고, 기화에는 강관과 알루미늄을 기계적으로 접합한 플레이트 핀형이 사용되고 있다. 파형 핀형 콘덴서에는 파형 가공된 경납 땜 시트 핀재와 뱀형(serpentine)으로 가공된 다공 압출형관을 염화물 플럭스를 이용해 노중 또는 침적 경납 땜 등으로 접합하고 있다.

1970년대 후반부터는 생산량의 향상을 위해 콘덴서와 증발기, 그리고 파형 핀형이 주종을 차지하게 되었다. 그 다음 1980년 후반에는 보다 열교환 성능이 우수한 성형 캡형(drawn cap style) 증발기가 고안되어 차례로 보급되었다. 다른 방향으로는 콘덴서의 열교환 성능 향상과 소형 경량화를 지향해서 소형의 다공 압출 형재를 병렬로 사용한 평행 플로형이 1988년에 고안되었다. 이 방식은 냉매 사용량을 감소시키는 것이 가능하기 때문에 프레온 규제에 따른 대체 프레온 대응으로 효과적이기 때문에 향후 많이 보급되리라 예상된다.

(2) 방열기

미국에서는 1950년대부터 방열기의 알루미늄화가 왕성하게 검토되어 1960년대 이후에는 침적 경납 땜에 의한 성형 캡형이나 노중 경납 땜에 의한 튜브 앤드 파형 핀형이 스포츠카에도 일부 사용되었다. 그러나 접합 및 내식성에 대한 신뢰성이 충분하지 않아 보급되지는 않았다. 1970년대 후반에는 기계 확관식의 플레이트 핀형이 유럽의 소형차에 정식으로 채용되었다. 거의 똑같이 외면에 납을 클래드한 용접평판을 경납 땜으로 접합한 튜브 앤드 파형 핀형이 대형차에 정식으로 사용되었다. 이것들은 관 내면의 방식은 부동액에 의존하고 있다.

1980년대에는 미국에도 급속하게 튜브 앤드 파형 핀형의 알루미늄화가 진행되었다. 관 내면의 내식성에 대한 염려가 뿌리 깊어 납재/심재/Al-Zn의 특성인 양극재의 3층 클래드재로 하여, 편평 용접관이 경납 땜에 의해 사용 가능하도록 1987년에 실용화하여 그 후에 차례로 보급시켰다.

9.6.2 열교환기용 알루미늄 재료

(1) 핀용 재료

파형 핀형에는 A3003을 심재로 하는 경납 땜 시트 핀재와 A1050 관재의 조합이 일반적이고, 관재는 알루미늄 다공 압출형재를 뱀형으로 구부려 사용하고 있다. 그 경우에는 그림 9.11에 나타난 것처럼 관재에 대해 핀재의 자연전극전위가 귀하기 때문에 갈바닉 작용에 의해 관재의 부식이 촉진되는 경향이 있다. 이를 위해 핀에 희생양극 효과를 부여하는 시험이 실시되고, 핀재에 아연을 첨가하는 방법이 가장 일반적이다. 경납 땜법 중 고진공도를 필요로 하지 않는 경우에는 아연을 함유하는 합금을 핀재로 사용하여 관재의 부식을 제어하는 것이 가능하다.

한편, 고진공도가 필요한 진공 경납 땜의 경우, 증기압이 높은 아연은 경납 땜 가열과정에서 거의 전량이 핀으로부터 증발하기 때문에 진공상태에서는 증발하기 어려워 공해나 제조상의 지장이 적다. 주석 및 인듐 등이 핀재에 희생양극을 부여하는 첨가원소로 이용된다.

관재에 압출형재를 이용한 파형형의 콘덴서나 증발기에는 경납 땜을 접합하기 위해 핀재에 경납 땜 시트가 사용된다. 경납으로 접합되기 위해서는 핀재와 관재가 접촉하고 있을 필요가 있고, 기계적인 압력이 가해진다.

구불구불한 뱀형의 경우에는 그 구조상 외부압력이 비교적 높기 때문에 경납 땜 처리에 의해 자주 핀이 좌굴 변형되는 현상이 발생한다. 또, 납에 의한 심재의 침식(erosion)을 발생시키고 유효한 납의 부족으로 접합 불량이 발생되어 내식성이 저하되는 경우도 있다.

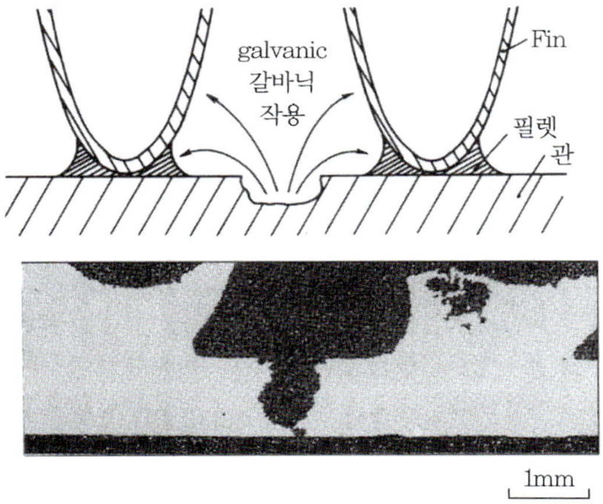

부위	전위 (V vs SCE)
Fin	−0.690
판외면 필렛부	−0.694
관외면 Fin ~ Fin 간	−0.692

그림 9.11 5개월간 침적 모니터한 관통 부식부 단면과 각부의 전극전위

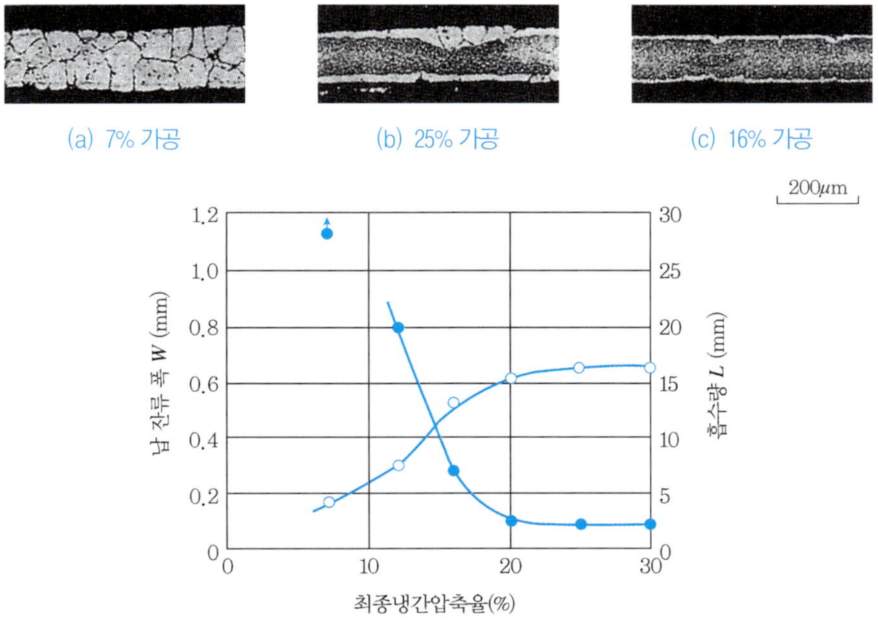

그림 9.12 경납 땜 시트 핀의 납 잔류성과 최종 압연도의 영향

이 현상은 경납 땜 시트의 제조조건과 관련이 있고, 그림 9.12에서처럼 모재가 연화재나 고가공재에 양호한 경납 땜성을 나타내지만, 저가공재의 경우에는 좌굴 변형성이 저하되거나 에로 존을 발생시키기 쉽다. 이들 고가공재는 경납 땜 가열 과정에서 완전하게 재결정이 되지만, 저가공재는 재결정이 불완전하여 아결정 입자(subgrain)가 존재하고 납의 침투속도가 빠르게 되어 내식성이 저하되기 때문이라고 생각된다. 경납 땜 시트의 제조조건의 적정화에 의해 핀재의 경납 땜에 대한 안정성이 향상되는 것이다.

(2) 콘덴서 관용재료

위에서 설명한 것처럼 핀을 희생양극으로 이용할 경우 피방식체인 관재의 자연 전극전위의 조정도 중요하다. 알루미늄의 자연 전극전위 및 자기 내식성에 영향을 미치는 망간 및 구리첨가의 영향과 관계가 있는 기초연구에서 0.1~0.5%의 망간과 구리를 함유하는 알루미늄 합금이 양호한 자기 내식성과 귀한 자연 전극전위를 가지는 것을 발견할 수 있었다. 그림 9.13과 같이 소량의 망간과 구리를 함유하는 합금을 관재로 이용하면, 아연을 함유한 Al-Mn 합금의 경납 땜 시트 핀재와 조합으로 양호한 내식성이 얻어진다.

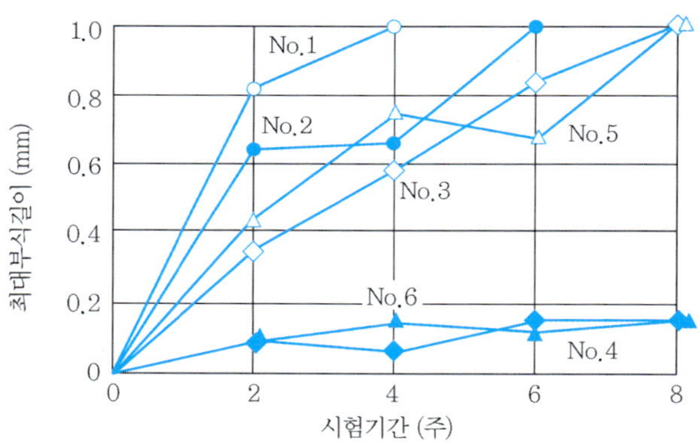

No.	관재	Fin 심재
1	A1050	A3003
2	A1050	Al−1.2%Mn−0.7%Zn
3	Al−0.3%Mn−0.2%Cu	A3003
4	Al−0.3%Mn−0.2%Cu	Al−1.2%Mn−0.7%Zn
5	A3003	A3303
6	A3003	Al−1.2%Mn−0.7%Zn

그림 9.13 각종 납부착 콘덴서 절단 코어의 부식시험 결과

(a) 압출가공품

(b) 브레이징 시트 접합가공품

그림 9.14 프로펠러형 콘덴서의 관 단면

이처럼 관재 및 핀재의 성분을 적정하게 하는 것으로 콘덴서의 내식성은 많이 향상했지단, 뱀형 유닛의 양측단에는 굴곡 가공부가 존재해 그 부분에는 핀이 접합되지 않기 때문에 희생양극효과가 얻어지지 않았다. 이와 같은 부분에도 희생양극 효과를 얻는 방책으로 관재가 압출한 직후에 아연을 아크 용접하는 처리가 고진공도를 필요로 하지 않는 경납 땜과 겸해서 널리 사용하게 되었다.

현재, 콘덴서는 종래의 뱀형보다 고성능이 얻어지는 패러럴 플로형으로 대체되고 있다. 시판 패러럴 플로어형 콘덴서 관재의 단면을 그림 9.14에 나타냈다. 종래의 뱀형 콘덴서의 경우 관 두께가 약 5mm였던 것에 비해 패러럴 플로형은 2~3mm로 얇게 됨과 동시에 관 벽의 두께도 종래의 약 1mm에서 절반 이하로 감소하고 있다. 콘덴서용 관재로는 냉매의 응축과 응축액의 배제를 촉진하기 위해서이다.

구멍이 있는 중공 관은 냉매유효 면적을 넓게 확보하기 때문에 관의 제조방법으로 종래의 serpentine형(뱀형)과 같은 압출가공[그림 9.14 (a)]과 함께 경납 땜 시트로 작성한 용접관의 내부에 핀을 삽입해 다공 관을 형성하는 방법[그림 9.14 (b)]도 적용되고 있다.

(3) 증발기용 재료

증발기는 자동차 내부에 설치되기 때문에 외기나 도로로부터의 부식촉진매체의 부착은 작지만, 항상 응축수가 존재하기 때문에 과혹한 사용 환경에서는 콘덴서와 같은 부식 문제가 발생한다. Serpentine형(뱀형) 증발기의 경우에는 콘덴서와 같은 방법으로 핀재와 관재와의 사이에 적당한 희생양극 작용을 가지게 하여 양호한 방식이 가능하게 한다.

성형 캡형 증발기는 프레스 가공한 경납 땜 시트의 적층으로 관부가 형성되기 때문에 양호한 내식성을 얻기 위해서는 심재의 내식성을 개선할 필요가 있다. 심재의 철과 규소의 함유량을 낮게 억제하면 내식성이 향상되는 것이 확인되었다. 경납 땜 재료와의 갈바닉 작용은 심재에 구리를 첨가해서 경납 땜 가열로 표층에 구리의 농도구배를 형성시켜 심재 중앙부의 자연 전극전위를 개선해 왔다. 또, 심재에 티탄을 첨가하면 내식성을 향상시키지만, 이것은 성형 캡형 증발에도 효과적이다.

(4) 방열기(라디에이터)용 재료

방열기의 알루미늄화는 부식이 가장 큰 문제라고 할 수 있다. 바깥면의 방식은 도장에 의존하고 있지만, 경납 땜을 위하여 가열한 Al-Mn계 재료에는 입계부식이 생기게 되므로 관 내면에도 희생 양극층이 필요하다.

관 외부에 대해서는 이미 희생양극 핀에 의한 방식법이 발견되어있기 때문에 관 내면의 내식성 향상이 문제이다. 진공 경납 땜에 적용 가능한 방법은 순수한 알루미늄이나 인듐 또는 주석을 첨가한 내면 표층재료를 이용한 알루미늄 클래드(clad)가 검토되고 있다. 본격적인 실용화는 1987년에 보고된 경납 땜에 의해 튜브 앤드 파형 핀형이 최초로 상압 경납 땜의 이점을 살려 Al-Zn 알루미늄 클래드로 내면의 내식성을 확보했다. 이 방식에 의해 국내에도 방열기의 알루미늄화가 이루어졌다.

또, 내면 희생 양극에 첨가한 마그네슘을 경납 땜 가열에 의해 심재에 확산시켜 심재 중의 규소와 Mg_2Si로 만들어 강도가 165MPa 이상인 관재를 개발하였다. 그러나 마그네슘은 경납 땜 상태까지 도달하지 않기 때문에 경납 땜을 저해하지 않고 심재 중의 구리 함유량을 낮게 억제하므로 입계부식의 억제가 가능하다.

9.6.3 향후 과제

자동차용 열교환기는 소형·경량화를 이루기 위하여 대부분 열교환기가 알루미늄으로 제작되고 고성능화가 추진되어 왔다. 앞으로 재료에 대한 과제는 내식성이나 부품의 강도 등 필요한 특성을 손상시키지 않고 얼마나 얇게 가능한가 하는 것이다.

자동차용 열교환기의 알루미늄 재료는 여기까지 개발되어 각 부품의 두께가 20~30% 감소해 왔는데, 그것은 재료의 강도가 향상된 것 때문만은 아니고 현재의 재료 강도를 기본으로 설계방법을 개발한 것으로 생각된다. 향후 경량화와 더불어 비용절감의 요청에 의한 경량화가 추진될 것으로 생각된다. 이를 위해서는 지금까지 별로 검토되지 않았던 고강도화가 중요하게 될 것이다. 방열기 관재를 고강도 재료로 사용하면 심재에 입계부식이 생기기 쉽다고 생각하기 때문에 고강도나 고내식성을 다 갖추는 것이 과제이다. 그리고 재료의 경량화가 진행된다고 하더라도 한 가지 문제가 되는 것은 앞에 서술한 얇은 핀재의 경납 땜의 확보일 것이다. 그리고 앞으로 얇게 하려면 보다 저온의 경납 땜 방법과 고강도 재료에 적용 가능한 경납 땜 방법의 검토가 필요하다.

9.7 그 밖의 부품

9.7.1 엔진부품

자동차에 사용되는 알루미늄 합금의 대부분은 엔진과 그 밖의 주변부품에 이용된다. 이 부품들은 다이캐스트를 포함해서 주물이 압도적으로 많다. 엔진 중량의 약 25%를 차지하는 실린더 블록은 경량화의 장점이 충분히 발휘할 수 있기 때문에 적극적으로 알루미늄화가 진행되고 있다. 또, 종래 주물 일체화가 주류였던 흡입 다기관도 전신재의 파이프와 주물을 납땜보다는 일체화하여 경량화와 함께 공기의 흐름을 부드럽게 하고 엔진성능의 향상을 도모한 공기 흡입 다기관이 실용화 되고 있다.

(a) 주조상태 (b) 트리밍 (c) 기계가공 (d) 스커드부 코팅

그림 9.15 피스톤의 제조 과정

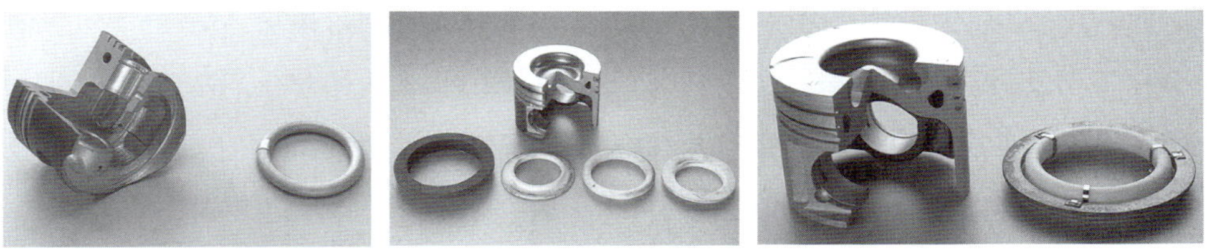

(a) 파이프식 쿨링 챔버(가솔린용) (b) 디젤용 피스톤 (c) Fe 합금제와 고정핀 (주철제와 복합소재)

그림 9.16 다양한 피스톤의 형상

그림 9.15은 일반적으로 사용되고 있는 가솔린 기관용 피스톤의 제조 과정을 나타낸 것이다. 주조 작업에 의하여 제작된 피스톤을 트리밍 한 다음, 기계가공으로 정확한 치수로 제작을 하고 표면처리 과정을 거쳐서 완제품으로 된다. 그림 9.16은 다양한 피스톤의 형상을 나타낸 것으로 a)는 가솔린 엔진으로서 파이프식 쿨링 챔버방식으로 제작된 피스톤이며, b)는 디젤용 피스톤을 나타낸 것이다. 그리고 c)는 Fe 합금제와 스테인리스 고정 핀을 사용한 것이며 주철제와 복합소재를 사용하여 제작한 피스톤을 나타낸 것이다.

그림 9.17은 작동중인 피스톤의 온도분포를 나타낸 것으로 가솔린 기관의 경우 피스톤 헤드부분의 온도가 270℃까지 상승하게 되며 커넥팅 로드 핀이 접촉하고 있는 부분은 220℃정도 까지 상승하게 된다. 그러나 디젤기관의 경우는 가솔린기관보다 80℃가

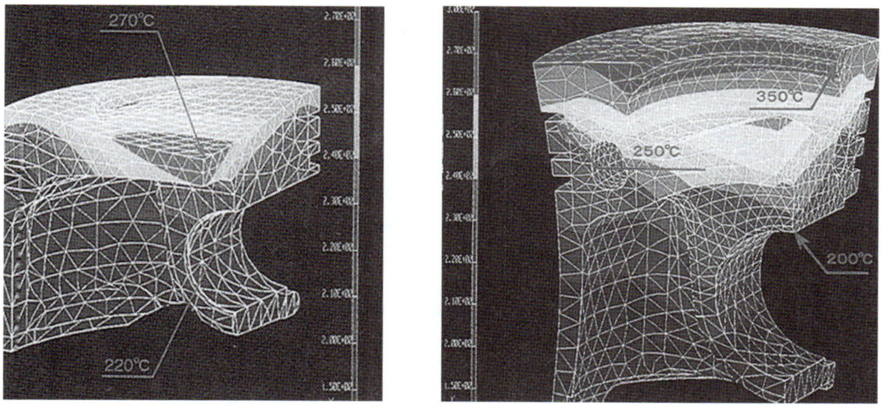

(a) 가솔린 기관 (b) 디젤 기관

그림 9.17 작동중인 피스톤의 온도분포

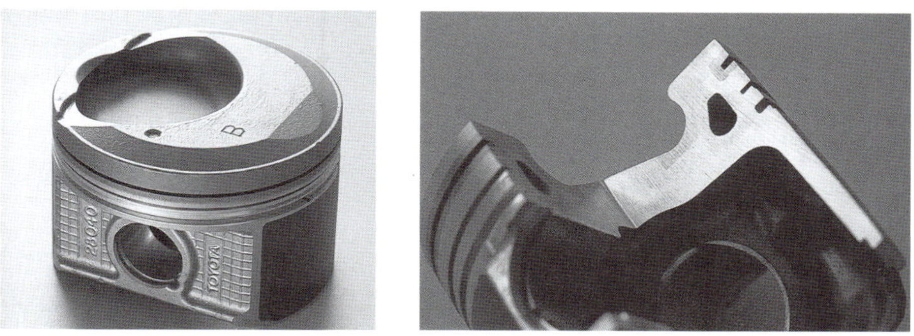

그림 9.18 피스톤과 냉각용 챔버

높은 350℃까지 상승됨을 알 수 있다. 그러나 헤드부분은 충격에 잘 견디도록 두껍게 제작하였기 때문에 하부 온도는 오히려 20℃가 낮은 200℃정도로 유지됨을 볼 수 있다.

그림 9.18은 피스톤과 냉각용 챔버의 형상을 나타낸 것으로 헤드 내부에 빈 공간으로 보이는 부분이 냉각용 챔버에 해당된다.

그림 9.19에는 2사이클 소형 기관인 모터 사이클링용 피스톤의 형상을 나타낸 것으로, 연소실을 형성하는 헤드 상부의 형상이 와류를 일으킬 수 있도록 한 형상과 일반적으로 사용되고 있는 평면상태의 피스톤 형상을 볼 수 있다.

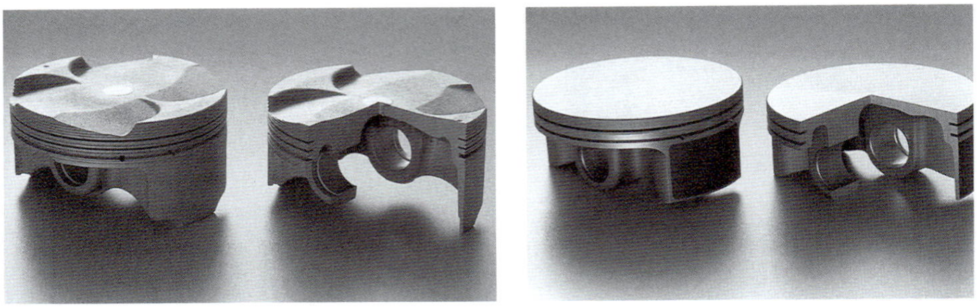

그림 9.19 모터 사이클링용피스턴의 형상

9.7.2 주변부품

주변부품의 경량화는 주행성능의 향상에 효과적이라고 할 수 있다. 특히 휠과 하부 암 및 상부 암, 그리고 서브 프레임과 브레이크 캘리퍼 등이 알루미늄으로 제작 되고 있다. 주변부품은 중요 안전부품이기 때문에 강성과 강도, 그리고 인성과 내식성이 우수한 재료가 요구되고 있으므로 단조재를 중심으로 실용화되고 있다.

최근에는 상부 암과 브레이크 캘리퍼 등에 용탕 단조품이 사용되고 있다. 용탕 단조품은 종래의 주물부품보다도 인장강도와 신율이 동시에 향상되고 있어 단조부품의 재질 수준에 거의 근접하고 있다.

그림 9.20에는 알루미늄으로 제작된 자동 변속기 케이스를 나타내었고, 그림 9.21에는 동일한 방법으로 제작된 수동 변속기 케이스를 나타내었다.

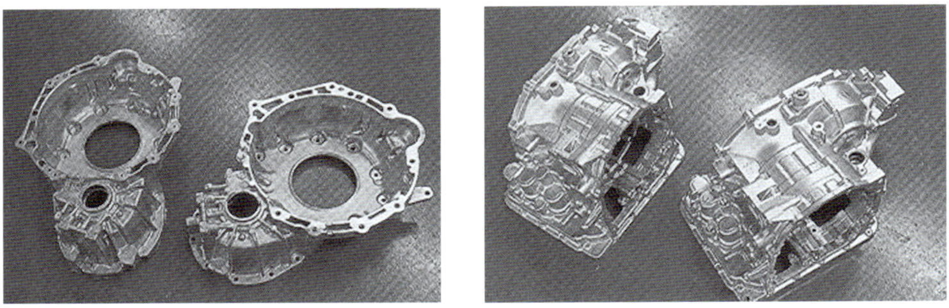

그림 9.20 자동 변속기 케이스

그림 9.21 수동 변속기 케이스

알루미늄 휠은 1피스가 80% 이상을 차지한다. 제조방법은 거의가 주물이지만 최근 일체 단조 제품도 증가하고 있다. 2피스 휠에서는 종래 주조 단조 디스크에 플래시 버트 용접을 하고 롤 성형한 림을 용접이나 볼트로 조립하는 경우가 많다.

3피스 휠은 스피닝 가공으로 주로 성형하고, outer와 inner로 분할된 림에 디스크 부품을 접합하는 방식을 채택하고 있다.

2피스 혹은 3피스 휠에 사용된 판재는 주로 5052, 5154, 5454 등의 5000계 합금소재가 주종을 차지하고, 어느 쪽도 응력부식 억제관점에서 보면 Mg 첨가량은 3.5% 이하의 합금이 적합하다. 게다가 림에는 6061 합금판도 일부 사용되고 있으나, 이 경우에는 응력부식 균열의 문제가 없다. 그러나 휠 성형 후 고강도를 얻기 위해서 용체화 처리, 불림을 하지 않으면 안 되고, 담금질해서 생긴 변형을 수정할 필요가 있기 때문에 사용에 제한이 있다.

9.7.3 에어백

주로 알루미늄 재료가 사용되는 것은 타이어의 공기 주입기나 에어백 시스템의 가스 발생장치인 인플레이터(Inflater)이다. 이것의 재질은 강판이 프레스 가공한 것과 알루미늄 합금을 단조·절단한 것과 알루미늄 합금 압출형재에 의한 세 종류로 나누어지지만, 접합의 신뢰성 때문에 알루미늄 합금 단조품을 마찰압접이나 전자빔 용접에 의해 용접한 것을 채용하는 비율이 높다. 또 압출형재는 조수석용의 용량이 큰 백(bag)에 사용된다. 주조품은 가스 발생시 내압성능과 냉간 탄성과 소성 때문에 주로 5056 등의 Al-Mg계 합금이 사용되고 있다. 조수석용 압출형재는 양산에 적합한 6061-T6재가 사용된다.

9.7.4 Anti lock-brake system (ABS)

액추에이터(압력조정 장치)의 하우징에도 알루미늄 합금이 널리 사용되고 있다. 액추에이터는 콘 로드로부터의 지시에 따라 제동압력을 증감시키는 장치로서 순환형·용적 변화형의 구조에 따라 사용되는 알루미늄 합금이 선택된다.

2014-T6, 2024-T4재 등의 열간 단조품이 사용되는 순환형의 경우, 주로 내압강도가 필요하지만, 이러한 합금은 내식성이 작기 때문에 절단 후에 크로메이트 처리 등의 표면처리를 하는 경우가 많다. 또, 용적 변화형에는 주동부가 있고, 내마모성이 필요한 경우에는 AC2B, AC 4C-T6 주물재료와 알루마이트 처리를 한 6061, 6262-T6 등의 압출형재가 사용된다.

9.7.5 파워 조향 장치

파워 조향장치는 유압을 이용하여 핸들의 조작력을 도와주는 장치이고, 그 주요부품인 하우징 및 리어 하우징은 높은 내압성과 내마모성이 필요하다. 그 때문에 하우징용 소재로는 철강 주조제품이 사용되어 왔지만, 경량화 때문에 현재는 ADC 12-T6 등의 주물재가 사용되고 있다. 또, 리어 하우징은 최고압력 및 내마모성이 필요하고, 복잡한 형상이 많고, 열간 단조성을 개량한 Al-공정 Si계 합금을 사용하여 높은 안전성을 유지하고 있다.

내마모용 알루미늄 합금으로서는 4032, A 390 및 ADC 12 등의 Si를 많이 함유한 합금이 일반적이고, 합금 중의 공정 및 초정 Si상에 의해 높은 내마모성이 얻어진다. 또 이들 합금은 Si량이 6~20%로 높기 때문에 선팽창 계수가 작고, 절삭 가공성도 양호하고, 동시에 Cu 및 Mg가 첨가되어 있기 때문에 비교적 고강도가 얻어진다.

9.7.6 공기 압축기

소형 · 경량화의 요구가 높아지면서 공기 압축기에 알루미늄 재료의 사용량이 많아져, 그림 9.22에 표시한 것과 같이 사판식 공기 압축기에 있어서는 약 80%의 알루미늄화가 이루어졌다. 공기 압축기용 알루미늄 합금에 필요한 기능은 내압성과 고속회전으로 주로 움직이는 사판은 높은 굽힘 강도와 내마모성이 요구된다. 따라서 그것들의 기능을 만족하는 것으로 현재는 서비스 밸브 등의 내압부에 2011, 2017T-6 등의 열간 단조품 및 ADC12-T6 등의 다이캐스트 제품이 사용되고, 사판과 피스톤 등의 주동부에는 A390, 4032-T6 등의 높은 Si계 합금 열간 단조품이 사용되고 있다.

또, 카 쿨러의 냉매를 압축하는데 사용되는 로터리식 공기압축기인 스크롤(scroll)은 내마모성이 필요하므로 AC8C-T6 등의 용탕 단조품이 사용되고 있다.

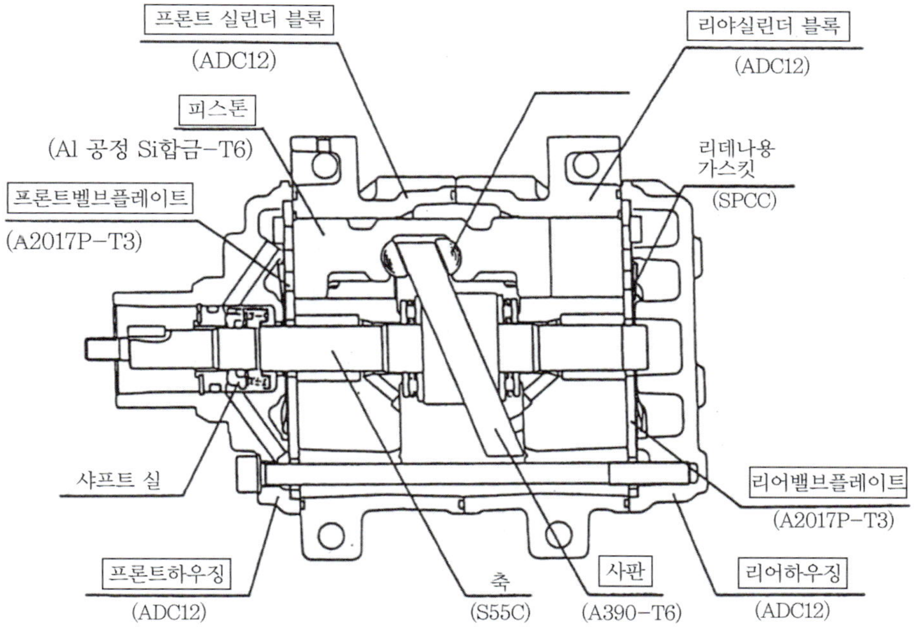

그림 9.22 사판식 10기통 공기 압축기

9.7.7 트렁크용 부품

트렁크의 경우는 도로 교통법에 따른 과적 규칙에 대한 벌칙이 강화되고 있다. 이것은 과적재가 원인인 사고를 감소시킬 목적으로 위반하는 경우에는 하주, 운송회사, 운전자에 대해서 종래보다도 엄한 벌칙을 부과하였다. 또, 최근에는 중대 사고를 방지하기 위해 안전장치의 설치 의무나 환경보호를 위해서 배기가스의 규제, 소음규제 등을 결정하면서 각종 장비의 설치에 따라 차량 중량이 증가하는 경향이 나타나고 있다.

그림 9.23은 자동차 엔진의 냉각용 물을 순환시키기 위한 펌프용 알루미늄 케이스를 나타낸 것으로 기계 가공전과 후를 비교한 것이다.

차량 총 중량은 차량보안 기준에 따라 결정되기 때문에 총 중량에 포함한 차체의 중량이 가벼워지면 그만큼 적재량을 증가시킬 수가 있다. 장비중량이 증가하는 데도 불구하고 적재량을 증가시키고 있어 경비를 억제할 목적으로 알루미늄 합금을 사용하여 차체의 경량화를 하고자 한다.

그림 9.23 물 펌프용 알루미늄 케이스의 가공전과 후

다음은 알루미늄 부품의 예를 나타낸다.

- 하역 성력화 장비(승강 리프트, 레일, 롤러 컨베이어 등)
- 안전장비(사이드 범퍼, 리어 범퍼, ABS 등)
- 섀시, 트렁크 부품(알루미늄 휠, 크로스 멤버, 시트 서스펜션 프레임, 에어탱크, 연료탱크, 인터쿨러, 트랜스미션, 엔진 실린더 헤드, 엔진 마운트 등)

9.8 알루미늄계 신소재

9.8.1 급랭응고 분말합금

급랭응고 알루미늄 분말합금(이하 Powder-Metallurgy : PM 합금)은 용제법에 의한 알루미늄 합금(이하 Ingot-Metallurgy : IM 합금)에 비해서 금속조직이 미세하고, 합금원소가 과포화 고용되어 있고, 마크로 편석을 감소시킬 수 있으며, 고농도 합금의 제조가 가능한 것으로부터 알루미늄 합금의 성능이 향상되기 때문에 그 연구개발이 활발하게 전개되고 있다.

(1) 제조 프로세스

① 급랭 응고법

응고에 있어서 냉각속도를 높이는 데는 액상의 금속이 가진 열을 급속하게 빼앗아 응고를 빠르게 완료해야만 한다. 이 때문에 일반적으로 액체를 미소한 방울로 보고 그 표면으로부터 열을 냉각시켜 금속물체나 가스에 의해 열을 제거하는 방법을 취하고 있다.

알루미늄 합금에 있어서는 가스, 특히 공기를 이용한 Atomize법이 생산성의 관점으로부터 주류로 되고 있다. 일반적으로 공기 Atomize법의 냉각속도는 10~20 K/s 정도이다.

② 응고·성형법

일반적으로 알루미늄 합금분말의 표면은 산화피막으로 덮여 있고, 또 수분을 흡착하고 있다. 산화피막에 대해서는 고화 성형 전에 환원시켜 제거하는 것은 곤란하기 때문에, 응고 성형시에 산화피막을 제거해서 분말끼리의 접합을 해야 한다. 그림 9.24에 급랭응고 알루미늄의 대표적인 응고·성형법을 나타내었다.

분말 압출법은 급랭 응고 알루미늄 분말에서 일반적으로 이용되는 방법이다. 이것은 합금분말을 냉간 상태에서 spray (spray공정은 생략되는 것도 있다)하고, 탈가스 처리 후 열간 압출하는 것이다. 탈 가스는 진공 혹은 분위기 가스 상태에서 가열 등 여러 가지 방법으로 행해지고 있지만, 역시 최종제품의 요구특성에 맞게 선택하는 것이 바람직하다. 3차원적인 복잡한 형상의 제품에는 분말 단조법이 검사·개발되고 있다. 이 방법에서는 분말의 고형화와 3차원 형상의 Near net shape 성형이 가능하게 되어, 기계 가공비의 감소와 재료 보유 상태를 향상시키는 것이 가능하다.

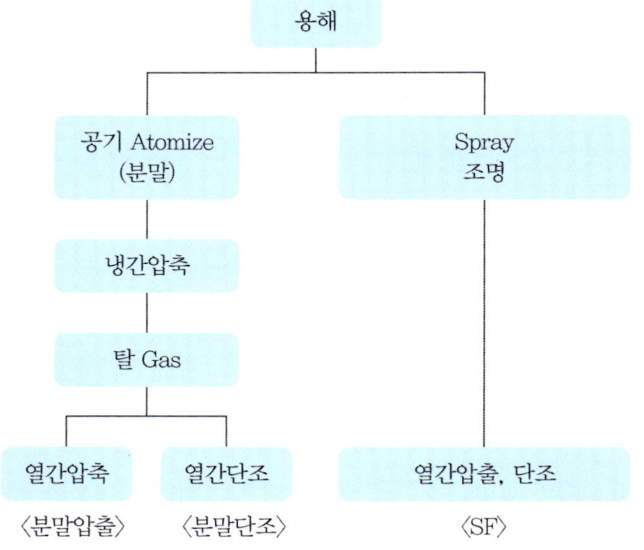

그림 9.24 고체화 및 성형화 과정

③ 스프레이 포밍법

최근 벌크형상의 급랭 응고재료를 얻는 방법으로서 스프레이 포밍(Spray Forming : SF)방법이 주목을 받고 있다. 그림 9.25에 SF의 응고기구를 모식적으로 나타내었다. 금속의 용탕류에 질소가스를 불어 넣으면, 반용융의 스프레이가 렉터 표면에 충돌하여 퇴적되어 간다. 퇴적층은 순서대로 성장하여 프리 폼으로 된다. 냉각속도는 10 K/s 정도로 보이지만, 스프레이 조건에 따라 다르다.

SF재는 불활성 가스 중에서 치밀한 벌크형상으로 제조되기 때문에, PM재에 비해서 SF재는 산소나 수소의 함유량이 극히 적고 고품질의 것으로 된다. 또, 치밀하기 때문에 탈가스 할 필요가 없고, 압출에 있어서도 유도가열이 가능하고, 공정이 간략화 되는 것과 함께 가열에 의한 급랭응고 조직의 조대화를 최소한으로 억제하는 것이 가능하다.

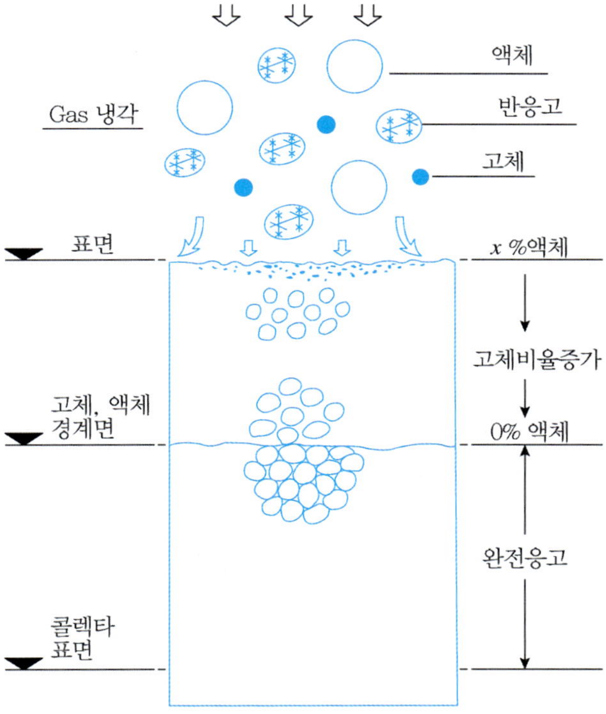

그림 9.25 성형의 응고기구

(2) PM(Power-Metallurgy) 합금의 특성

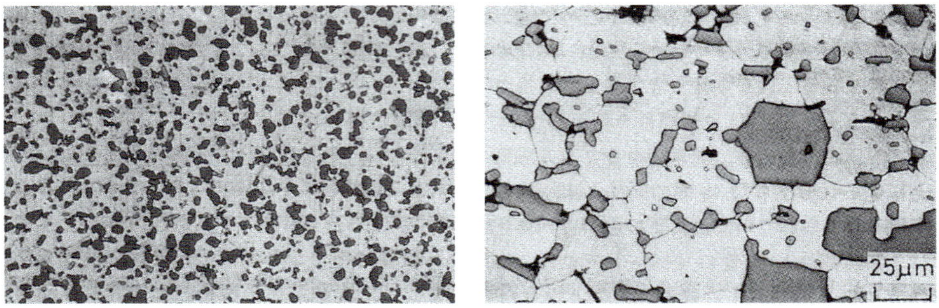

(a) P/M 합금(A1-20Si-2Cu-1Mg)　　(b) I/M 합금(A390)

그림 9.26 과공정 Al-Si 합금의 미세조직

① 내마모성 합금

Al-Si계 합금은 주물재 및 전신재로서 제조되고, 공업적으로 널리 이용되고 있다. IM(Ingot-Metallurgy)법에서는 Si 첨가량이 증가하면 초정 Si 입자가 조대하게 되어, 기계적 성질이나 가공성이 열화 된다. Al-Si계 합금을 급랭 응고시키면 초정 Si의 미세화가 이루어진다. 그림 9.26에 과공정 Al-Si계 합금의 압출재의 미크로 조직을 나타내었다. PM법에서는 Si 입자가 현저하게 미세화 되는 것이 명확하게 나타난다.

Si의 증가에 따라 거의 직선적으로 선팽창 계수는 낮아지고 영률은 증대한다. 또, Si량의 증가와 함께 내마모성은 향상된다. Al-Si 2원합금의 분말 압출재의 인장강도는 200MPa 정도로 그다지 높지 않기 때문에 Cu나 Mg를 첨가할 때 시효경화에 의한 상온강도의 개량이나, Fe, Mn, Ni 등의 천이금속을 수% 첨가하면 내열성의 향상이 얻어진다.

② 내열합금

천이금속은 Al 중에 대부분 고용되어 있지 않고, 확산속도가 작고, 그리고 알루미늄과 금속간 화합물을 형성한다. 급랭 응고방법에 의해 알루미늄과 천이 금속과의 금속간 화합물을 미세하게 분산하는 것이 가능하면, 알루미늄 합금의 내열성을 향상시킬 수 있다. Fe, Ni, Mn은 대표적인 천이금속으로서 급랭응고 알루미늄에 첨가된다. 그림 9.27에 Al-Fe계 합금 등의 고온인장내력을 나타내었다.

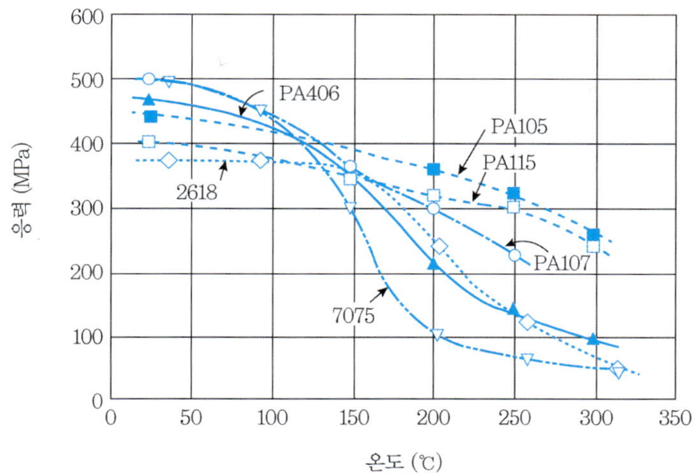

그림 9.27 각종합금의 각 온도에 미치는 인장강도

③ 고강도 합금

Al-Zn-Mg계의 7075 합금은 고강도 알루미늄 합금의 대표적인 것이다. 급랭 응고법에서는 Zn량을 고농도화 혹은 V, Zr 등을 1% 전후 첨가하는 것에 의해 더욱 고강도화하는 것이 가능하다.

(3) 응용분야

국내에 있어서는 급랭응고 알루미늄 합금은 1980년경부터 연구·개발되어 자동차부품이나 가전제품에 이용되고 있다. 자동차 에어컨용 공기 압축기의 로터(그림 9.28)나 팬은 급랭응고 Al-Si계 합금의 대표적인 용도이다. 이것들에는 내마모성, 저선 팽창계수, 고강성, 강도 등이 요구되고, Al-17~20% Si-4~8%(Fe+Ni+Mn)-Cu-Mg 합금이 선정되어 있다. 또, Al-17% Si-6% Fe계 합금이 자동차 과급기의 로터에 일부 적용되고 있다(그림 9.29).

그림 9.28 카 에어컨용 공기압축기 회전체

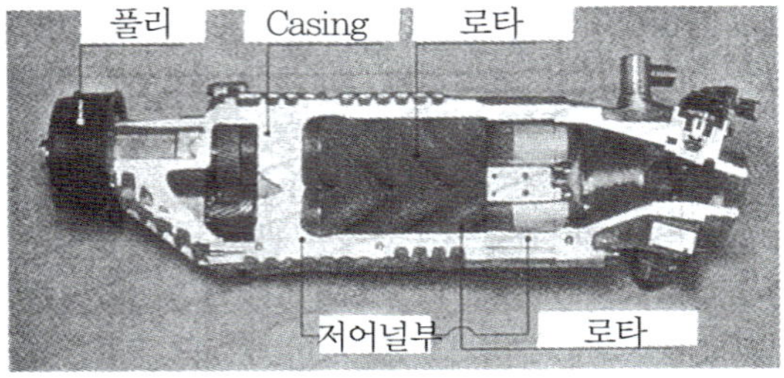

그림 9.29 미라 사이클 엔진(상)과 리쇼룸 공기 압축기(하)

엔진부품, 특히 콘 로드, 밸브, 리테이너, 라이너 등은 현재 주로 같이 사용되고 있지만, 이들의 부품의 경량화는 연비나 성능의 향상의 효과가 커서 급랭응고 알루미늄 합금의 적용이 시험되고 있다.

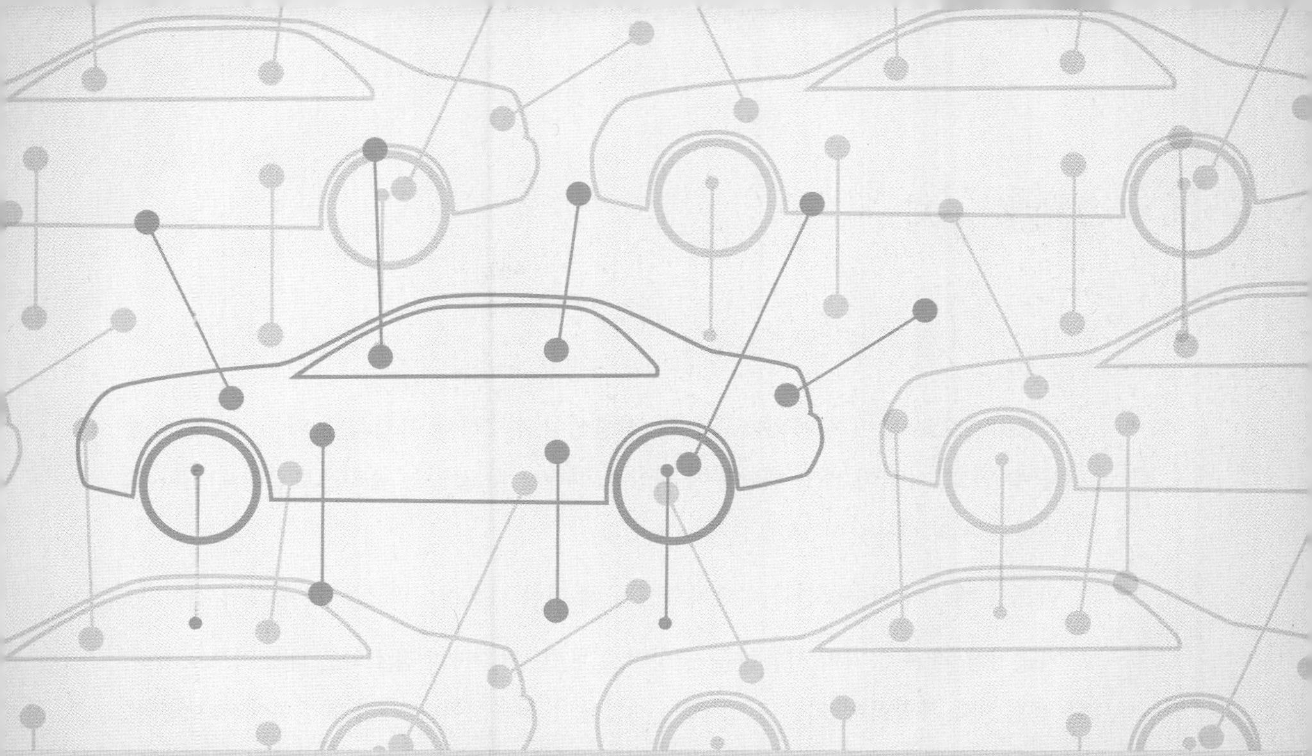

CHAPTER **10**

비금속 재료

10.1 수지

10.1.1 자동차용 수지의 개요

자동차용으로 많이 사용되는 수지는 성형성이 우수하여 복합화에 따른 고성능화를 이룰 수 있고, 가격이 싸고 재활용에 적합한 성질을 갖고 있는 폴리프로필렌 수지와 고기능성 수지의 사용량이 크게 증가되고 있다.

앞으로 재료의 기술혁신과 수요자의 요구에 의한 사용량이 확실하게 증가될 것이다.

자동차용 각종 수지의 사용량을 구성비로 보면, 염수지의 감소와는 대조적으로 우수한 성형성과 복합화에 의한 고성능화, 재활용의 적용성이나 가격 현실화에서 보면 폴리프로필 수지나 고기능 수지의 신장이 현저하다. 앞으로 재료의 기술혁신과 자동차 시장의 요구가 서로 어울려 한층 더 확대될 것으로 기대된다.

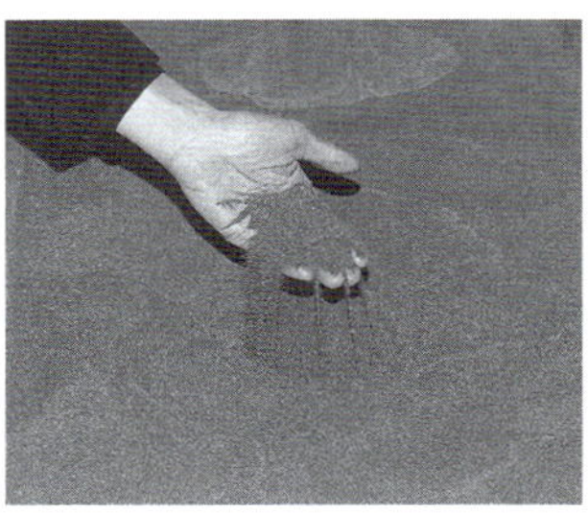

(a) 원료(분말)

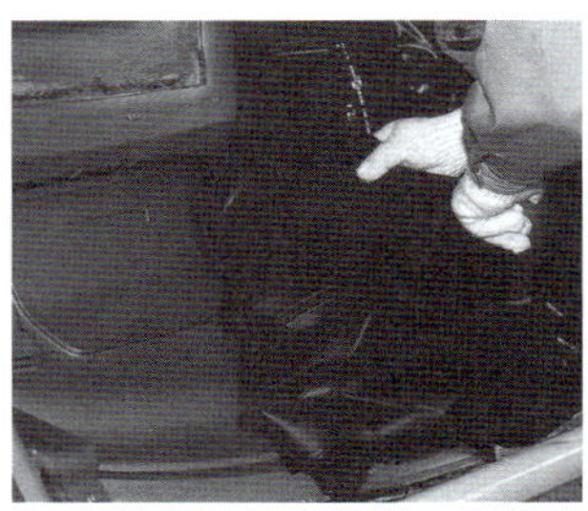

(b) 박피 제조공정

(c) 표면문양 제조공정

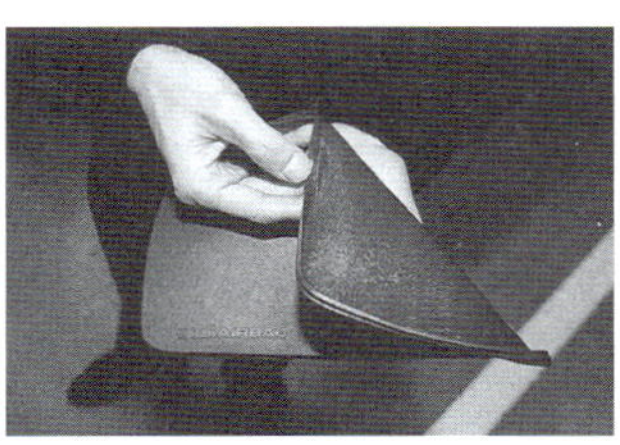

(d) 2색의 성형품

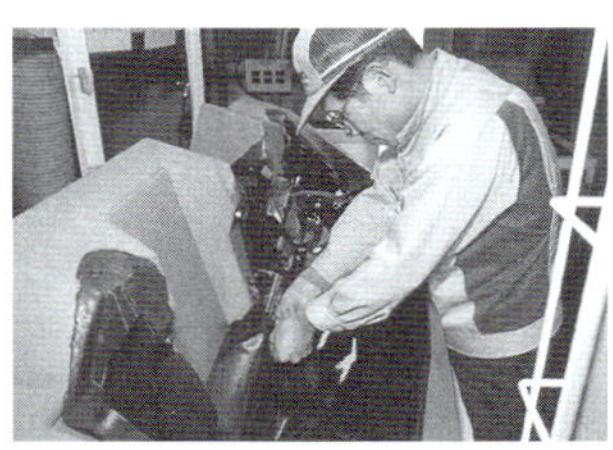

(e) 트리밍 작업

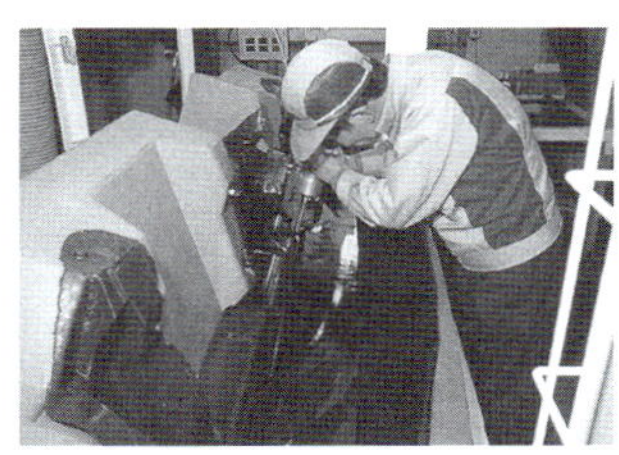

(f) 기밀시험

그림 10.1 PVC 표피의 제조 공정

그리고 생활양식의 변화에 따라 자동차는 단순한 이동수단의 기능에서 생활 터전으로 쾌적성은 물론 편리성까지 폭넓은 역할이 요구되고 있다. 21세기의 바람직한 자동차 상은 아직 불투명한 부분이 많지만, 자동차 본래의 유용성에 더해 자동차가 지구환경에 끼치는 문제의 해결을 들 수가 있다. 그러나 자동차 본래의 유용성을 추구하는 것과 과제해결은 오히려 상반된 관계가 있으므로 문제 해결을 위해서는 기술적 혁신이 반드시 필요하다.

21세기의 바람직한 자동차를 묘사한 패러다임을 크게 구별해 보면 i) 지구환경 보호의 대응, ii) 시장동향(저연비, 저비용 등)의 대응에 있고, 이들을 다른 관점에서 보면 자동차 재료의 기술진보나 심화를 들 수 있다. 또 다른 면에서 보면 양쪽의 지식에 의해 우리가 구하는 21세기가 바라는 자동차라고 할 수 있다. 이 같은 과제해결을 위해서는 재료에 관한 기술개발이 가장 중요하다.

10.1.2 지구환경 보호

자동차에는 철과 알루미늄, 그리고 플라스틱 등 수 많은 종류의 재료가 부품의 사양에 맞춰 사용되고 있다. 특히, 플라스틱은 오일 쇼크 후의 에너지절약(저연비화)의 요청에 다라 경량화와 양호한 성형성, 제품형상의 자유도, 부품의 일체화에 의한 공정수의 절감, 가격의 우위성 및 내식성 등의 장점을 바탕으로 증가되고 있다.

한편, 자동차 생산량의 급격한 증가나 생활환경의 향상과 더불어 방출되는 대량의 배출 가스는 자연환경이나 우리의 생명에 영향을 미치기 시작하고 있다. 구체적으로 보면 다음과 같은 문제가 있다.

① 자동차에서 발생되는 각종 산업 폐기물의 증가와 처리의 한계

② 화석연료에 의한 CO_2의 발생이 원인인 지구 온난화

③ 에어컨 냉매, 우레탄 발포나 금속부품의 세정에 사용되는 특정 프론 화합물에 의한 오존층의 파괴

④ 자동차 배기가스 등에 의한 NOx, SOx가 원인인 산성비

이들 과제에 대해서는 여러 가지 규제가 만들어져 관련된 자동차 제조업체, 부품 업체, 원재료 제조사들이 각자 혹은 공동으로 해결을 위한 노력이 진행되고 있다.

10.1.3 자동차 시장동향

지구환경을 보호하기 위한 노력만큼이나 자동차의 시장동향에 대한 대응도 중요한 문제로 대두 되고 있다. 재료개발이나 부품개발이라는 관점에서 보면, 다음의 항목들을 들 수 있다.

① 재활용하기 쉬운 재료, 부품, 구조의 선택

② 저연비에 기여하는 차체의 경량화

③ 전체 비용의 절감

④ 안정성의 향상(예방안전, 충돌안전)

⑤ 쾌적성(amenity)의 추구

⑥ 재료의 통일과 글로벌화

(1) 리사이클

앞으로 재료 개발에서 가장 중요한 과제라고 하는 것은 재활용이라고 할 수 있다. 설계단계부터 ① 재활용이 쉬운 재료, ② 패밀리 재료의 부품개발(동계 소재), ③ 해체하기 쉬운 재료, ④ 재료의 제조 등을 이미 고려하고 있다. 재활용의 대표적인 예를 든다면, VW차의 범퍼재료(PP/EPDM/Tarlc)를 회수하여, 범퍼재료에 20%를 첨가하여 다시 컴파운드를 만들고 이를 소형차 폴로(polo)의 범퍼에 재사용하고 있다.

패밀리 재료의 부품개발에 대해서는 폴로 프로필렌계로 통일해서 재활용성을 높이려는 움직임이 나오기 시작했다. 구체적으로는 표피에 TPO(종래 PVC), 중간재에 발포

폴리프로필렌(발포 우레탄), 심재는 폴리프로필렌(ABS)을 사용한 올 폴리올레핀계 인파네, 도어 트림 등이 개발되어 있다.

게다가 1991년에 발매시킨 신형 시빅은 해체하기 쉽도록 범퍼의 설계자체를 대폭 변경하여 부품의 수나 볼트의 수를 크게 줄이고 있다. 한편, 재료 메이커(GEP)도 1992년 SAE에 취급하기 쉬운 설계(DFD : Design For Disassembly)를 제창하여 컨셉 모델을 작성하고 있다. 앞으로는 재활용이 가능한 재료채용이 필수조건으로 되어, 재활용의 컨셉이 없는 재료는 이후 사용하지 못하게 할 것이다.

(2) 저연비, 경량화

재활용화에 대한 대응과 함께 저연비도 중요한 과제로 되고 있다. 그 중에서도 재료의 경량화가 차지하는 비율이 높다. 경량화의 기여율이 큰 항목을 보면 i) 재료의 변경(철→알루미늄, 철→수지), ii) 부품의 합리화, 절감, 일체화 등의 새로운 구조, iii) 박판화(고강도, 고유동), ④ 중공화(가스 어시스트, 블로) 등이 있다.

최근 예에서는 1993년에 발매된 도요타 스포츠 카 "수프라"라는 새로운 재료와 제조법을 구사해서 약 100 kg의 경량화에 성공하고 있다. 그 중 60 kg이 재료의 변경, 40 kg이 설계변경이나 부품의 폐지에 의한 것이다. 특히, 재료의 경량화 효과가 커서, 연료탱크는 강판의 프레스 성형 제품을 고밀도 폴리에틸렌(실러에 의한 연료투과 방지)으로 변경시키면서 약 4 kg의 경량화를 이루었다. 또, 부품의 일체화나 집약화와 함께 가스 어시스트 사출성형의 응용범위를 확대하고 있다.

심플리스법에 의해 성형된 마쯔다 93년형 란티스 범퍼는 가스 어시스트 성형을 채용하여, 이면에 큰 립을 수직으로 세움으로서 박판화가 가능하게 되었다. 프런트 3%, 리어 범퍼에서 24%의 경량화에 성공하고 있다.

(3) 비용절감

1994년 뉴 모델의 키워드는 "저가격화"로 적정가격은 절대조건으로 되고 있었다. 비용절감의 대책으로서는 i) 재료의 고성능화, 등급의 통합화에 의한 저비용 재료의 전환,

ii) 부품의 일체화, 구조, 형상의 최적화에 의한 부품, 공정수의 절감, iii) 고생산성(성형 사이클, 자동화, 보유), iv) 저 가격 성형가공 기술(저압, 저가 금형), v) 사양의 호전(완화) 등을 들 수 있다.

저비용 재료의 전환은 범퍼의 RIM을 우레탄에서 PP로 바꾸거나, 내장재를 ABS에서 PP로 변경하는 것이 대표적인 예라고 할 수 있다. 특히, 도요타의 PP계 스퍼 올레핀 중합체(TSOP)의 고급차인 크라운에 사용한 것은, 종래의 범퍼재료 컨셉을 완전히 바꾼 재료설계라는 점에 의미가 있다.

저비용 가공 기술면에서 보면 먼저 서술한 마쯔다는 프런트에서 40%, 리어 범퍼에서 24%의 비용절감을 이룩하고 있다. 사용한 성형기도 성형제조 압력 3800톤에서 2600톤에 줄일 수 있다. 게다가 재료의 사양이라는 관점에서 보면, 고성능·고기능의 품질을 지나치게 추구하면 과잉품질이 되는 경우가 있다. 강재와 플라스틱 중에서도 사용자나, 원료 제조자들로부터 품질 사양의 완화와 등급 통합에 의한 제조비용 절감을 위한 움직임이 시작되고 있다.

(4) 안정성 향상대책

일본을 시작으로 선진국에서는 고령화가 심각해지면서 실버 운전자와 여성 운전자의 배려가 또 하나의 과제로 되고 있다. 따라서 앞으로 고령자나 여성의 안전에 우선해서 즐겁게 운전할 수 있는 차와 그 환경을 만드는 것이 중요하다.

① 충돌시 안정성의 향상

- 크래셔블 보디
- 사이드 도어 빔
- 시트 밸브
- 듀얼 에어 백
- SIPS(측면충돌 보호).

② 충돌예방 안정성

- ABS(Anti-lock Brake System)
- TCS(Traction Control System)
- 4WD(4륜 구동)
- 4WS(4륜 조타)
- 내비게이션 시스템 등이 있고, 안정성 향상을 위한 비용증가를 억제하면서도 점검 표준을 사양화할 필요가 있다.

(5) 쾌적성의 추구

자동차는 시장의 요청을 반영하고 있으나, 그 요구가 점점 다양화되고 있다. 그 가운데에서도 쾌적성의 추구는 제조비용과 판매와 관계가 있으므로 현저하게 부각되고 있다. 구체적으로 i) 거주성을 중시함으로서는 인간 우선, 인간본위의 개념에서 거주 공간 우선의 사상이 강하게 나타나고 있다. 구체적으로는 내장의 고급화나 RV차(Recreational Vehicle)의 증대가 있다. ii) 자동차의 중심지라고 하는 관점에서는 더블 위시 본, 멀티링크 서스펜션, 초편평 타이어 등이 있다. 최종적으로는 쾌적성의 추구가 만족하는 것은 아니지만, 비용의 균형으로부터 저비용, 생활의 발로서 손쉽게 사용되는 기본적인 차와 쾌적성, 안정성 고성능을 추구하는 성숙한 차로 양극화로 되어 갈 것이다.

(6) 재료의 통일과 글로벌 재료공급 체제

재료개발에 있어서 동일계 부품에 대해서는 가능하면 한정된 동일재료를 사용하여(재료통일) 대량생산으로 비용절감과 재활용의 적용성을 높이는 것이 중요하다. 또, 최근에는 국내산업의 공동화와 더불어 자동차 업체의 설비전환이 이루어지고 있으므로 국내에서 사용하고 있는 것과 동일한 재료를 현지에서 구입하여 사용하는 재료의 글로벌화 추진이 필수적으로 되어 가고 있다. 다시 말하면 세계적인 규모로 자동차를 개발하고 생산하며 판매하기 위해서는 적절한 재료개발이 필요하다.

10.1.4 자동차 재료개발

지금까지 서술해 왔던 것은 i) 지구환경 보호, ii) 시장동향이었다. 이들 과제를 조화시켜 명확히 해결하기 위한 기술적 장벽은 매우 높다. 한쪽에 대해 고려하면 다른 쪽이 바뀌어 악화되는 관계에 있는 경우가 많은 것이 현실이다.

그러나 자동차 배기가스 정화가 촉매기술 개발에 의해 비약적으로 발전한 것처럼, 21세기의 목표 설정을 향해서 재료분야의 기술이 이루어져야 할 역할은 크다. 재료기술이야말로 자동차 산업발전의 견인차 역할을 할 것을 확신한다. 재료개발의 주안점은 다음의 (1)~(6)과 같다.

(1) 디자인

일부에서 이미 시작하고 있지만 자동차 제조업체, 부품 업체, 재료 업체가 설계단계에서부터 참여해서 개발의 수준과 속도를 올려 비용의 절감을 시도하였다.

(2) 목표 설정형의 재료개발

디자인에 의해 목표 설정형 재료개발이 가능하고, 기술의 축적과 정보 공유화의 확대가 가능하게 될 뿐만 아니라, 개발이 효율적으로 이루어지게 되었다. 단, 종래와 같이 눈앞의 재료 개량형이 아니라 새로운 개념에 기초한 혁신재료의 개발이 요구된다.

(3) 재료의 통합화, 글로벌화

재활용, 경량화, 저비용화 등을 염두에 두고, 세계 공통기술, 세계 표준에 의해 재료의 통합화, 글로벌화가 가능하게 되었다.

(4) 재료기술의 향상

혁신재료 개발에 있어서 중요한 것은 i) 미세 구조 해석과ii) CAE 기술의 활용일 것이다. 전자는 재료의 성능향상을 과학적이고 정량적 예측이 가능하다면 그만둘 수 있는 것이다. 후자는 촉매개발, 재료설계와 제품설계, 그리고 금형설계 등 컴퓨터에 의해

"시작" 이 가능한 것이다.

(5) 신가공 기술의 활용

재료에 형태를 부여하기 위해서는 반드시 가공기술이 필요하고, 가공기술이 제품의 내부구조를 제어하지 못하면 재료 본래의 성능을 끄집어내지 못하고 만다. 또, 앞에서 서술한 경량화, 저비용화에서도 가공기술의 공헌도는 매우 크다. 단지 새로운 것만이 아니라, 종래 기술의 조합이라는 의미도 있을 것이다.

(6) 산학연 공동연구

자동차 부품의 수지화가 가장 진행되고 있는 것이 내장부품이라고 할 수 있다. 차 내부의 부품을 관찰하면 많은 고분자 재료가 사용되고 있는 것을 알 수 있다. 그 이유는 고분자 재료가 금속재료와 비교해서 i) 형상의 자유도, ii) 표면의 느낌, iii) 쉬운 가공성 등이 우수하기 때문이다. 현재 승용차의 내장 재료로 사용되고 있는 고분자 재료의 총량은 차체중량의 5%에 달하는 것으로 추정되고 있다. 특히, 최근에는 i) 저비용화, ii) 기능성(경량화, 내마멸, 내열성, 의장성), iii) 재활용성의 확보라는 추세에 따라 사용량이 점차 증가하는 것은 폴리프로필렌과 범용 엔프라(en-pra)이다. 이런 경향은 당분간 지속 될 것이라는 예측을 하는 자가 많다.

한편, 본 내장 부품의 주된 수지화 테마가 완료되고, 이후에는 i) 법규제(예 : 측면충돌 규제 등), ii) 환경규제(예 : 휘발성 유기물질 규제)(각종 용제규제 등), iii) 소비자의 가치관 변화 등에 의해 재료와 가공방법의 치환이 적극적으로 제안되는 것과 동시에 각종 자동차 업체의 사상을 담은 부품개발이 진행될 것으로 추측된다.

한편으로는 생활방식의 변화에 따라 자동차는 단순한 이동수단의 기능으로부터 생활공간으로서 쾌적성과 편리성 등이 폭넓게 요구되어질 것이다. 21세기의 자동차상을 생각해보면 아직도 확실하지는 않지만, 자동차 본래의 유용한 기능을 가장 우선적으로 들 수가 있고 지구환경을 해치는 매연과 기타 여러 가지에 관한 과제도 풀어야할 숙제이다. 그러나 자동차의 본래 기능의 개발과 환경문제는 항상 상반되게 존재하고 있었기 때문에 해결하기가 매우 힘든 과제이다.

21세기 자동차 상의 적절한 패러다임을 보면 다음과 같다.

- 지구환경보호
- 시장동향(재활용, 고연비, 저비용 등)

차체의 외부 패널용으로 수지(플라스틱)를 사용하는 곳은 후드와 휀더로 부터 루프와 도어 등에 이르기까지 여러 부분에 사용되고 있으며 수지의 종류도 다양하게 시도되어지고 있다.

수지는 내부와 외부장식에 차량 전체중량의 7~8%를 차지하고 있지만, 아직도 차체의 외판용으로는 많이 사용되고 있다고 할 수는 없다. 일부 국가와 자동차 생산회사에서 시험적으로 사용하는 것이 대부분이며 차종도 매우 한정되어 있다. 이와 같은 현상이 발생되는 이유는 가격과 생산성은 물론이고 도장한 표면의 품질도 강판보다 떨어지기 때문이다.

만약 이와 같은 과제가 어느 정도 해결되면 점차적으로 그 사용량이 증가될 전망이다.

수지를 사용했을 때 외판의 제작에 사용되는 비용은 성형품의 경우 소재의 재료비와 제조공정비용과 금형의 감가상각비로 구분된다. 일반적으로 재료비는 수지가 강판보다 비싸지만, 초기 투자의 큰 부분을 차지하는 금형 제작비는 사출성형 등의 수지용이 강판 프레스용 금형에 비하면 거의 절반 수준이다. 따라서 금형 감가상각비의 비율이 높은 소량 생산에는 수지를 사용하면 전체적으로 비용이 적게 든다. 따라서 수지로 만든 외판은 일반적으로 월 생산량이 500~1000대 이하의 비교적 소량 생산일 경우에 적합하다.

10.1.5 내장재용 수지의 특성

자동차에서 수지화가 가장 많이 진행되고 있는 부분이 차체의 외부 판재용이라고 하지만 실제 차의 내부를 보면 많은 부분이 고분자 재료로 이루어져 있는 것을 알 수 있다.

고분자 재료가 많이 사용되고 있는 이유는 다음과 같은 장점이 있기 때문이다.

- 일반 강판에 비하여 가볍기 때문에 경량화가 가능하다.
- 강판에 비해 성형성이 우수하므로 복잡한 형상의 성형이 비교적 용이하다.
- 여러 가지의 표면처리작업이 용이하다.
- 표면에 녹이 발생되지 않으므로 부식이 일어나지 않는다.

따라서 현재 자동차 내장용으로 사용되는 수지의 량은 전체의 약 5%정도로 추정되고 있다. 하지만 최근에는 아래와 같은 부분에 중점을 두고 재료를 선택하는 추세가 이어지고 있으며, 이와 같은 경향은 당분간 계속될 것으로 전망된다.

- 저비용화
- 기능성(경량화, 내충격성, 내열성, 의장성) 향상
- 재활용성

10.2 내장재용 수지의 종류

10.2.1 폴리프로필렌(PP)

현재 각 자동차 제조사의 요구와 PP 업체의 기술혁신이 서로 합쳐져 다수의 부품이 PP화되고 있다. PP 소재의 기술혁신은 i) 고강성화(입체규칙 성능의 향상, 분자량 분포의 조정, 핵제 첨가)(그림 10.2), ii) 내충격성의 향상(일래스터머 성분의 최적화, 미분산화), iii) 고유동성화(강성과 내충격성을 보존해서)가 기본이고, 개발과정에 있어서는 혼련기술(무기물질, 일래스터머 성분의 분산상태 최적화)에 의한 각종 변성기술로 많

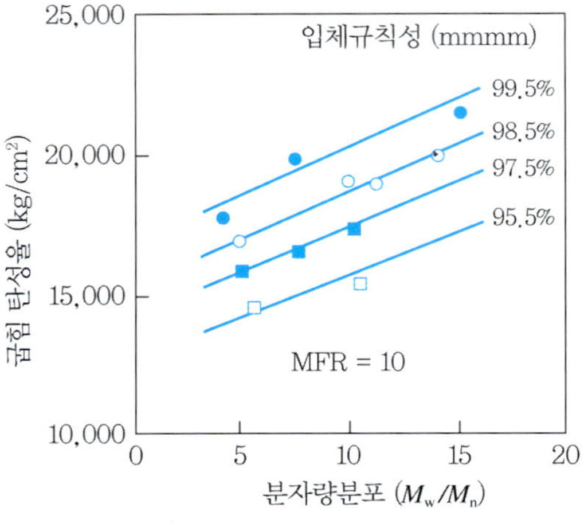

그림 10.2 PP의 입체 규칙성

그림 10.3 자동차 범퍼(PP)

은 기술혁신이 있으리라고 보여 진다.

장래의 PP 소재개발 동향의 기준으로는 큰 변화가 없다고 생각된다. 그리고 고강성화를 시도하는 수단의 선택(촉매개발, 프로세스 개발)이 생사의 문제를 쥐고 있다는 것은 당연하다고 생각되지만, 동시에 저비용화로 향하는 판단도 중요하다. 또 복합재료 설계 기술도 스퍼 올레핀 중합체와 같이 [나노 오더의 제어] 시대에 들어서고, 점점 고도화될 것이 예측된다. 게다가 연질 폴리염화비닐을 대체 할 수 있는 범용 기술 플라스틱과 대체기술의 혁신적인 기술이 개발되리라 생각된다.

10.2.2 폴리염화비닐(약 : PVC)

본 수지의 특징은 연질(굽힘 탄성률 수십 MPa)에서부터 경질(굽힘 탄성률 약 3000MPa)까지 폭넓은 성능을 가지는 재료가 얻어지는 것이다. 특히 전사성, 보전성, 내흠집성이 우수하므로, 이 특성을 살린 가죽분야에서 약 30%를 자동차에 공급하고 있다. 이 분야는 계기판, 문, 시트 등의 표피 재료로 사용되는 경우가 많다. 또, 전선피복재료로서 간접적으로 자동차의 각종 하니스에 사용되고 있다.

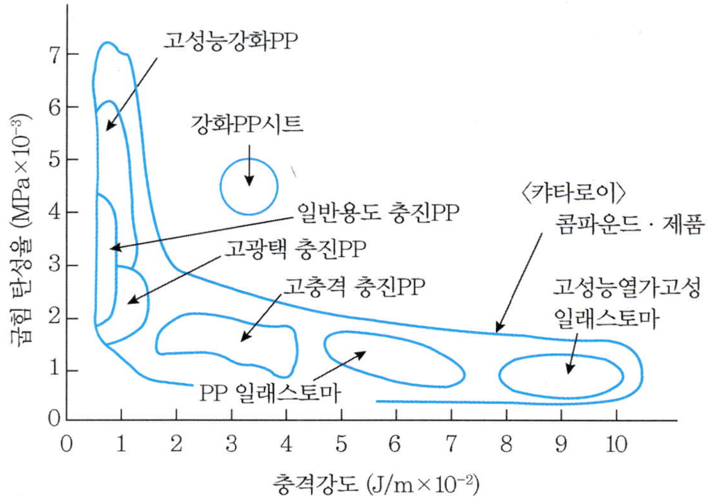

그림 10.4 프로필렌계 폴리마와 그 복합재료 및 합성

10.2.3 폴리우레탄(약 : PU)

현시점의 기술과제는 발포제로서 사용되는 프론 문제이고, 특정 프론은 1995년까지 전폐하지 않으면 안 되었고, 경질 폼 분야는 HCFC로의 전환이 연구되고 있다. 한편, 연질 폼 분야에서는 수 발포, HCFC 혹은 메틸렌 클로라이드의 병용으로 특정 프론 전폐의 대응은 거의 실현되고 있다. 그러나 메틸렌 클로라이드의 환경규제가 강화된 경우에는 사용이 불가능하게 될 염려가 있고, 핫 몰드 폼에 있어서는 폴리프로필렌글리콜(약 : PPG)의 가격을 높여 해결의 방향성을 찾는 듯하지만, 아직 자동차 업체가 요구하는 경도에는 이르지 못하는 것이 현실이다. 또, 본 수지는 도료의 주성분으로서 약 11만 톤/92년(함용제) 소비되고, 일부는 내장품의 탑 코트용으로 사용되고 있다.

10.2.4 ABS 수지(약 : ABS)

재료개발에서 주목해야 하는 기술은 자동차에서 요구되는 고내열성을 주기 위해 제3 성분으로 α-메틸스틸렌 대신 멀레이미드 변성이 주류로 되어 있다. 또, 동시에 각종 중합체 알로이(예 : PC/ABS, PBT/ABS, PA/ABS 등)에 의한 성질 개선도 진행되고 있

그림 10.5 자동차용 그릴

그림 10.6 자동차용 조명기구

다. 현재 내장부품으로 본 수지가 사용되고 있는 것은 계기판과 미터기 종류가 주이다. 이들 부품류도 PP계 재료의 신장이 현저하여 이후의 기술혁신이 기대된다.

10.2.5 범용 엔지니어링 링크 플라스틱

여기에서는 내장부품에 사용되고 있는 변성 폴리페닐렌에테르(PPE), 폴리아세탈(약 PAc), 폴리카본네이트(약 PC), 폴리아미드(약 : PA)가 있다.

변성 PPE는 내장부품용으로서 계기판이 최대의 제품이다.(그림 10.7) 본 변성 PPE는 PPE와 PS계 합성수지이고, 상용계 합성수지의 대표적인 재료이다. 현재는 결정성

그림 10.7 내장용 수지 제품

고분자 재료와 비상용계 합금의 연구개발이 활발하여,PPE/PA, PPE/BT, PPE/PPS 등의 재료가 개발되고 있다. 또, 비할로겐계의 난연재료로서 유용한 특징을 가지고 있어, 이후의 부품 동향에 큰 무기가 될 가능성을 숨기고 있다. 변성 PPE를 제거한 위에 서술한 엔-프타는 금속과 경합하고 있고, 특히 비금속과의 사이에서 재료치환이 생기는 경우가 많다. PAc는 내마모성, 유동성, 내그리스성을 생기게 하여, 도어 록의 기어나 시트 밸브 로크부 등에 사용되고 있다. PC는 투명성과 내열성이 우수하기 때문에 아크릴 수지와 경합하여 계기판 커버 등에 채용되고 있지만, 내흠집성을 강하게 요구하는 경우에는 제품표면을 타 재료에 의해 코팅되는 예도 있다.

10.3 부품별 재료동향

내장부품을 계기용 패널, 시트, 천장, 플로어, 도어 트림, 표피로 나누어 현상과 이후의 재료 사용 방향성과 가공법에 대해서 정리하였다.

10.3.1 계기용 패널

계기용 패널의 구조는 심재(코어), 기재(스킨), 쿠션재, 표피재로 구성되고, 표피재로 전면에 덮여 있는 풀 파트형, 부분적으로 표피재를 붙이는 하프 파트 형, 기재에 표피재를 이용하지 않는 파트리스 형의 세 종류로 크게 구별된다. 대체로 풀 파트형은 중급-고급차에, 하프 파트형은 중급차에, 파트리스타입은 중급-대중차에 각각 적용되고 있다.

심재는 미터나 계기류를 보존하기 위해 높은 강성이나 인성을 가지는 재료가 사용되고, 유리강화 아크릴로 스티렌 수지(약 : ASG), 글라스 섬유강화 ABS 수지(약 : ABS-GF), 글라스 섬유강화 PPE(약 : PPE-GF), 글라스 섬유 미네랄 강화 폴리프로필렌(약 PP- GMF)이 이용되고 있다. 또, 동시에 길이가 긴 제품이고, 여담이 성질(−30~+110℃)에 있어서 치수 안정성, 저굽힘성, 저수축성도 중요한 요구 특성으로 들 수 있다.

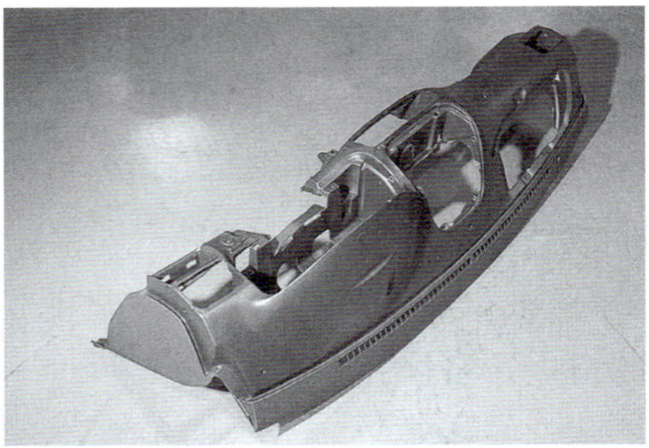

그림 10.8 계기용 패널(ASG: 유리강화 아크릴스티롤 수지)

기재는 구조에 따라 요구특성이 다르지만, 굽힘 탄성률의 각 자동차 업체 사양은 약 2000~4000 MPa의 범위이다. 국내 안전규격, FMVSS(연방차량 안전규격 : Federal Motor Vehicle Safety)나 외국의 각종 안전규칙을 만족시키기 위해서 고충격성이 요구되고 있고, 아이조드 충격강도 200 J/m 이상의 재료가 선택되고 있다.

그밖에 고내열성, 표면경도, 치수 안정성, 양호한 외관성도 중요한 요소이다. 이 부품에 사용되고 있는 재료는 필러충전 PP, ABS 수지, 변성 PPE이다.

현 시점에서는 저가격화(차 격에 다양한 품질관리), 재활용성(재료통합, 분해하기 쉬운 설계 등)을 감안한 요구가 강해서, 필러충전 PP의 신장이 두드러진다. 각 방법의 계기용 패널의 제조는 대체로 다음에 기술하는 방법에 의한 것이 많다.

(1) 풀 파트 형

표피는 연질 염화비닐의 파우더를 원료로 한 슬래시 성형에 의한 것이 주류이다. 슬래시 성형 후 시트를 심재와 함께 금형 내에 밀어 넣고, 표피와 심재 사이에 우레탄을 주입하여 가열 발포시킴으로써 얻어진다. 이 타입은 우레탄이 쿠션재로 되어 촉감도 우수하고, 표피부분의 장식성도 우수한 계기용 패널이다. 1980년대부터 고급차에 채용되었고, 일시적으로 인기가 있는 듯했지만 잠시 기대가 확대된 것으로 보여, 현재는 하프 파트나 파트리스의 대두로 점점 줄어들고 있다.

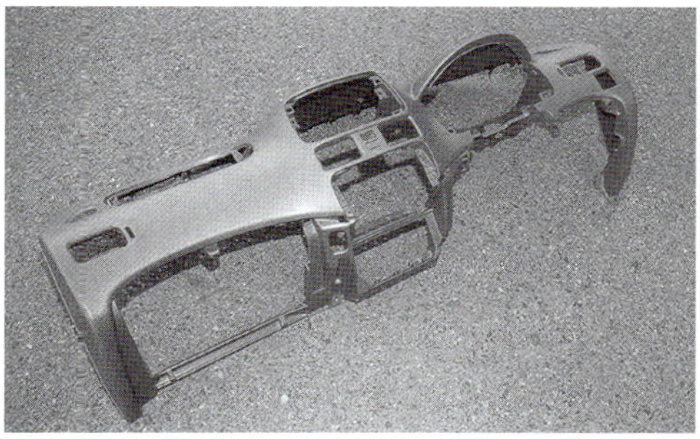

(a) 패널 외형

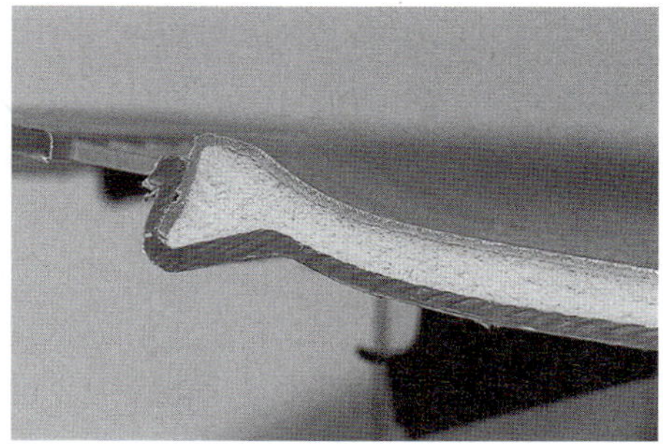

(b) 패널의 단면

그림 10.9 계기용 패널

(2) 하프 파트 형

표피는 우렌탄 가공으로 만들어지고, 뒷면에 발포제를 합쳐 라미네이트상의 시트를 진공성형을 이용해서, 미리 사출성형으로 성형시킨 기재와 가열 접합하는 방식이 많다.

표피재와 발포체는 주로 연질 PVC로 된 경우가 많지만, 기재에 필러충전 PP를 이용하는 경우에는 표피재와 발포체를 폴리올레핀계 소재로 하는 경우도 증가하고 있다. 이런 이유로는 i) 발포체와 기재, 표피와 발포체 사이에 접착성, ii) 재활용성(재료 통일화)을 들 수 있지만, PVC와 비교하면 비싸기 때문에 표피의 진공 성형시 열에 의한 시보 흐름성이나 내흠집성도 현 상태에서는 충분하지 않다. 따라서 단지 구성하는 재료

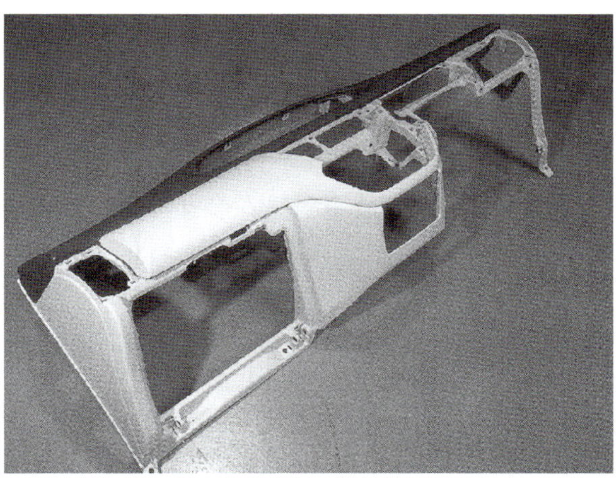

그림 10.10 계기용 패널

를 폴리올레핀으로 변환하는 것은 그다지 의미가 없기 때문에, 새로운 가공방법의 개발로 이어져 소재의 전환을 도모하는 식의 각종 형태로 되고 있다. 도어 트림의 항목에서 뒤에 서술하겠지만, 저압 성형방식에 의한 금형 내 인서트(insert) 성형 개발의 진전에 의한 것이 크다고 생각된다.

(3) 파트리스 형

보통은 사출성형으로 만들어지지만, GE사 등에서 볼 수 있는 중공성형에 의한 컨셉도 나타나고 있다. 이것은 중공성형의 장점을 살린 덕트류로 동시에 성형하도록 고려된 방식이다. 이 타입은 기재의 표면을 덮는 표피가 없기 때문에 표면품질이 매우 중요하다(상기 하프 파트 형에도 해당된다). 본 제품은 내충격성과 고온 내열성 및 강성을 요구하기 때문에, 다른 내장품과는 달리 재료의 성형 유동성의 특징에 대해서는 말할 수 없지만, 대형 성형품을 위해서는 일반적으로 다점 게이트 방식을 채용하고 있다. 따라서 웰드 라인이나 부분적인 광택이 발생하기 쉽고, 많은 경우 우레탄 도료를 탑 코트에 의해서 도포하고 있다. 현재 이 기재에는 변성 PPE, ABS 수지, 필러충전 PP가 채용되고 있지만, 변성 PPE에서는 내열성능·하전성(재료에 기인하는 창 글라스의 흐림), ABS 수지에서는 내열성능과 창사성능, 하성능, 필러충전 PP에서는 성능의 향상과 제품면의 주름의 개선이 필요하다.

현재 일부 계기용 패널의 성형에 가스 어시스트 사출성형이 적용되어 주목받고 있다. 가스 어시스트 사출성형은 각사의 방법이 실용화되고 있지만, 일본에서는 (Asahi Chemical Industry, 旭化成(욱화성) AGI(그림 10.11), 심플레스, 바텐 펠트의 에어 몰드, 出光 GAIN사가 실적을 가지고 있어, 계기용 패널에 AGI에 의한 제품이 탑재되고 있다. 가스 어시스트사출성형에 의한 장점은 주름방지와 가스 채널이라 불리는 두꺼운 리브가 수지유동을 지원하고, 일점 게이트로 제품을 얻을 수 있는 것이다.

따라서 웰드 라인수의 발생이 적고 외관성능이 우수함과 동시에 상기 리브의 설치에 의해 제품표면 강성을 향상시킬 수 있는 등의 우위성이 보이지만, 설비투자를 수반하기 때문에 부품의 일체화나 제품에서 공정수의 절감을 포함한 방법을 추가로 창출할 수 있는지가 확대공급의 열쇠이다.

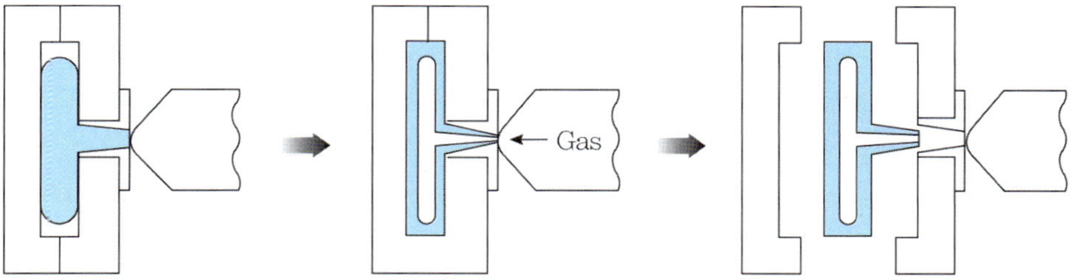

그림 10.11 AGI성형의 공정 개념도

그림 10.12 자동차 부품용 사출장치

10.3.2 시트

고분자계 재료는 표피재와 쿠션재, 그리고 일부 재료에 심재로 사용되고 있다. 표피재로 요구되는 특성은 내마모성과 퇴색, 그리고 변색성 등이 있고, 차의 격에 맞추어 직포형식이나 소재가 선정되고 있다.

섬유계 소재로서는 폴리에스테르계 섬유가 일본에서 가장 많이 사용되고 있지만, 미국에서는 나일론 섬유, 유럽에서는 폴리에스테르, 나일론, 아크릴 섬유가 채용되고 있다. 이 이유로서는 각 나라마다 내후성에 대한 요구특성이 다르기 때문이다. 또, 쾌적함을 이루기 위한 목적에서 전기 전도성을 부여하는 표피재(그림 10.13)나 탄성이 없어

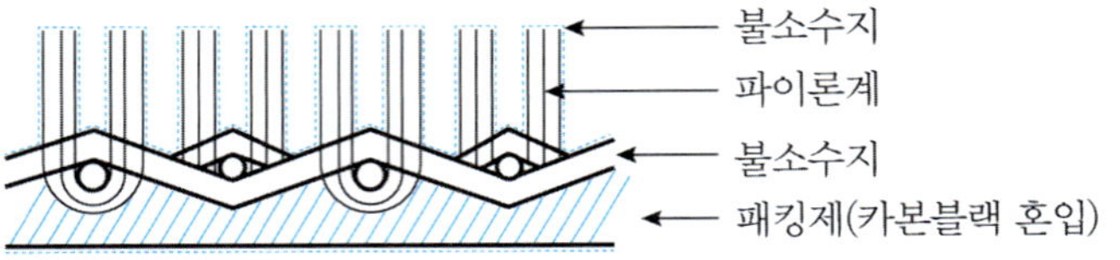

그림 10.13 기능 복합(정전기 방지기구, 오염방지기구) 시트

지는 것을 방지하기 위한 개발도 활발하다. 표피재로서 섬유계 이외로도 염화비닐 합성수지, 인공피혁, 천연피혁 등이 사용되고 있지만, 차의 격이나 소비자 요구에 대응하는 많은 품종이 있다.

쿠션재(시트 파트)는 승차감을 목적으로 여러 항목이 시험되고 있다. 소재로서는 우레탄계가 압도적이지만, 통기성이나 탄성유지를 목적으로 셀시오에서는 우레탄을 바인더로 한 폴리에스테르 섬유를 사용하고, 벤츠에서는 고무를 바인더로 한 야자의 열매섬유가 사용된 경우도 있다. 연질 우레탄 폼에 의한 도요타의 제조방법은 “hot cure”와 “cold cure”로 크게 구별할 수 있다. 전자와 비교해서 후자의 방식은 저온(50~60℃)에서도 열처리가 가능하며 설비 투자금액도 적을 뿐 아니라, 어셈블리 라인 가까이에서 제조가능하기 때문에 유리하다.

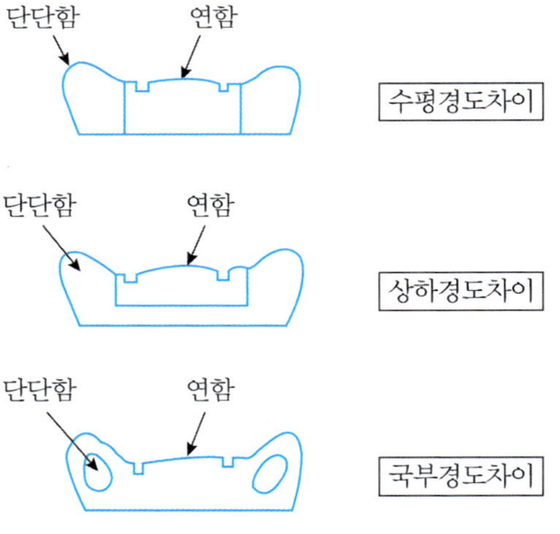

그림 10.14 서로 다른 경도 폼의 형태

이 배경에는 재료개발업체의 저밀도 고탄성 (HR: High Resiliency) 폼의 개발성과가 있다. 가공방법에도 승차감을 고려한 방법이 취해지고 있다. 그림 10.14에 표시한 것처럼 1개의 시트부분에 발포상태를 변하게 하고, 밀도를 변화시킨 것으로 경도를 조정하고 있다.

쿠션의 소재로서 PU의 위치는 확고하지만, 일부에서는 연소과정에서 발생되는 가스를 염려해 난연성을 부여한 지하철의 시트 쿠션 소재로 사용할 것을 고려하는 움직임도 보인다. 시트 프레임이나 시트 백 코어는 보통 금속재이지만, 일부 수지재료가 사용되는 예도 있다. 마쯔다에서는 시트 프레임에 글라스 섬유강화 에폭시 수지를 적용해, 50%의 경량화를 달성하였다. 도요타에서는 분리형 뒤 시트에 PP소재 중공 성형품의 시트 백 코어를 사용하였다.

향후 요구되는 사항 중에서 주목해야만 하는 것은 안전, 환경, 상품성(쾌적성)이고, 안전성에 대해서는 정면 배리어, 측면과 뒷면 충돌에 대한 안전대책으로는 에어백을 시트 내에 설치하는 것을 벤츠가 제안하고 있다. 또, RV차의 수요가 증가하고 있는 상황에서 분리 시트를 넘어뜨린 상태를 사용자가 요구하고 있어 받침대로서 역할을 할 수 있는 부품으로 시트 백 코어를 하나의 대안으로 생각하고 있다.

10.3.3 천장

천장의 종류는 성형 천장(프레스로 성형한 천장재를 밀어 넣어 고정), 붙이는 천장(천장에 쿠션재를 접착), 매다는 천장(표피를 천장에 고정하고, 매달음)으로 구분한다. 1987년 이 구성비는 성형천장이 70%를 차지하고 있지만, 지금은 더욱 증가하는 추세에 있다(그림 10.15).

따라서 여기에서는 성형천장에 대해서 서술한다. 성형천장은 기재와 표피로 되어 있고, 기재로서는 발포 PP, 발포 PU, 글라스 울, 덤볼, 수지제 허니콤 구조체, 발포변형 PPE 등이 사용되고, 표피재로서는 직물(fabric), 부직포, TPO(열가소성 폴리올레핀계 일래스터머), 연질 PVC 등이 다양하게 이용되고 있다. 구미에서는 기재로서 발포 PU가 사용되지만, 표피재로서는 직물이나 부직포를 사용하는 경우가 많다.

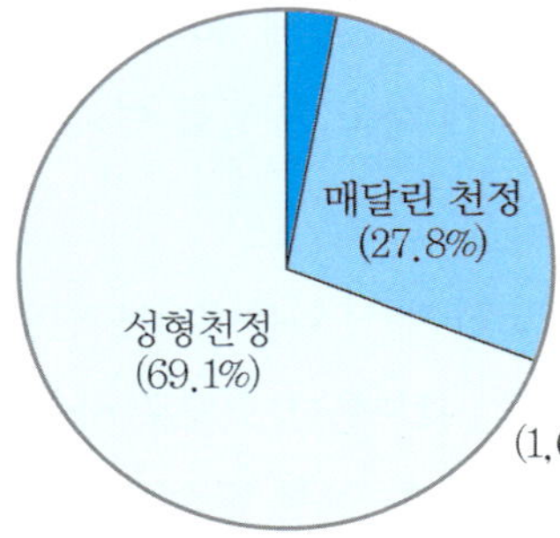

그림 10.15 자동차용 천장재의 비율

그림 10.16 열가소성 경량 복합 재료의 단면

기재에 요구되는 특성은 경량화, 재활용성, 성형성(프레스 성형시의 심가공성), 고강성, 내열성, 흡음성 등이다. 현재 많이 사용되는 발포 PP 기재는 PP 중에 글라스 섬유나 유기섬유를 혼합시켜서 발포상태의 시트로 만드는 것이 일반적인 방법이고, 열 프레스에 의해 표피를 적층시켜 소정의 형상으로 만드는 방법으로 성형천장 부재가 만들어지고 있다. 위에서 설명한 섬유분산 형태나 시트의 단면방향을 경사화(샌드위치 구조)(그림 10.16) 하는 방법 등이 고려되고 있다.

앞으로는 새로 생긴 발포비율의 향상과 발포와 표피를 동시 성형하는 방법이 시도될 것으로 생각된다. 또, 직물의 재질도 나일론계에서 내후성을 개선시킬 수 있는 폴리에스테르계로 바뀌고 있다고 생각된다.

10.3.4 도어 트림

도어 트림의 형태는 i) 평 트림, ii) 일체성형 트림(암 레스트를 일체화), iii) 분할 트림으로 구별되고, 평 트림은 대중차, 일체성형 트림은 중급차·고급차, 분할 트림은 고급차에 장착되는 경우가 많다. 트림은 기재/쿠션/표피, 기재/표피, 기재/도장, 기재 자체의 조합으로 구성되어 있고, 계기용 패널과 같은 컨셉으로 제조되고 있다. 기재는 필러충전 PP, 내충격성 PP, 열경화성 수지(페놀 또는 우레탄/목분), ABS 수지가 대부분이고, 쿠션재는 표피재와 조합되는 형태로 변화하지만, 발포 PVC(쿠션재)와 연질 PVC(표피재)가 많이 채용되고 있다.

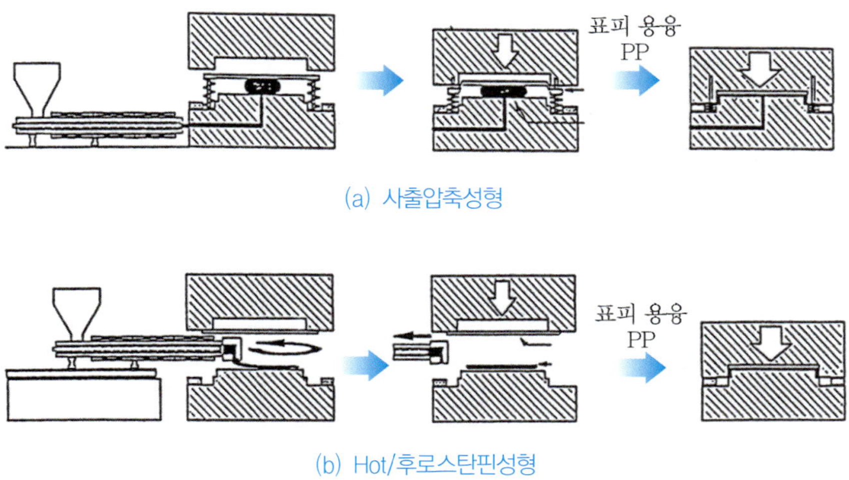

그림 10.17 표피 인서트 성형법

도어 트림을 수지로 바꾼 역사를 보면 ABS 수지와 열경화성 수지가 처음부터 사용되었으나 서서히 PP계가 변화되어 왔다. 이 흐름은 경량화(박육화), 저비용화, 재료통합(재활용성)이 자동차 제조업체의 요구와 재료기술의 혁신으로 조화되면서 이루어진 것이다. 전형적인 일체 성형 트림의 제조방법은 기재를 사출성형으로 모양을 만들고, 캘린더 가공에 의한 표피 또는 이 표피에 발포층(쿠션재)을 붙여서 합친 표피층을 기재로 한 진공성형으로 적층시켜 실시하고 있다. 현재의 가공방법을 포함한 도어 트림의 제조방법으로 주목되는 기술은 사출압축 성형에 의한 표피 인사이드 일체 성형법이다(그림 10.17). 한편 측면 충돌 규제에 맞게 설계기준을 다시 고치고, 즉 기재로 대응할 것인지, 충격흡수를 맞춰서 끼울 것인지, 형상변경으로 진행할 것인지는 앞으로 주목된다.

10.4 향후 문제

10.4.1 재료통합

목표는 대량생산을 전제로 한 제조비 절감과 재활용이다. 지금까지 서술해 온 것처럼, 각 자동차 업체의 부품에 대한 요구에 맞게 재료업체가 여러 가지 재료를 만들어 온 역사가 오늘날 자동차 산업을 만들어 왔다고 해도 과언은 아니다. 한편 소비자의 요구수준이 너무 높아 재료단가가 상승하는 악순환도 보인다. 각 부품에 대한 요구특성의 차이를 논하는 것은 아니고, 부품에 대한 규격을 통일해 재료의 종류를 얼마나 줄일 것인가 하는 시대가 되었다. 단지, 설계기준을 낮추는 것이 아니고, 각각의 특성을 향상시킨 재료통일을 사용자와 공급자가 협의하여 개발을 진행하는 것이 양 업계가 국제적 선두자로서 지위를 지니면서 살아남는 길이라고 생각된다.

10.4.2 국제화

자동차 제조업체가 재료 업체에 대해서 "국제화의 물결에 대응이 늦다"라는 지적을 많이 하고 있지만, 이것은 적합한 표현이 아니다. 구미와 일본의 재료개발 방법은 큰 차이가 있고, 일본에서는 좋지 않은 것을 개발하고 기술 서비스를 실시해 왔다. 그러나 결과적으로 경비가 매우 많이 드는 고가의 재료를 제공해야만 하는 상황이 만들어지고 있다. 이와 같은 반성으로 재료업계는 새로운 정비를 하고 있는 것이 현재의 모습이다. 한편, 자동차 제조업체의 해외진출에 발맞추어 재료업체도 바다를 건너고 있다.

10.4.3 리사이클

현실적인 재료 재활용의 방법에 대해서 가공방법으로 흥미 있는 것을 소개한다. 예를 들면 사이드 인치 성형은 코어재를 재활용재로 이용하고, 스킨재를 버진재로 이용

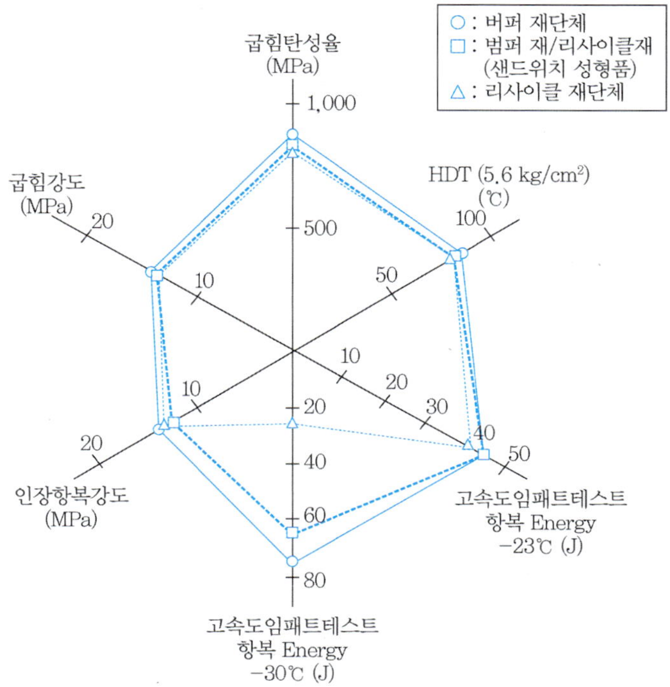

그림 10.18 샌드위치 성형품(재활용재 사용)의 물성

한 물성 데이터를 그림 10.18에 표시하였다. 이 물성의 밸런스를 보면 각종 부품에 적용가능한지를 충분히 안다. 그러나 본 가공법은 신규설비 투자를 수반하는 것과 스킨/코어량의 제어가 곤란한 문제점이 있다.

10.4.4 재료설계 기술

현재 자동차 부품에 적용되고 있는 재료의 대부분은 넓은 의미의 중합체(polymer) 합성이라고 볼 수 있다. 이 중합체(polymer) 합성을 "중합체 브랜드", "블록·그래프트(graft)중합체" 등으로 분류해 보면, 종래의 개발은 각 분류를 중심으로 착실히 진행되어오고 있지만, 최종 재료로 이상적인 형태까지 최적화되고 있는 예는 지극히 작다. 즉, 필러충전 PP의 소재인 내충격성 PP 구조도 미세결정과 비정(非晶), 그리고 고무분산 구조를 보는 기술은 어느 정도 확립해 있지만, 강성과 내충격성의 균형을 이루기 위한 최적의 미세 구조를 정확하게 제안하여 제조하는 기술은 안정되어 있지 않다. 현재 어느 정도 시험이 되고 있어 이후의 결과가 기대된다.

10.5 외장 재료

10.5.1 서론

자동차 부품의 수지화에서 가장 큰 것은 차체의 외판이다. 역사적으로는 이미 1984년에 GM의 피에로에서 본격적인 사용이 시작되었고, 그 후에도 어느 정도의 차종에 수지재료가 적용되었다.

그러나 강판에 비교하면 수지는 i) 비용, ii) 생산성, iii) 도료(치수 정밀도) 등의 문제가 있고, 아직 본격적이지 않은 것이 현실이다. 즉, 일부 내열성과 강성을 필요로 하는 외판 수평부(프런트 후드 등)에는 불포화 폴리에스테르가 사용되고, 코리아 수지 기본의 SMC(시트 몰드 컴파운드)가 내열성에 적합하다. 그리고 내충격성을 필요로 하는 수직부 (프런트 후드 등)에는 PPE/PA, PC/PBT, PC/ABS 등의 엠프라계 고성능 알로이가 사용되고 있다.

한편, 외장부품으로서는 범퍼, 그릴, 가니시, 에어로 퍼츠, 휠 커버 등이 있다. 범퍼는 원래 강철제품이었지만 5마일 규제 등의 대응에서 우레탄 RIM(리어 쿠션 · 인젝 · 몰딩), R-RIM이 주류로 되었다. 또, 유럽에서는 우레탄 RIM, SMC, PC/PBT, 변성 PP 등이 다양화되었지만, 현재는 변성 PP화가 진행되고 있다.

또, 일본에서는 미국에 대응하여 고급 이미지라 부르는 관점에서 고급차에 우레탄 RIM이 사용되어 왔지만, 최근에는 고성능 범퍼재가 개발되어, 고급차에도 PP화가 진행되고 있다.

10.5.2 외판, 외장용 부품재료 동향

(1) 외판부품 재료

수지의 외판 양산적용은 일본에서 1984년의 도요타 바라도 CRX에 PC/PBT 가 사용된 것이 최초이다. 이어서 1987년부터 발매된 Be-1에는 프런트 펜더에 PPE/PA 합성한 강판과 동시 도장을 하여 개성적인 디자인과 함께 화제로 되었다. 그 후도 일본산 PAO가 1991년의 피가로의 뒤를 잇고 있다. 마쯔다도 경자동차 AZ-1에 올 수지 외판을 사용하였다.

한편, 미국에 있어서도 1989년에는 GM의 APV 미니 밴에 SMC를 대폭 사용하여 화제가 되었다. 게다가 1990년 10월에 등장한 GM의 세단도 수지 외판을 많이 사용하고 있다. 특히, 종래 수지 외판과는 다른 모든 열가소성 엠프라 알로이를 사용하고, 구체적으로는 프런트 펜더와 리어 쿼터 패널은 PPE/PA · 알로이, 도어 패널은 PC/ABS가 사용되고 있다.

수지재료의 외판 사용 예를 종합하였다. 강성이 중요시되는 프런트 후드와 루프에는 SMC나 강판을 사용하고, 내충격성이 중시되는 펜더나 도어 아우터에는 고성능 엠프라 알로이의 PPE/PA, PC/ABS, PC/ABS가 사용되고 있다는 것을 알 수 있다.

외판재료의 요구특성은 i) 강성(굽힘 탄성), ii) 내충격성, iii) 치수 정밀도(선팽창 계수), iv) 외관성, v) 생산성, vi) 비용 등을 들 수 있다. 현재 상태는 각각의 재료에 내재하는 문제를 해결함으로서 개발이 진행되고 있다. 예를 들면, SMC에 대해서는 경량화(밀도저하)나 표면외관 이외에 내충격성에 대한 강성은 저하되지 않고, 불포화 폴리에스테르의 경질부분과 폴리우레탄의 연질성분의 블록 중합체로 개량하고 있다. 펜더나 범퍼 표면에 사용되는 우레탄 R-RIM도 개량이 되어 저온 충격성과 성형 사이클이 우수한 우레아 RIM이 출현해서 실용화되고 있다. 보다 강도가 필요한 수평부품은 SMC 등의 열경화성 수지가 사용되고 있다. 종래 외관과 성형성, 그리고 재활용으로부터 외판용제의 장래성에 대해 의문시되었던 열경화성 수지도 많은 개선으로 수평부품에 대해서는 수지재료가 대표적으로 되고 있다. 생산대수와 디자인, 그리고 특수성 등, 강판에 대한 장점을 살려서 이후에도 계속 사용되어 질 것으로 생각된다.

한편, 수직부위에 대해서는 더욱더 엠프라계 알로이가 유력한 경쟁재료로 될 것으로 보인다. 특히, 타 재료에서는 성형이 어려운 특이한 형상을 가지는 차종에 많이 사용되어진다. 앞으로도 사용자의 요구가 다양화되면서 개성적인 엠프라계 외판이 많이 사용될 것으로 생각된다. 그러나 향후 더욱더 양산 차종이 큰 폭으로 용도를 신장시키기 위해서는 성질이 떨어지지 않고, 가격이 싼 PP계 합성 등의 출현이 기대된다.

(2) 의장부품 재료

① 범퍼

사용되는 재료는 당초 강제였던 것이 최근에는 경량화와 디자인의 자유도가 높게 되고, 안정성·방청성의 면에서도 우수한 플라스틱화가 현저히 진행되고 있다. 특히 저비용화, 경량화, 재활용의 관점에서는 1997년의 피아트나 폭스바겐에 사용되기 시작해 변성 PP 범퍼가 증가하고 있는 것이 특징적이다. 게다가 최근 디자인이나 부품의 일체화에 의해 평균중량은 3배가 되어 성형성을 시작으로 물성 개량도 진행되고 있다.

범퍼는 충격흡수 정도에 의해 분류하면, 북아메리카쪽의 충격성 타입과 북아메리카 외(일본, 구미 등)의 저충격성 타입으로 된다. 1971년에 미국에서 시작 되었던 안전기준 FMVSS No. 215에 이어서, 1979년에는 PART 581, Phase-2가 발효되었다. 즉, 시속

8km/h(5마일/h)로 충돌시 차체 및 범퍼 시스템의 손상을 받아 범퍼 표면의 휨은 9.5 mm 이하, 영구 변형량이 19 mm 이하인 것을 말하는 것이 5마일 규제이다.

이하 5마일 범퍼, 2.5마일 범퍼의 개발동향에 대해서 서술한다.

- 5마일 범퍼 : 고충격 에너지 흡수를 필요로 하기 때문에 범퍼 시스템의 구성은 일반적으로는 범퍼 표피/충격 흡수체/림포스먼트로 구성된다. 충격 흡수체는 크게 구별해서 기계식의 유압단파 방식과 폴리우레탄이나 PP 발포에 의한 허니컴 구조체를 충격 흡수재로 하는 것이 있다. 유압단파 방식은 구조가 복잡해서 고가인 점과 디자인상 충격 흡수체를 사용하기 어려운 일부 스포츠 카에 사용되고 있다. 이것에 대해서 우레탄이나 PP의 충격흡수 발포 타입은 범퍼 표면과 림포스먼트 사이에 충격흡수 유닛으로 발포체를 조합한 것으로 구조가 간단하고 경량화되어 저비용이기 때문에 고충격성 범퍼가 주류로 되고 있다.
  범퍼 표면재에 요구되는 품질은 디자인면에서 i) 성형수축, ii) 가열수축, iii) 선팽창계수, iv) 비트사구(소부온도), v) 내흠집성, vi) 표면 평활성, vii) 도료성 등이고, 기능면에서는 i) 뒤퐁 충격성, ii) 고속면 충격, iii) 인장 파단선도, iv) 굽힘 탄성, v) 내열, 내습열화, vi) 가공 안정성 등이 있다. 특히, 고충격성, 복원성, 내흠집성이 요구되기 때문에, 처음 5마일 범퍼 표면에 채용된 것은 우레탄 RIM이었다. 현재, 폴리올레핀계 재료로 침식하여 감소하고 있는 것이 아직은 사용되고 있다.
  한편, 올레핀계 일래스터머는 생산성, 경량화, 재활용성의 점에서 우수하고, 재료의 개량과 품질향상, 생산성의 향상, 재활용성, 저비용화의 요소에서 신세대의 올레핀계 일래스터머가 개발되었기 때문이다.

- 경충격 범퍼(또는 2마일 범퍼) : 경충격 범퍼는 일본이나 유럽의 승용차에 많이 사용되고 있다. 일반적으로는 충격흡수 기구(재)를 없애서 가벼운 충격에 대응 가능한 범퍼이다. 치수 안정성, 강성 등이 우수한 PC(폴리카본네이트), 온라인 도료를 겨냥한 PPE/PA, 합성도 있지만, 비용과 성형성, 그리고 재활용성에서는 일반적으로 변성 PP가 사용되고 있다. 특히, 최근에는 가스 어시스트 성형을 이용해서 표피로 고강성 변형 PP(굽힘 탄성률 ; 147 MPa)를 이용해서 림포스먼트를 생략해서 경량화와 저가격화를 달성하고 있다.

② 방열기 그릴

방열기 그릴용으로 요구되는 특성은 내열성, 내충격성, 강성, 내후성, 치수 안정성 등이 있다. 종래는 각종 표면처리가 용이하고, 성형가공성이 우수한 ABS 수지가 사용되어 왔지만, 최근에는 디자인성에서 투명성을 가진 PMMA나 PC도 사용하게 되었다. 게다가 엔진 룸 내의 온도상승에 대해 내열성을 향상시킨 마레이미드 변성 ABS나 PC/ABS가 사용되기 시작하고 있다.

③ 사이드 가니시

차체측면의 부품에 사용되는 것은 차체의 상처방지용 부품이다. 요구되는 특성으로는 치수 안정성과 내흠집성이 있고, 강판의 프레스 성형품의 상처방지와 디자인의 관점에서는 우레탄 RIM, 변성 PP, TPO, PC/PBT과 같은 재료가 있다.

④ 리어 스포일러

크게 구별해서 차체에 직접 붙이는 플랜트 타입과 차체에서 떼어 붙이는 윙 타입이 있다. 처음에 반경질 PUR가 주체였지만, 강성, 치수 정밀도, 외관성에서는 변성 PPE나 ABS 등의 열가소성 수지나 SMC, 경질 PUR의 열경화성 수지로 확대되었다. 현재는 생산성과 경량화에서 PUR나 SMCSMS가 감소하여, 재활용성이나 소량생산에 변성 PPE나 ABS 등의 열가소성 블로(blow) 성형품이 주류를 차지하고 있다. 그러나 블로에도 Burr나 마무리 문제가 있고, 경량화한 SMC 등도 뿌리 깊게 남아 있다.

⑤ 휠 커버

디스크 휠로 장착된 커버에 장착방법과 크기에 따라서 풀 커버 및 하프 커버, 센터 커버의 세 종류로 크게 구별된다. 자동차의 FF화(전륜구동)가 전진하는 차량의 앞부분의 중량이 증가하기 때문에 제동시에 발열량이 많고, 휠 커버부에도 국부적으로 온도 상승시 130~150℃ 정도까지 내열성을 필요로 하는 것처럼 되었다. 그 때문에 PPE, PAE, PPE/PA 알로이 등 내열성이 우수한 엠프라가 필요하게 된다. 그 중에서도 주류는 변성 PPE이다.

10.5.3 외판, 외장재료의 장래동향

(1) 외판재료

SMC는 구미를 중심으로 수평 외판에 가장 많이 사용되고 있다. 그 이유는 종래의 SMC가 가지는 표면 외관성(class A)과 경량화(저밀도화), 그리고 내충격성 등 재료와 자동차 업체에 의해 개량이 진행되고 있기 때문이다. 한편, 수평부에 대해서 성형성·재활용성과 비용 등의 관점에서 열가소성 재료에 대해서도 시험이 진행되고 있다. 구체적으로 GE사는 섬유강화 열가소성 수지시트를 α-1과 같은 새로운 장치로 압축 스탬프 성형한 것으로, class A와 같은 외관을 갖는 외판의 실현을 목표로 하고 있다.

한편, 뒤퐁은 글라스 섬유의 부직포에 PET 수지를 함성하여 SMC를 대신할 수 있는 XTC 시트를 개발하였다. 그 재료는 후드, 루프, 트렁크 리드 등의 수평부위에 적당한 재료라고 여겨진다. 이 재료는 재활용이 가능하여 SMC에 비해 15%의 경량화와 class A의 표면 평활성도 갖추고 있다. 더욱이 200℃×30분의 내열성을 겸비한 온라인 도장이 가능하다.

(2) 외장재료

외장부품에는 여러 가지가 있지만, 이후 사용량이 증가하여 기술혁명의 영향이 크고 열량이 클 것 같은 범퍼 및 범퍼 시스템재료에 대해서 서술한다.

범퍼의 동향에 영향을 미치는 인자로서는 i) 충돌규제, ii) 연비규제(경량화, 공력특성), i.i) 지구환경 문제(TCE, VOC, 재활용), iv) 스타일링(차체와의 일체화), v) 엔진냉각 조건, vi) 내구성(내식성), vii) 수리비(교환 부품), viii) 생산성, ix) 전체 비용 등이 고려되지만, 특히 충돌규제, 연비규제, 재활용성, 스타일 등에 의해 대형화, 획일화, 품질향상이 진전되고, 차체에도 소프트 표면의 사용이 증가하고 있다.

또, 재료에서는 폐기, 재활용성, 경량화, 표면품질 등으로부터 열가소성의 재료로 전환되는 경향이 크다. TPO 중의 EPR(에틸렌 프로필렌 고무)를 적절하게 분자 설계를 하면 고무입자가 미세하게 되고, 성형에 의해 길게 늘여진 끝부분(morpology)을 나타낸다. 그 방법에 의해 무기필러를 첨가하지 않고 저선팽창 TPO가 개발되어 있다.

한편, 종래와는 다른 비정질 매트릭스(비정질연속상)의 개념을 기본으로 나노미터의 분자구조를 제어하는 고성능 스퍼 올레핀 중합체도 실용화되어 있다. 이와 같은 품질을 개량시킨 TPO, 고기능 변성 PP가 출현한 것으로부터, 이후 올레핀계 TPO, 고기능 변성 PP가 주류로 될 것이다. 단, 구미에서는 충격규제가 느슨한 것도 있어(2.5 mile/h) 경량화(빔과 일체화, 박육화)와 도료성에 우수한 것에서 경질 범퍼 커버(PC/PBT 알로이)의 사용이 증가하고 있다. 가까운 미래에는 재활용성과 생산성 문제가 있는 RIM 우레탄을 대신하여, 아직 고가격이지만 생산성을 향상시킨 우레아 RIM이 기대된다. 또, PP계에 대해서도 경량화와 내흠집성이 우수한 5 mile/h에 대응 가능한 PP계 알로이 또는 리액터 메이트의 TPO가 기대되고 있다. 특히, 캐털로이 프로세스에 의한 직접중합의 신규 중합체 알로이의 개발이나 다단 혼련기에 의한 고기능성 재료가 낮은 가격으로 생산되는 방법의 개발도 기대된다.

한편, 1995년의 토리클로로 에탄(TCE)의 전폐나 용제규제에 대응하여 TCE 리스 범퍼재료의 개발이 진행되고 있다. 토리클로로 에탄의 증기세정 효과는 크게 구별해서 두 가지가 있는데 i) 표면의 유분을 떨어뜨린다. ii) EPR 고무를 팽윤, 에칭시킨 프라이머나 도료가 입혀지기 쉽게 되어 도막의 밀착성을 향상시키는 것이 있다.

게다가 최근 섬유강화 재료는 각종 열가소성 재료를 매트릭스로 액정중합체를 희석시킨 액정 중합체 FRP가 개발되어 범퍼 림포스멘트 등에도 적용시험을 하고 있다.

10.5.4 향후 과제

외판용 재료는 강판으로부터 여러 가지 경합재료가 출현되고 있다. 향후, 자동차의 요구가 저가의 양산 차와 개성적인 차로 2극화되고, 또 연비규제에 의한 경량화, 재활용, 전기 자동차의 출현, 자동운전의 현실화 등 사회가 변화 되면서 외판 재료도 시행착오를 경험하고 있다. 어느 쪽이든 한 종류의 재료에 집약되는 것이 아니고 자동차와 소재 업체의 지칠 줄 모르는 노력에 의해 여러 가지로 최적의 소재가 선택된다.

한편, 큰 외장부품은 말할 필요도 없이 범퍼 표면일 것이다. 현재의 재료는 현저하게 진보해 오고 있지만, 반드시 만족할 만한 것은 아니다. 특히 앞으로 재활용, 경량화, 저비용화가 요구되면 열가소성 올레핀계 중합체에 대한 기대가 크다. 싱글 사이트(메타로센) 촉매에 의한 PP의 고강성화, EPR의 나노 오더 레벨의 미세 구조제어, 다단 혼연기술, 더욱이 리액터 메이드의 TPO 등 저비용, 고성능 재료의 개발이 기대된다.

더욱이, 가공 기술로는 저압력으로 저에너지가 가능한 저압 사출성형이나 블로 성형이 기대된다. 특히, 가스 어시스트 사출성형은 가스에 의해 성형성을 부여하는 것으로, 중공체에 의해 경량화와 구조보강이 가능한 것 등 지금 시대의 요구와도 일치하는 기술이라 생각된다.

향후 부품설계는 디자인 설계를 기본으로 재료와 가공기술을 융합시켜 저비용, 경량화, 고성능화를 목표로 하는 것이 중요하다.

10.6 기능(구조) 부품재료

10.6.1 서론

이 항에서는 엔진의 주변부품, 연비계통 부품과 전장 부품의 재료로 많이 사용되고 있는 섬유강화 복합재료의 동향에 대해 서술한다.

엔진 주변부품에 대해서는 부품배치 밀도의 증가와 더불어 환경온도의 상승이나 진동, 그리고 각종 약품과의 접촉 등을 가미한 엄한 사용조건하에서의 신뢰성이 요구되기 때문에 수지화가 타 부품에 비해 한정되어 있다. 또, 제품이 고르지 못한 것도 고려한 높은 강성률과 강도가 요구되는 부품이 많고, 특히 금속재료에 비해 두께 증가를 부득이하게 하는 경우 경제성 개발의 장벽으로 되는 경우가 많다.

금후 수지화가 기대되는 대형부품으로서는 흡입 다기관, 프런트 엔드 패널, 대시 보드 서포트 등을 들 수 있고, 구미에는 경제성이나 신뢰성이 높은 복합재료가 채용되고 있고, 일본에도 사용이 임박해 있다고 할 수 있다.

연료계 부품으로서는 연료탱크, 연료주입 파이프 외에 여러 가지가 있지만, 배기가스 규제의 강화로 사용되는 알코올, MTBE 함유연료를 포함한 신 DHED 규제에 대응 가능한 새로운 재료(신규 배리어재 등)나 신규가공법(표면처리 등)의 개발이 서둘러지고 있다.

또, 전장부품은 케이블 프로텍터와 커넥터(PA, PBT) 등이 있으며 엔진 가까이의 내열성이 요구되는 부위에는 PA계 합성수지가 사용되고, 엔진으로부터 떨어진 부위에는 경제적인 PPMF (무기필러 충전 PP)화로 2극화가 진행 중에 있다. BMC제 헤드 램프 리플렉터나 릴레이 극판 등은 재활용성을 고려하여 열가소성 엠프라로 전환이 검토되어 일부 실용화되고 있다.

이제부터는 섬유강화 재료에 대해 우선 개괄적으로 나타내고, 이들을 포함한 재료개발의 동향에 대해서 부품별로 서술해 보고자 한다.

10.6.2 섬유강화 복합재료

섬유강화 복합재료를 매트릭스로 분류하면 열경화성 수지와 열가소성 수지로 대별되고, 전자의 대표적인 예로서 SMC(Sheet Molding Compound)와 BMC(Bulk Molding Compound)를 들 수 있다.

그러나 최근 환경문제와 재활용화의 부각에 의해 프런트 엔드 패널이나 헤드 램프 리플렉터 등에서 볼 수 있는 것처럼 재활용화를 고려하면, 폐기(소각)처리가 곤란한 SMC나 BMC로부터 열가소성(주로 엠프라) 수지계 재료로 전환이 진행되고 있다(열가소성 수지의 짧은 성형 사이클과 고인성 등이 좋아지는 경우도 있다).

한편, 섬유강화 복합재료를 충전시키는 섬유의 종류로 분류하면 유리섬유(GF)계와 탄소섬유(CF)계로 대별된다. 물론 이들 이외에 세라믹 섬유계, 티탄산 칼륨 섬유계, 보론 섬유계, 아라미드 섬유계, 타금속 섬유계를 들 수 있지만, 사용량이나 사용범위가 극히 한정되어 있다.

자동차 부품용 복합재료로서는 경제성이 요구되고 있기 때문에 현재는 GF계가 압도적으로 많이 사용되고 있다. 유리섬유에도 연속섬유, 글라스 매트, 장섬유, 단섬유 등의 종류가 있고, 요구특성, 성형품 형상, 성형법 등으로 분류되지만, 특히 열가소성 수지계의 경우, 매트릭스의 재활용성을 살리면서 내충격성이나 내크리프성으로 대표되는 내피로 특성은 단섬유비를 대폭적으로 향상시킬 수 있는 장섬유 충전계가 주목되고(그림 10.19) 왕성하게 개발되고 있는데 일부는 이미 사용되고 있다. 또, 장섬유 충전계의 특징을 살려야만 하는 성형시의 세어가 낮은(GF 절손이 적다) 압축성형이나, 사출·압축성형과의 조합에 의한 자동차 부품개발도 열심히 검토되고 있다.

또, GF 충전 열가소성계의 결점은 성형성이 저하되는 것과 성형품 표면의 거칠기에 의해 외관 불량이나 수동특성, 그리고 2차 가공성인 도금, 도장, 접착성 등의 저하를 들 수 있다. 폴리아미드 66/GF계의 변속기용 릴레이용 극판처럼 성형성과 표면외관, 그리고 수동특성이 우수한 재료가 개발 사용되고 있다. 더욱이, GF 충전 열가소성계의 다른 결점인 이방성에 대해서도 수지 조성과 성형금형 설계에서도 크게 개선되었다.

이와 같은 복합재료의 사용으로 개발이 기대되고 있는 대형부품으로는 구동 축(FRP), 흡기 다기관(PA 66/GF), 프런트 엔드 패널(PA/GF 혹은 PP/GF), 대시보드 서포트(PP/GF), 연료레일(일부 실용화) 등을 들 수 있다.

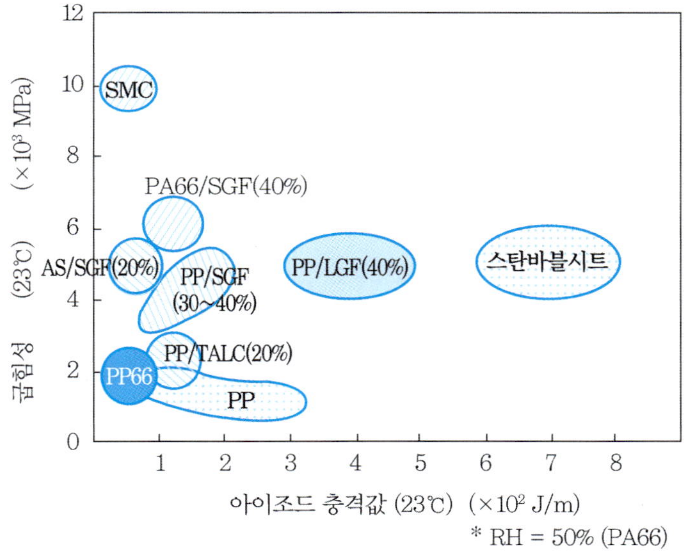

그림 10.19 각 재료의 탄성률과 충격강도의 관계

LGF: 유리 장섬유, SGF: 유리 단섬유

10.6.3 엔진주변 부품별 재료의 동향

엔진과 그 부대장치의 각 부품은 대부분 열적, 역학적 사용조건이 엄격하고, 또 장기간에 걸쳐 안정된 성능이 요구되어 수지재료로는 견디기 힘든 환경이다. 그러나 수지화에 의한 여러 가지 효과를 기대해 새로운 발상과 치밀한 계산에 의해 많은 과제를 극복하고, 모든 가능성이 진지하게 검토되어 이미 많이 실용화가 행해져 왔다. 자동차 디자인과 엔진의 고성능화 등으로 엔진 룸의 온도상승으로 수지재료에는 불리한 영향을 미치지만, 많은 개발투자로 수지화를 진행하는 이유는

① 수지화에 의한 연비개선

② 수지재료 성형특성의 장점을 살린 부품의 통합화나 일체화

③ 디자인 자유도의 향상

④ 후가공의 생략과 공정단축

⑤ 제진성에 의한 소음방지

⑥ 단열성에 의한 효율향상 등 많은 장점을 엿볼 수 있기 때문이다.

향후 사양에 대해서도 종래의 재료를 기준으로 한 비교가 아니라, 새롭게 실용적인 관점으로 다시 보는 것과 동시에 새로운 재료의 개발과 실적의 증가, 재료평가 기술의 진보, CAE를 이용한 시뮬레이션에 의한 설계지원 기술의 고도화에 의해 점점 수지화가 진전되리라 예상된다. 향후, 엔진주변에 사용될 수지로는 종래보다 많이 사용되고 있는 PA66, PBT 등과 더불어 더 내열레벨이 높은 방향족 PA, PA46, PPS나 비용과 성형성, 그리고 물성의 균형을 가진 각종 알로이계 재료가 증가하리라 생각된다.

10.6.4 엔진본체

다음은 주요한 엔진주변 부품의 수지화의 상황과 동향에 대해 설명한다.

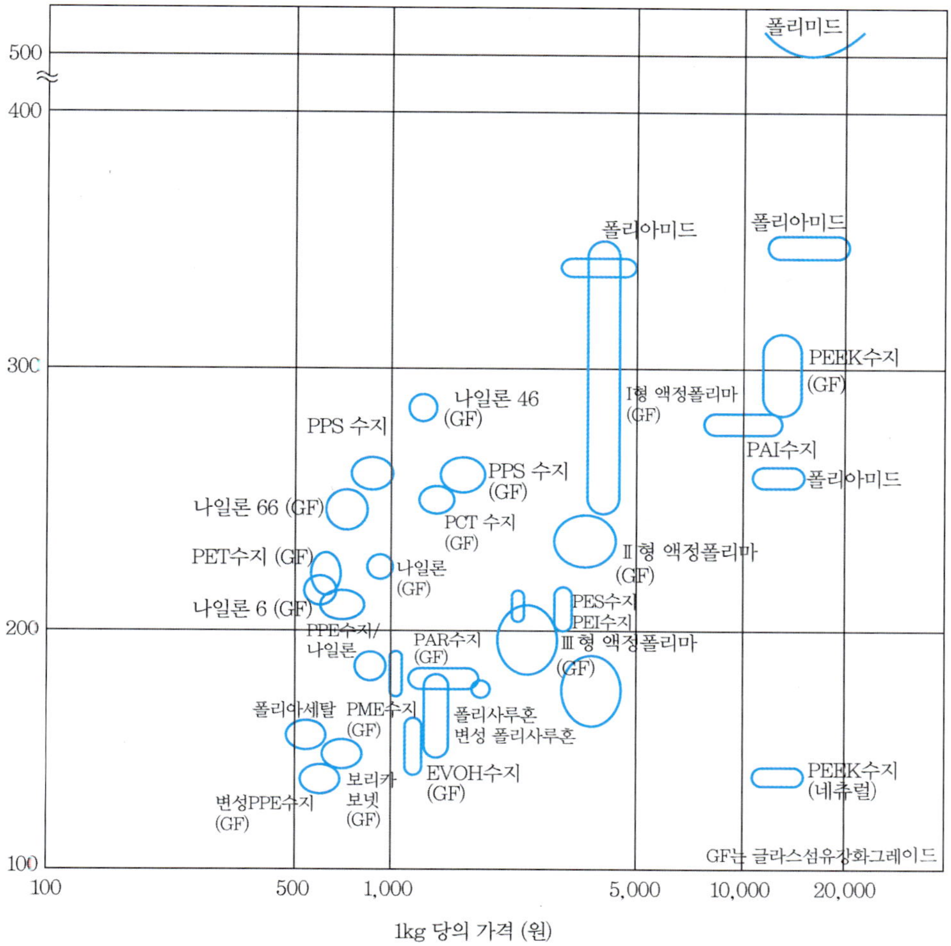

그림 10.20 하중 휨 온도(1.8MPa하중)와 가격

(1) 엔진 블록

1994년에 미국의 폴리모터 리서치사가 260℃에서 연속 사용이 가능한 방향족 폴리아미드 수지를 주체로 하여 대폭적인 경량화를 실현한 엔진을 개발해 GF 강화 페놀수지에 의한 시작품을 발표하고 있지만, 양산화에 도달하기까지는 시간이 필요 하리라 생각된다.

(2) 오일 팬

소음 감소를 위해 폴리에스테르계 수지 등을 2장의 강판 사이에 끼워 샌드위치 모양으로 제작하여 내부손실을 증가시킴으로서 진동과 소음을 감쇠시킨 방식 외에도 완전한 수지화 제품으로는 내열성, 고온강성, 크리프, 내충격성이 뛰어난 장섬유 GF 강화 PET의 스탬핑 성형품이 사용되었다. 경량화에 공헌한 수지화는 향후 증가할 것으로 예상된다.

(3) 로커 커버

대형 수지화 부품으로서 이미 많은 사용 경우가 있다. 소음의 저감에 효과가 있다고 보고 되고, 또 경량화에도 공헌하고 있지만, 일부에는 금속제로 되돌아오는 경우도 볼 수 있다. 재료는 유리섬유와 광물 필러를 병용해 강성과 성형시의 굽힘변형 방지의 균형을 가진 폴리아미드 66이 주류지만, 특수한 발포 그레이드를 사용한 예도 있다. 단순한 재료 대체로는 알루미늄 다이캐스트와의 가격 경쟁력에 의해 그 확대 여부가 좌우되기 때문에 관련부품의 일체와 차음성이 높은 재료 개발 등의 기능향상이 필요할 것이다.

(4) 캠 샤프트 스프로킷

경량화와 관성 모멘트 저감, 사용영역에서의 공진방지 등의 장점이 있고, GF 강화 페놀 수지제가 일부의 고급차의 엔진에 사용되어 향후 증가가 예상된다.

10.6.5 흡배기계

(1) 흡기 다기관

복잡한 3차원 형상을 가지기 때문에 대부분이 알루미늄 합금의 주물을 사용하고 있지만, 최근 유럽에서는 BMW를 시작으로 많은 자동차 업체에 의해 수지제 흡기 다기관이 사용 혹은 개발되어 왔다. 수지화에 따라 내면 평활화에 의한 흡입 저항 감소와 단열에 의한 용적효율의 향상으로 출력증가 및 경량화(알루미늄에 비해 40~50%)의 효과가 있다고 여겨진다. 그러나 가공법은 로스트 코어법 혹은 퓨지블루 코어법으로 불려지는 저융점 금속을 중심으로 사용해 성형 후 가열 용출시켜 중공형상을 얻는 특수한 성형 방법으로, 일반적인 사출성형보다 많은 설비투자가 필요하고, 제조비용은 알루미늄 주물과 동등하다는 계산도 있다.

그래서 향후에는 이 프로세스의 저비용화가 과제지만, 이미 저융점 금속의 융점을 낮춰 수계용출 매체에 의해 중심을 용출 회수하는 방법이나, 수용성 수지를 중심으로 사용하는 방법 등이 제안되고 있고, 향후 개발이 기대된다. 또, 디젤 엔진용처럼 형상이 비교적 단순한 것에 대해서는 2분할로 성형해 진동 용착법에 의해 접합해 중공체로 하는 방법이 비용적으로 가장 유리하고, 이미 유럽에서 실용화되고 있다.

3차원 블로 성형과 사출성형을 조합해 흡기 다기관의 수지화에 처음으로 성공한 경우가 있고, 향후 수지화 증대의 테마로서, 급격한 적용의 증대가 있으리라 예상된다. 재료분야에서 앞서가는 구미의 실적을 보면 유리섬유 강화 폴리아미드 66이 주류이고, 양호한 성형 유동성, 표면광택, 내크리프성, 내진동 열화성 등이 요구된다.

(2) 에어 클리너

이미 경량화나 부품 삭감 때문에 어느 정도 수지화가 진행되어 있고, 주로 유리섬유 혹은 강화 폴리프로필렌이 사용된 노즈부는 내열성을 요구하기 때문에 유리섬유 강화 폴리아미드가 사용되고 있다. 향후 차음성이 높은 재료가 요구되리라 생각된다.

(3) 터보 차져

공기 압축기는 비교적 온도조건이 원만해 엠프라에 의한 수지화가 기대되는 부위이다. 최근 임펠러에 카본섬유 강화 폴리에테르케톤/폴리이미드계의 합성으로 경량화를 이룩하여 이른바 터보 러그 개선에 효과를 얻은 경우가 보고 되었다.

(4) 배기가스 대책부품

배기가스의 재순환 시스템에 사용되는 EGR 밸브에 내열성, 내약품성을 평가해 PPS, PBT가 사용되었다.

10.6.6 냉각계

(1) 방열기 탱크

수지화율은 높고 그의 대부분이 유리섬유 강화 폴리아미드 66이지만, 일부에는 겨울철에 도로동결 방지제로써 살포되는 염화칼슘에 대해 내응력, 균열성을 개선하고 있고, 폴리아미드 6·12나 6·10을 배합한 것을 사용하고 있는 예도 있다. 성숙한 부품으로서 향후는 사양의 최적화에 의한 재료의 비용저감이 과제로 된다.

(2) 물 펌프

지금까지 철이 사용되어 온 임펠러를 경량화나 방청성을 목적으로 일부에 유리섬유 강화 페놀수지제가 사용되었다. 최근, 열가소성 수지도 포함해 증가하리라고 예상된다.

(3) 서모스탯 하우징

경량화와 비용저감으로 GF 강화 PA66이 사용되기 시작하였다.

10.6.7 연료계 부품별 재료의 동향

연료계는 연료를 저장하는 연료탱크, 연료를 운송하는 펌프·호스, 혼합기를 만드는 연료분사 장치 등으로 구성되고, 중요한 수지부품으로는 연료탱크, 연료주입 파이프, 연료호스, 연료레일, 캐니스터 등이 있다. 이하 이들 부품의 재료동향에 대해 서술한다.

(1) 연료 탱크

연료탱크는 종래 강판이었지만 형상 자유도 향상에 의한 공간의 유효이용, 경량화, 내식성, 충격시의 안전성과 같은 면에 뛰어난 블로 성형방법에 의한 수지제 연료 탱크로의 전환이 진행되고 있다.

재료는 내충격성이나 블로 성형시에 발생되는 불량의 문제 때문에 고분자량의 고밀도 폴리에틸렌(HDPE)이 사용되고 있다. 단, 폴리에틸렌은 연료인 가솔린이 투과하기 쉽다고 하는 문제가 있다. HDPE 단체에서는 미국의 SHED 규제(차량 전체부터의 탄화수소의 휘산량을 규제)를 명백히 하는 것이 어려워, 각종의 배리어 방법을 실용화시켜 왔다(표 10.1).

구기에는 규소나 SO_3를 사용한 가스처리법이 중심이지만, 국내에서는 작업시의 안전성으로부터 가솔린에 대한 배리어성을 가진 PA 수지를 중간층으로 한 다층법과 PA 수지를 성형시에 박편상으로 폴리에틸렌 내에 분산시키는 실러법 등이 사용되고 있다. 환경문제의 관심이 높아지는 가운데 탄화 산소류의 대기 중 발산량을 더욱 엄격히 규제하는 법률이 미국에서 결정되었다. 이 규제에 적합하기 위해서는 휘산량을 종래에 비해 약 1/10의 수준으로 할 필요가 있다.

또, 배기가스 규제의 강화에 수반해 MTBE(메틸- *t*-부틸 에테르)나 메탄올, 에탄올 등을 희석한 산소 연료가 사용되도록 하고 있다. MTBE의 영향은 작지만 알코올은 종래의 트과 방지법의 배리어성을 대폭으로 저하시킨다. 산소 연료는 신규제의 시험연료가 아니지만, 이들의 연료를 포함해 신규제에 어느 정도 적합한가가 수지제 연료탱크에 있어서의 최대과제로 되고 있다. PA 수지보다 내가솔린이 우수한 EVOH를 사용한 다층탱크나 불소처리의 개선기술 등의 검토가 행해지고 있다.

표 10.1 유리섬유 투과 방지 기술

<table>
<tr><th>종류</th><th>처리방법</th><th>기구도</th></tr>
<tr><td>SO_3처리</td><td>• Tank 성형 후 SO_3Gas 흡입
• 스루혼 화루 NH_3 중화</td><td>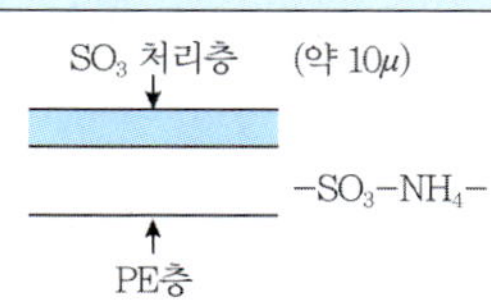
</td></tr>
<tr><td>F_2처리</td><td>• Tank 성형시에 F_2Gas 흡입</td><td>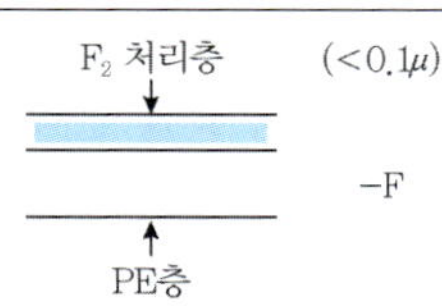
</td></tr>
<tr><td>다층</td><td>• PE와 극성폴리마(나일론)을 다층으로 성형</td><td>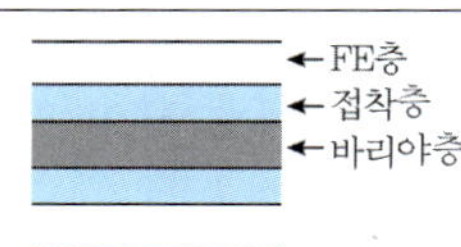
</td></tr>
</table>

종류	처리방법	기구도
시라	• PE/접착성수지/나일론의 브랜드 • 성형시 나이론층이 편평하게 정리됨	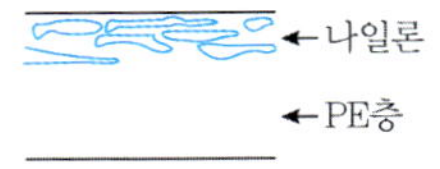
코팅	• 성형 후, Tank 내면에 도장으로 코팅(전처리 필요)	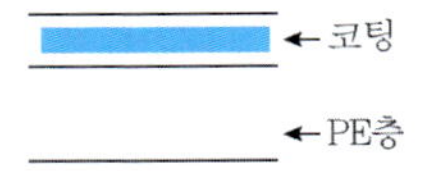

(2) 연료주입 파이프, 주입구 캡

연료주입 파이프는 연료의 주입구와 연료탱크 본체를 연결하는 파이프이고, 고무부품을 끼워 연료탱크 본체에 접속시킨다. 현재 상태는 표면처리를 실시한 강판이 주로 사용되고 있지만, 경량화·내식성의 향상, 비용저감 등을 목적으로 수지화의 검토가 행해지고 있다. 수지제 연료탱크로는 비용절감이나 고무부품으로부터의 연료투과를 억지하기 위해 주입 파이프부를 탱크본체로 일체화한 것도 있다. 알코올 연료 등의 산소 연료의 사용은 금속제 필러 파이프의 내식성에 대한 요구를 보다 엄격하게 하여 수지화의 촉진요인으로 되고 있다. 재료 및 성형방법으로는 고밀도 폴리에틸렌의 블로성형 제품이나 PA 12의 압출성형에 의한 파형 파이프 등이 사용되고 있다. 본 용도 이외에도 연료탱크의 경우와 같이 미국에 의한 신규제에 대응하여 연료투과 방지성을 어느 정도로 확보하는가가 과제이다.

주입구 캡의 수지화도 진행되고 있다. 주입구의 금속부품에 직접 접촉한 부분에는 내마모성이 우수한 폴리아세탈, 상부의 손잡이부에는 PA6, PA66 등이 사용되고 있다.

(3) 연료 호스

종래 고무호스가 사용되어 왔지만, 연료분사 시스템의 보급에 의해 고온의 가솔린이 순환하도록 한 것으로, 파 옥사이드 등을 포함한 열화 가솔린(소위 샤워 가솔린)이 생성하기 쉽게 되는 것과 연료로 희석되는 알코올이나 MTBE가 고무를 열화시키는 이유로부터 불소계 고무의 사용과 PA계 수지에 의한 수지제 연료호스도 사용하게끔 되어 왔다. 재료는 유연성, 내열성, 내약품성을 가지는 PA11, PA12, PA12·12, PA6 등의 재료가 사용되고 있다. 이들 호스 이외에도 알코올 연료도 함유된 호스로부터 연료의 휘산량을 억제할 필요가 있어 불소계 수지와 다층호스의 개발이 행해지고 있다.

(4) 연료 레일

연료레일은 연료를 연료분사 장치의 인젝터로 분배하는 파이프(연료분사 매니폴드라고도 불린다)이고, 방청처리 한 알루미늄이나 철 등이 주로 사용되고 있다. 비용이나 내부식성 외에도 수지제 레일은 금속에 비해 열전달률이 낮고, 엔진 가열시의 베이퍼록 현상이 일어나기 어려운 특징이 있기 때문에 수지제 레일의 검토가 행해지고 있다. 유리강화 PA66의 레일이 실용화되어 액정 중합체를 사용한 수지제 레일의 검토도 행해지고 있다.

(5) 캐니스터

캐니스터는 연료탱크로부터 발생한 증발가스를 일시적으로 흡착시키는 장치이다. 활성탄을 PA66이나 PA6 등으로 만든 하우징의 안에 넣은 구조로 되어 있다. 연료 휘산량의 규제의 강화에 수반해 캐니스터는 대형화되는 경향이 있고, 대형의 캐니스터에는 유리강화 PA66 등의 고강도의 재료가 사용되기 시작하였다.

10.6.8 전장 부품별 재료의 동향

전장 부품별에 대해서는 수지가 전기 절연성을 가지게 하기 위해 예부터 사용한 경우가 많다. 예를 들어 각종의 전선피복(PVC)이나 커넥터(PA, PBT), 정션 블록(PA, PP), 디스트리뷰터 캡(PBT), 각종의 클램프나 파스너(PA, PP), 케이블 프로텍터(PA, PUR, PP), 램프 하우징(PP), 램프류 렌즈(PMMA, PC), 배터리 케이스(PP) 등이 있지만, 자동차의 장비의 고도화, 일렉트로닉스화에 따라 배선부품의 증가가 한결같아 중량증가나 조립공정의 복잡화를 초래하기 때문에 향후 경량화나 비용감소의 요구로부터 수량자체의 삭감이나 고집적화, 소형화를 목표로 한 설계에 맞춘 저가격, 고성형성의 재료개발이 진행되고 있다.

한편, 기능부품에 대해서는 금속으로부터의 수지화를 진행해 경량화, 비용저감의 요구에 대응해 간다고 생각된다. 또, 제어계의 복잡화나 정보량의 증대로부터 광파이버의 채용과 각종 센서류의 다양화가 예상되기 때문에 고기능 수지재료의 활약의 장이 한층 증가하리라고 예상된다.

다음에 주요한 전장부품의 수지화의 상황과 동향에 대해서 서술한다.

(1) 커넥터

종래에는 PA가 주류였었지만, 흡수시의 치수 정밀도나 접속에 문제가 있어 PBT로 전환되어 왔다. 그러나 최근 내충격성, 내열성 때문에 PA계 수지의 검토가 진행되고 있고, 특히 방향족 PA나 그 합금인 PA66이나 PP, PPE 등의 흡수가 없는 수지와의 합금 등, 여러 가지 접근이 나타나고, 향후 새로운 시장이 형성되어 가리라 예상된다.

(2) 케이블 프로텍터

와이어 하니스는 엔진의 열이나 다른 부품과의 마찰 등으로부터 보호하기 위해 사용되어, 종래 PA66계 초내충격 그레이드나 PP가 사용되어 왔지만, 비용저감의 요구로부터 사양을 재인식해 부품수의 삭감이나 보다 저가의 재료로 변경이 행해지고 있다.

(3) 모터구동 부품

와이퍼 모터의 모터 커버와 기어 케이스(PBT), 파워 윈드 기어 하우징(페놀), 도어 로크 액추에이터(POM) 등, 각종의 전동부품이 표준 장치화되어 가는 중에, 향후 경량화와 비용저감을 목표로 한 금속으로 대신해 수지화가 대폭으로 진행되리라고 추정된다.

(4) 램프류

종래보다 헤드 램프의 하우징에는 강화 PP 등이, 또 리플렉터에는 강화 불포화 폴리에스테르 등이 사용되어, 금속으로는 불가능한 설계를 가능하게 해서, 차 디자인의 유연성의 향상에 공헌해 왔다. 렌즈는 2륜차에 선행해 PC 수지의 채용이 시작되어 1986

년부터 본격적으로 승용차에도 탑재되도록 되었다. 내손상성은 표면에 UV 경화계 하드코트 등을 행하는 것에 의해 종래의 유리렌즈의 결점이었던 중량, 성형성, 렌즈 커트 정도를 해결하여 주류로 되고 있다. 또, 리플렉터는 전술한 것처럼 BMC가 주류이지만, 환경문제의 대응이나 반사면의 알루미늄 증착의 앤더 코트를 생략하는 목적으로 램프 제작 회사는 열가소성 수지의 채용을 검토하고 있고, 유럽에는 이미 PA 샌드위치 성형이나 PPS에 의한 양산이 행해져, 방향족 PA 등 다른 고내열성 가소성 수지의 검토도 포함되어, 향후 동향이 주목되고 있다.

(5) 얼티네이터

이미 유럽에서는 수지화의 실적이 있어 하우징·로터·스테이터 코일 보빈 등에 PA가 사용되었지만, 우리나라에도 수지화가 진행된다고 생각되어 브러시 홀더에 종래의 열경화 수지를 대신해 PPS가 채용되어 생산성의 향상과 비용절감에 공헌하였다.

(6) 센서류

연료분사 시스템의 에어 플로미터에는 내열성과 치수 안정성이 우수한 무기필러 강화 PBT를 사용하고, 크루즈 컨트롤 센서에는 저선팽창 계수와 박육성 형성으로 평가된 LCP(액정 중합체)를 적용하며, 배기가스 센서에는 내열성이나 내부식성으로 PTFE가 사용되었다.

10.6.9 향후 과제

부품별로 재료의 현재상태와 동향에 대해서 서술해 왔지만, 국내에 있어서는 버블경제의 붕괴, 내외 가격차를 기본으로 한 산업의 공동화, 미국에서의 산업·경제의 부활화, 아시아에서의 현저한 경제성장 등의 심한 변혁의 시대를 맞이하고 있고, 자동차를 둘러싼 환경도 변화해 오고 있다. 그와 같은 상황에서도 향후 기능부품 재료에 요구되는 중요한 과제의 하나는 원가의 저감일 것이다. 재료 업체의 노력에 더해 성형가공 업자, 자동차 업체의 넓은 의미로의 합리화(성형 사이클의 단축, 불량률의 저감, 과잉품질의 재인식, 물류의 합리화 등)가 필요할 것이다.

또, 재료의 기능화에서는 경제성과 기능성이 우수한 신규 중합체의 출현은 가능성이 적고, 오히려 기존 재료들 간에 브랜드, 합금, 변성 및 이들을 베이스로 한 복합화가 왕성하게 검토되고 있다고 본다. 이 예로서는 몰레큘러 컴포넌트를 들 수 있다. 이것은 중합체 매트릭스 안에 층상 규산염이 무한팽윤에 가까운 상태인 미분산한 재료이고, 그 특징은 소량의 첨가(예를 들어 4~6 wt%), 즉 극히 낮은 비중으로 충전제를 30~40 wt% 함유한 종래 재료와 동등의 굽힘 탄성률, 열변형 온도 등을 가지는 것이다. PA를 베이스로 한 이와 같은 재료가 타이밍 벨트에 사용된 경우가 있지만, 본격적 전개는 지금부터라고 생각된다. 재료 개발에는 재료의 1차 구조의 제어, 2차 구조(모폴러지)나 계면 상호작용의 해명, 재료나 부품성능을 고려한 새로운 성형 가공법(압축성형, 사출압축성형, 가스 어시스트 인젝션 성형, 퓨지블 코어 사출성형, 하이 사이클 사출성형, 저압 사출성형 등)의 개발 및 합리적인 부품설계나 품질 설계면에 있어서도, 원가절감과 마찬가지로 재료 업체, 성형가공 업자, 자동차 업체가 삼위일체로 된 개발이 불가피하게 될 것이다.

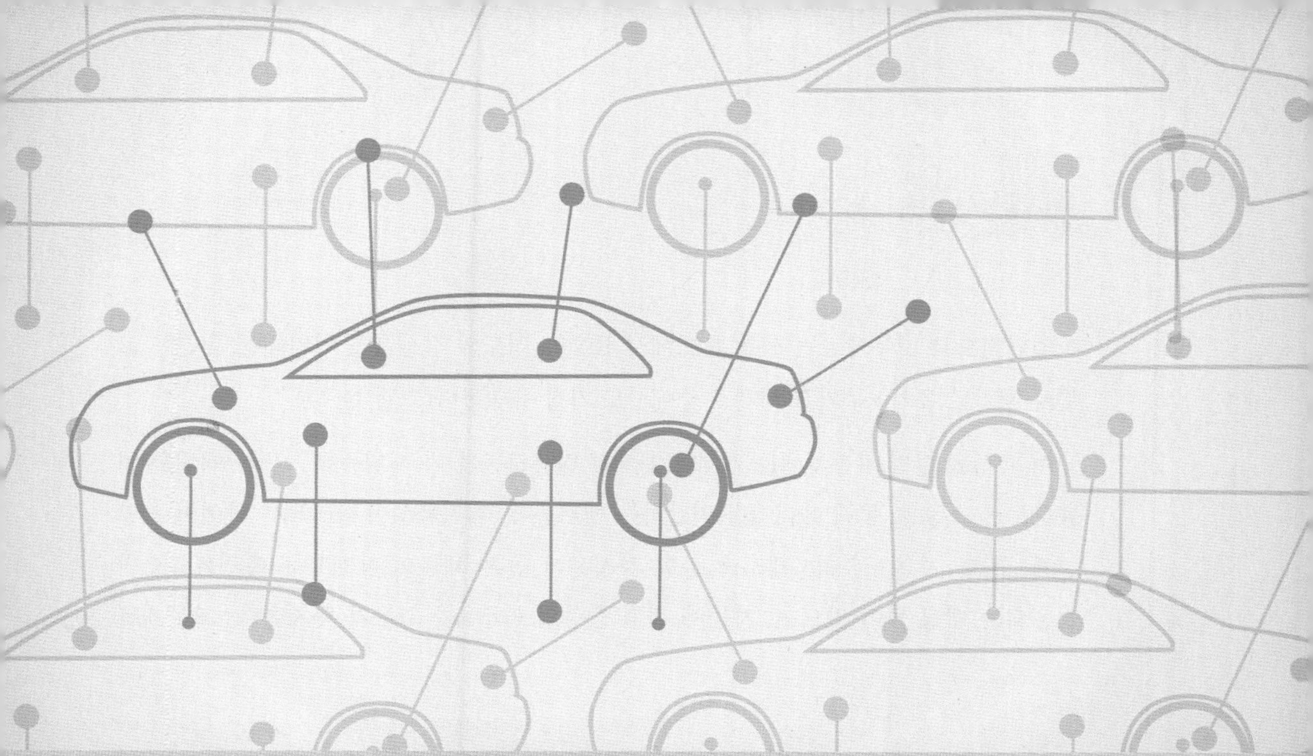

CHAPTER 11

고무 재료

11.1 서론

일반적으로 고무재료는 사용 온도에서 10MPa 정도의 강성률을 나타내는 유연한 고분자 물질로 유기·무기 고체재료 중에서도 가장 유연하다(그림 11.1).

이 특성을 살려 자동차에는 기체나 액체를 밀봉하는 실과 패킹종류, 기체·액체를 이송하는 호스종류, 동력 에너지를 전달하는 벨트종류, 제진특성이 요구되는 타이어나 방진제, 금속·수지·유리·세라믹 등의 강성률이 높은 재료의 용접부에 충격재료로써 이용되는 패킹 등이 있으며, 자동차 전체 중량의 약 5%를 고무가 차지한다. 고무재료

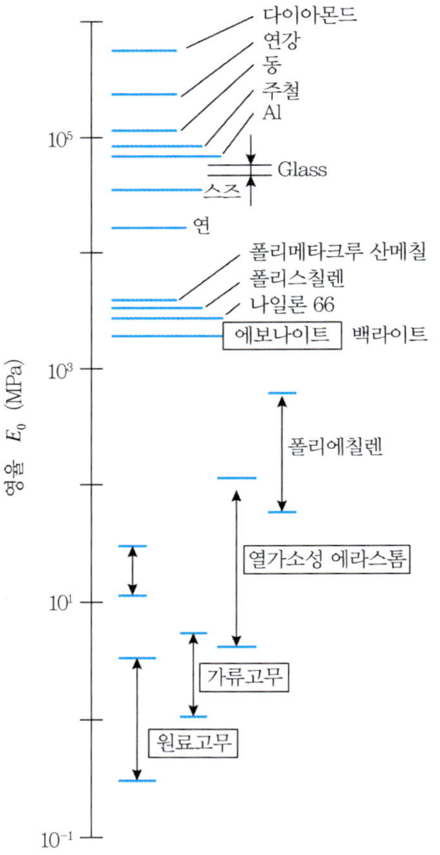

그림 11.1 유기 무기재료의 영률

를 선택할 때는 그 선택기준이 아주 다양하여 자동차의 설계개념이나 사용 환경, 또는 윤활유나 연료 등의 변천과 함께 변화하였고, 각 부품에 필요한 기능에 맞는 성능이 고려된다. 여기서는 자동차 부품에 사용되는 고무재료의 용도, 그리고 응용의 예와 첨단 기술의 동향에 대해 설명한다.

11.2 자동차용 고무재료의 분류

각종 고무소재의 명칭은 화학구조와 제조법을 기본으로 IISRP(국제합성 고무 공급사 협회)에서 규정화하였으며, ISO 1629에 등록되어 있다. 자동차용 고무재료의 분류는 고무의 성능을 중심으로 SAE(미국 자동차 기술회) J200에 내열성과 내유성을 기본으로 분류하였다. 기본성능 분류에는 인장강도, 연신율, 경도, 압축 영구변형 등이 있고, 이외의 성능은 추가항목으로 분류되어 있다.

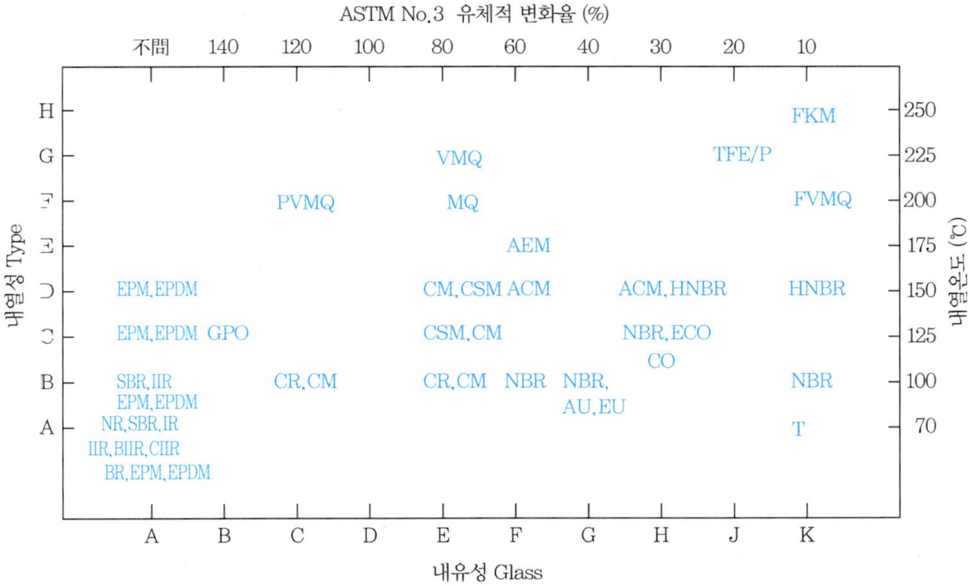

그림 11. 2 고무의 내열성 형태와 내유성 유리

그림 11.2에 SAE J200에 분류되어 있는 중합체와 함께 가까운 미래에 등록될 중합체도 추가로 표시되었다. NBR나 ACM 등의 공중합체 고무는 그 조성과 가교계에 따라 열에 잘 견디는 형이나 기름에 잘 견디는 것으로 등록되어 있다. 내유성의 A클래스는 내유성을 요구하지 않는 고무로 타이어 등에 사용된다. E부터 K 클래스에 해당하는 고무는 윤활유계, H~K 클래스의 고무는 연료유 등의 용도에 사용된다. 또, EPDM이나 IIR 등도 가류계나 사슬구조의 2중 결합량 등에 의해 내열성이 복수 등록되어 있지만, 편의상 최고의 내열도로 표시되어 있다.

11.3 열가소 일래스터머

열가소성 일래스터머(TPE : thermoplasticity elastomer)는 1958년에 A. V. Tobolsky가 이론적으로 그 존재를 시사한 이래 여러 종류가 개발되어 고무와 플라스틱의 중간적 성질을 나타내는 새로운 재료의 개념이 정착되었다.

그 발전과정은 3단계로 분류할 수 있다. 제 1 세대는 1958~1967년으로 SBS, TPU나 TPVC가 있다. 제 2 세대는 1968~1978년으로 TPO, TPEE와 수소첨가 SBS인 SEBS를 들 수 있다. 현재는 제 3 세대로서 TPAE, 불소계나 동적가류 TPO 등이 개발되고 있다. 제조법으로 나누면 스티렌계(SBS, SIS, SEBS), 우레탄계(TPU), 에스털계(TPEE), 아미드계(TPAE), 불소계 등, 경한 하드 세그먼트와 연한 소프트 세그먼트와의 블록 공중합체이며, 올레핀계(TPO), 염화비닐계(TPVC) 등은 소프트 세그먼트로 고무와 하드 세그먼트로 수지와 혼합형으로 된다. 동적가류 TPO는 혼합형의 새로운 개념으로서 고무분말을 동적 가류시키면서 혼합하여 만들어 낸 중합체 합성형이다.

TPE는 고온에서 가소화되기 때문에 플라스틱 가공기에서 용이하게 성형이 가능하지만, 상온에서는 가류고무의 성질을 나타낸다. 보통 고무의 경우 그 특성을 최대한으로 살리기 위해서는 가교(가류) 반응은 불가피하며, 대부분의 고무제품 제조에서는 가공공정이 포함된다. 최근 한층 더 엄격함을 더하고 있다. 비용절감의 요청에 따라 한 가지 방책으로 가교공정을 생략한 TPE 이용기술의 개발이 그 중요도를 더해 가고 있고, 실제 일부부품은 고무로부터 변환이 진행되고 있는 경우도 있다.

또, 경량화의 관점에서도 TPE는 가류고무를 대신해 사용되고 있다. 그러나 TPE는 고온, 저온, 용제 분위기에서, 혹은 장기간에 걸친 고무강성을 유지하는 것은 불가능하다. 재료 설계에 있어서는 어느 기능이 필요한가의 파악이 불가피하므로 가류고무와 TPE는 적재적소에 사용될 것이다. 가류고무와 비교한 장단점은 다음과 같다.

(1) 장점

① 플라스틱용 성형기에서 신속한 가공이 가능하고 가류공정을 생략한다(고무성분을 가교시킨 타입은 제거한다).

② 보강재를 더하지 않고도 보강된 가류고무와 동등한 강도 특성이 얻어지기 때문에 제품의 경량화가 용이하다.

③ 제조 중에 발생하는 잔재의 재활용이 가능하고, 품질은 떨어지지만 제품 스크랩도 버진재와 혼합하여 재이용이 가능하다.

④ 연한 가류고무에 가까운 것부터 경한 플라스틱에 가까운 것까지 소재의 화학구조를 변화시켜 여러 가지 물성을 가진 탄성체를 설계할 수 있다.

(2) 단점

① 고온에서 소성변화가 크다.

② 온도상승에 의한 물성저하가 크고 내열성이 떨어진다.

③ 구속상이 결정상이 아닌 경우 내용제성이 떨어진다.

④ 잔류변형이 크고 응력완화나 크리프 현상이 일어나기 쉽다.

11.4 자동차 부품과 고무소재

고무재료와 자동차와의 관계는 19세기 후반에 J. B. Dunlop이 발명한 공기 주입 타이어가 자동차에 사용된 것이 시작이었다. 그 후 고무탄성을 필요로 하는 여러 가지 기능성 부품의 도입이 진행되었다. 현재 자동차에 고무재료가 사용되고 있는 용도는 타이어를 시작으로 해서 실, 패킹, 가스킷, 호스, 벨트, 방진재 등이다.

그러나 천연고무로는 전체 사용 환경에서 고무탄성을 보존 유지하는 것이 불가능하여 공업부품으로 품질의 안정화를 도모하기 위해 다양한 합성고무가 개발되어 왔다. 고무재료는 유기 화합물이기 때문에 재료로 이용할 때는 항상 수명을 고려한 제품설계를 해야만 한다. 이 수명 예측 방법이 충분하지 않을 경우에는 고무부품이 문제를 일으키는 경우도 있다.

미국의 5만 마일 보증 등 수명예측에 대한 강한 요구를 배경으로 하면, 재료기술의 진보에 따라 고무재료의 고성능화가 진행된 것과 함께 고무부품의 내구성은 향상되고 있다. 또, 환경오염 규제대응 등 고무의 고기능화에 따라 자동차 부품의 고기능화가 진행하여 사회적 요구에 대응하는 예도 볼 수 있다. 이처럼 공업용 재료인 고무는 자동차 공업의 발전과 밀접한 관계를 가지면서 발전을 거듭하고 있다.

한편, 현재의 자동차에 요구되는 과제는 크게 「환경문제」, 「요구의 다양화」, 「사회환경」의 세 가지로 분류된다. 환경문제로는 대체 프론, 대체연료, 연료의 저투과성, 소음, 리사이클 등의 테마를 들 수 있다. 요구의 다양화에 대해서는 자동차의 고성능화에 따라 내열성 등 고무의 내구성이나 신뢰성을 향상시키는 것이 포인트이다.

또, 안전성의 관점에서는 특히 타이어에 있어서 고무재료가 차지하는 역할이 크다. 사회 환경에서 특히 중요하게 여겨지는 것은 유럽의 제조업체가 염가 자동차의 개발에 성공하였고, 상대적으로 일본차의 국제 경쟁력이 떨어지게 되었다. 이 중에서 부품의 공유화나 과잉품질 부품의 재인식 등 고무재료의 비용절감이나 적정사용에 대한 여러 가지 각도로부터 재인식이 되고 있다.

11.5 중요한 자동차용 고무부품의 재료동향

11.5.1 타이어용 재료

그림 11.3은 타이어의 단면을 나타낸 것이고 그림 11.4는 타이어를 제조하는 금형을 나타낸 것이다. 그리고 그림 11.5는 완성된 타이어를 나타낸 것으로 제조 라인과 완성품의 표면을 확대한 것이다. 타이어용 재료라고 할 수 있는 고무는 NR, IR, BR, SBR 등으로 내유성을 요구하지 않는 타입이다. 연료절감용 타이어용 고무재료의 개발로는 환경문제에 얽힌 에너지 절감의 관점으로부터 요구되는 구름저항의 감소와 안전성이라고 하는 적극적인 안전성 확보의 관점에서 보면 특히 요구가 강해진 웻 스키드 성능의 향상과는 이율배반 관계인데 이를 극복하는 것이 문제이다.

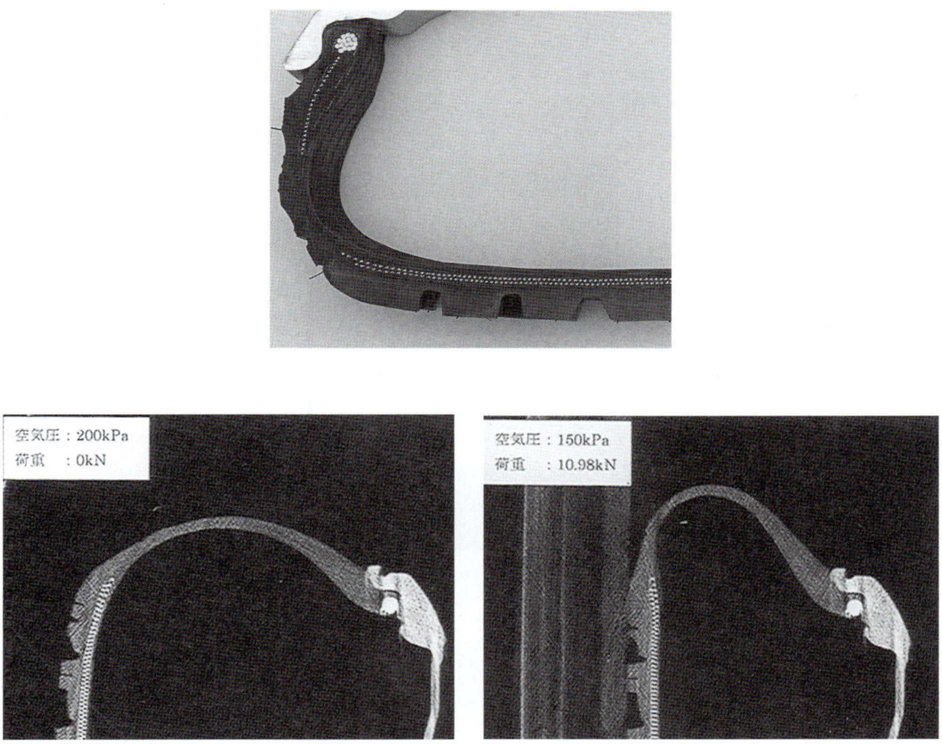

그림 11.3 레이디얼 타이어의 단면

(a) 타이어용 금형

(b) 내부링(터렛링): 주조/가공상태

그림 11.4 타이어 제조용 금형

그림 11.5 타이어 제조와 완성품

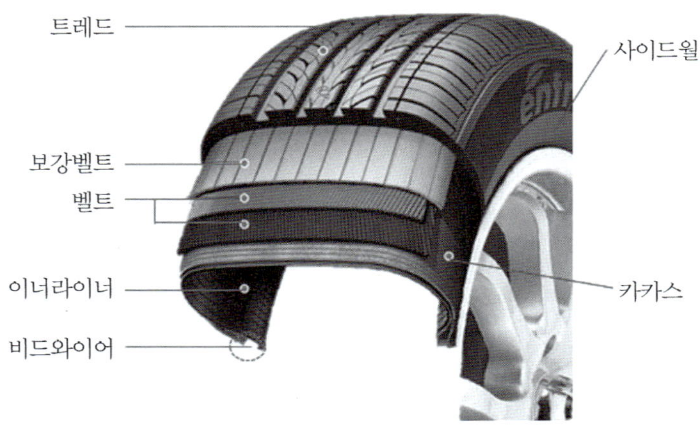

그림 11.6 타이어의 구조의 부위별 용어

그림 11.6은 뜯어보기 전에는 알지 못했던 타이어의 구조에 대해서 나타낸 그림이다. 타이어는 크게 트레드, 보강벨트, 벨트, 이너 라이너, 비드 와이어, 카카스, 사이드 월로 나뉘는데 각각의 부위별 기능은 다음과 같다.

- 트레드(타이어와 바닥이 닿는 넓은 부분) : 제동, 가속 등 차의 운동에너지를 바닥에 전달하는 역할을 하며, 트레드 저항이 낮아야 연비가 높아진다. 회전 저항 절감과 동시에 제동 성능을 높이는 고무 혼합물(컴파운드)를 쓰는 추세이다.
- 보강벨트(트레드 바로 밑 고무층) : 트레드와 내부 구조물 사이에 위치하며, 고속 주행시 내구성을 담당한다. 가느다란 철심코드에 고무를 얇게 입혀 만든다.
- 벨트 : 내구성을 높이는 핵심역할을 하는 부분으로 고장력 섬유재질로 얇고 가볍게 구성한다.
- 이너라이너(카카스의 안쪽면) : 타이어 속 공기가 바깥으로 새어나오지 못하도록 막아주는 면이다.
- 비드와이어 : 휠과 타이어 고무가 완벽하게 접착하도록 잡아주는 철심이다.
- 카카스(타이어 가장 안쪽 구조물) : 타이어의 뼈대로 차량의 하중을 지탱하고 충격을 흡수하는 역할을 한다. 주로 나일론 코드에 고무를 입힌 여러겹으로 구성되어 있다.
- 사이드 월(타이어 옆면) : 충격흡수 역할을 하며 승차감을 좌우 한다. 마모성 보다는 신축성과 탄력성이 중요하고 트레드와 다른 재질의 고무를 사용한다.

구름저항이 발생할 때의 진동수는 수십~100 Hz 정도의 저주파수역이고, 이 주파수를 저온변환하면 60℃ 전후로 된다. 한편, 제동시의 진동수는 접지면의 미소변화에 의한 1~100만 Hz의 고주파역으로 온도전환하면 0℃ 부근으로 된다. 따라서 그림 11.7에 나타낸 것처럼 각각의 요구에 대응하기 위한 중합체는 에너지 손실(tan δ)을 60℃ 부근에서는 최소로 하고 0℃ 부근에서는 크게 하면 좋다. 에너지 손실은 반발탄성이 대용특성으로 된다.

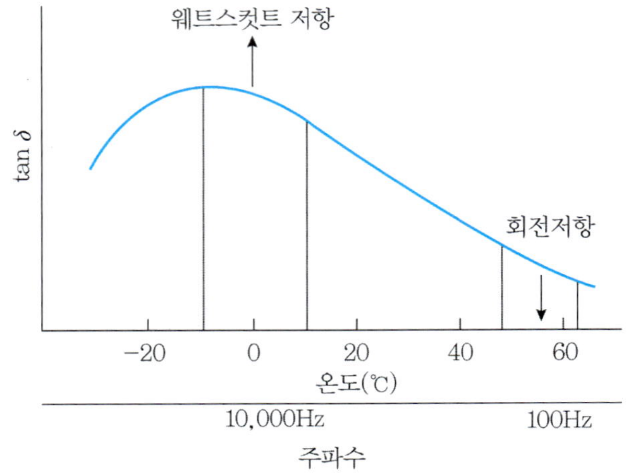

그림 11.7 에너지 손실과 온도와 주파수의 관계

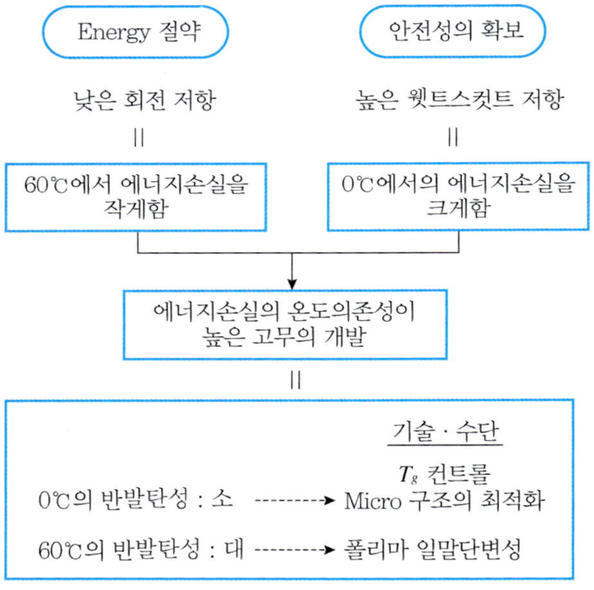

그림 11.8 연료절약 타이어 고무의 설계 개념

따라서 중합체 개발 개념은 그림 11.8처럼 된다.

타이어 트레드에 사용된 SBR은 이 개념에 따라 보다 미크로 구조의 설계가 용이한 용액 중합법을 이용해 중합체 골격으로부터 0℃ 부근의 반발탄성을 내리고, 말단변성

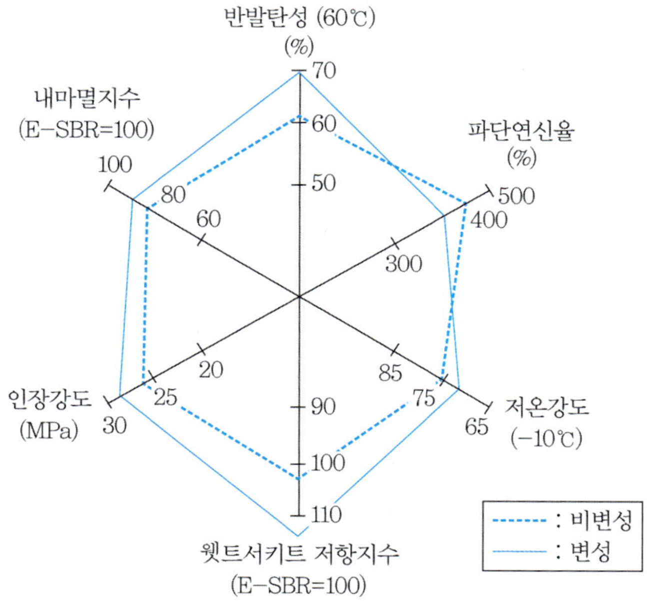

그림 11.9 종합특성 비교

방법을 이용해 60℃ 부근의 반발탄성을 향상시키는 것에 성공한 것이다. 그 종합특성을 그림 11.9에 현행의 E-SBR과 비교해 나타내었다. 이 고무의 분자구조의 최적화 방법은 계절을 불문하고 사용 가능한 사계절 타이어나 조향성이나 고속 안정성이 요구되는 하이퍼포먼스 타이어용 재료로의 응용도 가능하다.

11.5.2 외장·내장·창화재료

외장·내장·창화재료로 이용되는 고무는 내유성이 거의 필요 없어 NR, SBR, CR 등 폭넓은 재료가 이용되고 있다. 그러나 그 대부분은 내오존성이나 내후성이 요구되기 때문에 EPDM이 다용되고 있다. 외장의 웨더 스트립에는 종래보다도 고온·장시간 사용이 요구되어 중합체를 내압축 영구변형으로 개선한 품질이 활발하게 개발되고 있다. 다른 하나의 개발방향은 저비용화로 동적가류 TPO가 사용되었다. 이 TPE의 사용에 따른 장점으로는 자유로운 착색과 라사이클성이 있다. 그리고 일부 특수한 외장부품으로 내후성이 우수한 NBR/PVC가 사용되고 있다.

11.5.3 공기·물·브레이크계 재료

공기로는 에어 인테이크(덕트) 호스가 있고, 장착부분에 따라 제진특성, 굴곡성, 내부압성, 내유성이 요구된다. 또, 자동차의 설계에 따라 내열요구가 달라 CR, NBR/PVC, EPDM, ECO, CM, ACM 등 다양한 고무재료가 차종에 따라 선택되어 왔다. 그러나 내열성이나 내유성을 개량한 TPO나 TPEE의 출현에 의해 경량화 또는 제조비용을 삭감하기 위한 형상에 제진특성을 보충하는 등, 이들 재료로의 전환도 시험되고 있다. 냉각수계는 방열기 호스나 가열기 호스가 있지만, SBR나 황 가류 타입의 EPDM이 많이 사용되고 있다. 그러나 엔진 룸의 분위기 온도나 냉각수의 온도상승에 따른 가류형의 EPDM이 사용되고 있다. 브레이크계는 호스, 실 종류 등에 SBR가 많이 사용되어 왔다. 실 종류는 일부 특수한 것으로 NBR나 NR를 사용하는 경우도 있지만, 내열성 향상의 요구에 대응하기 위해 EPDM화가 진행되고 있고, 이 흐름은 더욱더 확대될 것이다.

11.5.4 윤활유계

윤활유는 최근의 사용 환경온도의 상승으로 산화 방지제를 시작으로 각종 첨가제의 첨가량이 증가되고 있다. 내유도의 높은 클래스(H~K)의 고무의 영향을 스크리닝하기 위해 ASTM #2유를 베이스로 하여 대표적인 첨가제를 10% 용해하지 않는 것은 용해한도까지 첨가해서 150℃로 1주간의 촉진열화 시험 후의 인장강도가 나타나 있다(그림 11.10).

윤활유계에 사용되는 고무재료는 그림 11.11의 내유도로 B, C부터 K 클래스까지 접촉하는 윤활유의 종류에 대응해 넓은 범위가 사용되고 있지만, 그 중에서도 NBR, ACM, VMQ, FKM 등이 많이 사용되고 있다.

NBR는 침적전후와 고온강도를 나타낸다. 내유성은 우수하지만 일부의 산화 방지제나 마모 방지제에 의한 경화가 일어난다. ACM은 원래가 강도는 그렇게 높지 않지만, 첨가제를 제거하여 안정한 내첨가제성을 나타낸다. FKM은 우수한 내열·내유성고무이지만, 염기도의 높은 코하크산 이미드 등의 아미드계의 분산제에 대해 경화가 나타난다. HNBR는 인산 아연계의 산화 방지제로 약간 열화가 보이지만, 전체적으로 강도가 높고 내첨가제성이 우수한 고무재료라고 볼 수 있다.

변속기나 엔진의 오일 쿨러 호스는 내관에 오랫동안 NBR이나 CR이 사용되고 있다. 고온역에서의 내윤활유성 때문에 ACM이나 AEM이 많이 사용되어 왔다. 양자를 비교하면 내열성은 AEM이 내유성은 ACM이 우수하다. 자동차 메이커의 설계사상에 따라 선택된다.

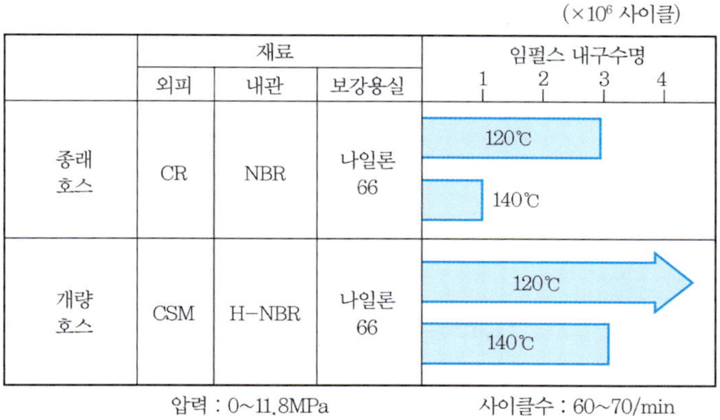

그림 11.10 조향장치 호스의 내열 내구성

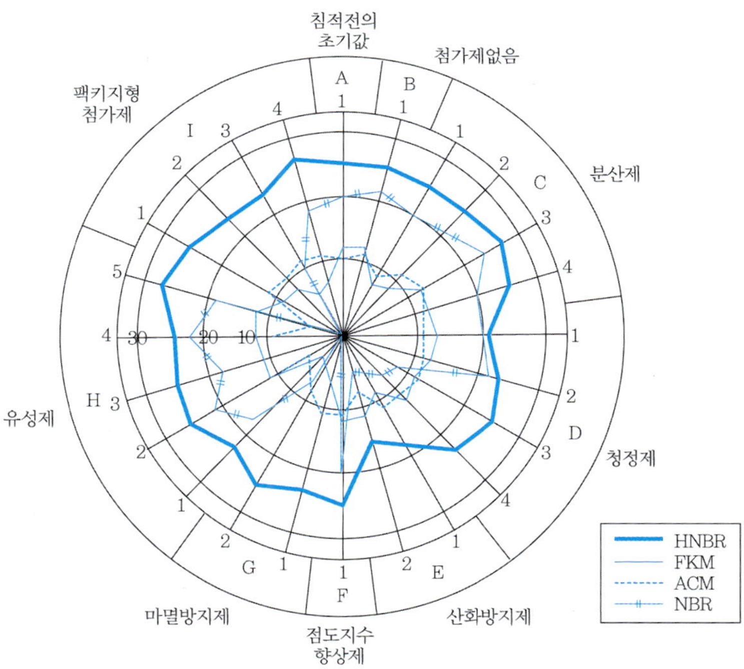

그림 11.11 내 윤활유 첨가제성의 비교

파워 스티어링(PS) 장치는 유압 유닛의 누설을 방지하는 실이나 시스템을 연결하기 위해 호스가 필요하다. 유럽을 중심으로 윤활유(PSF)가 고온에서 견딜 수 있도록 첨가제 등의 변경・변량도 진행되고 있다. 예전보다 고무재료는 NBR이 많이 사용되고 있고 호스에는 CSM도 사용되고 있다. 사용 환경이 고온화 되고 있는 차종에서는 저압에서는 ACM을 사용하고, 고압에서는 HNBR를 사용하는 경우가 있다. 유럽에서는 사용 환경이 고온화하고 있는 것에 대하여 PSF의 첨가제 종류가 변화되거나 증가되어 실은 HNBR로 이행되고 있다.

11.5.5 연료계

연료계의 고무재료는 그림 11.12의 내유도로 H~K 클래스에 속하는 것이 사용되고 있다. 실에는 엔진에 가까워 내열성이 필요한 경우부터 차체에서 온도환경이 고온이 아니지만, 내오존성이 필요한 경우에 따라 NBR, NBR/PVC, HNBR, FMVQ, FKM 등이 분류되어 사용되고 있다. 또, 다이어프램식 연료펌프를 사용하는 경우, 오랫동안 NBR나 NBR/PVC가 사용되어 왔지만, 엔진의 열 영향이 강하기 때문에 HNBR나 FKM을 사용하게 되었다.

연료호스의 내층은 전자 제어식 연료분사 장치가 사용되기 전에는 NBR이 일반적으로 사용되었다. 그러나 전자 제어식 연료분사 장치를 장착하면 탱크와 엔진과의 사이를 가솔린이 순환하게 되어 가솔린이 산화된다. 그림 11.12에 나타낸 것처럼 이 가솔린에도 열화하기 어려운 고무재료는 FKM과 HNBR이다. 내가솔린 열화성능과 함께 내열성도 요구되는 고압에는 FKM이 사용된다. 저압에는 FKM만큼 내열성이 필요하기 때문에 동등의 내가솔린 열화성능을 가지며, 재료비용을 억제할 수 있는 HNBR이 사용되는 경우와 고압과 같은 것을 사용하는 경우가 있고, 자동차 업체의 설계사상에 따라 사용재료가 다르다. 기화기가 있는 차는 현재도 NBR를 사용하는 경우가 많다.

미국에서는 수지제 연료호스가 사용되고 있는 경우도 있다. 현재 실제 채용되고 있는 것은 나이론 스킨으로 NBR를 둘러싸 유연성을 가지게 하는 구조로 되어 있다. 뒤에 서술할 연료투과 규제강화의 움직임 속에서는 수지재료도 불소계로 변환할 필요가 있

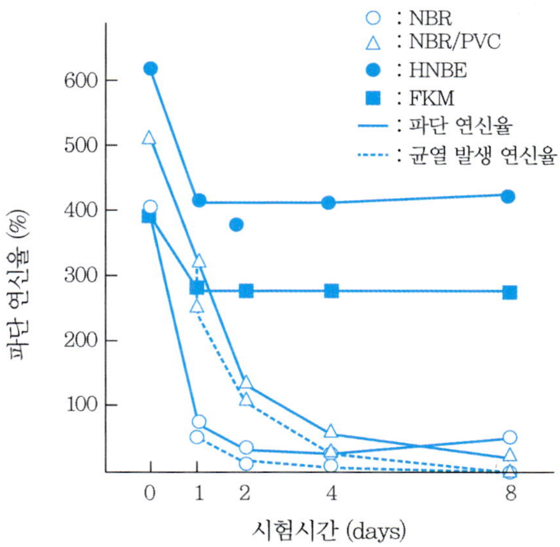

그림 11.12 연료계고무의 특징

다. 이 경우도 고무재료를 둘러싼 방법이 모색될 가능성이 높다.

한편 미국에서는 캘리포니아주를 필두로 대도시에서 환경문제를 적극적으로 내세워 자동차로부터 누출되는 가솔린의 양을 보다 엄격하게 규제하게 되었다. 이 흐름은 전 미국으로 확대하여 유럽이나 일본에도 파급되리라 본다. 이에 대한 대책으로는 연료계 내관재는 연료호스나 흡입 필러호스 등을 가장 내연료 투과성이 우수한 FKM, 그 중에서도 3원계 FKM화하는 것이 효과적이다. 그러나 3원계 FKM은 내한성이 불충분한 경우가 있고 재료비용도 높다. 이것을 얇게 하여 배면으로 NBR, NBR/PVC나 ECO를 붙인 적층체가 이용된다.

11.5.6 방진용 재료

인진 마운트 등의 방진고무로는 오랫동안 NR이 사용되고 있다. 그 사이 내열성 개선이 요구되어 EPDM이나 GPO 등의 사용이 검토되어 왔다. 그러나 목표한 내열 열화성은 우수하지만 동특성이나 내구성에서 NR를 능가하지 못해 일부 대체되는 정도로 그쳤으며, 나머지는 전과 다름없이 NR이 많이 사용되고 있다. 승차감 개선을 위해 동적손실이

크고 동배율이 낮은 고무재료가 요구되고 있지만, 일반적으로 고분자의 유리 전이점에서 성능이 정리되어 버리기 때문에 요구되는 이상 재료는 얻어지지 않고 있다.

따라서 이와 같은 과제를 해결하기 위해서는 고무가 진동입력을 흡수하고 액체의 이동에 의한 공진현상으로 저주파의 큰 감쇠력이나 고주파의 낮은 동탄성 정수를 실현시켜 주는 액체 봉입형의 엔진 마운트가 개발되었다.

11.5.7 부시용 재료

부시용 재료는 무엇보다도 내오존성 등의 내후성이 필요하고, 그것에 더해 사용부위에 따라 내굴곡성이나 내유성이 요구된다. CVJ 부시는 속에 그리스가 충전되어 있기 때문에 내유성이 필요하고, 또 차의 움직임에 맞춰 굴곡을 반복하기 때문에 내굴곡성과 함께 사복(蛇腹)에 견디는 내마모성이 요구된다.

내굴곡성이나 내마모성을 가지게 하기 위해 고강도 재료가 필요하며, CVJ 부시재료는 강도·내후성 및 내유성의 밸런스가 좋은 고무인 CR이 사용되고 있다. 그러나 부착위치가 엔진과 가깝기 때문에 엔진의 고성능화나 엔진 룸의 소형화에 따라 사용온도의 상승으로 CR 이상의 내후성, 내유·내열성을 가지는 재료가 요구되고 있다.

유럽이나 일본의 일부에서는 내후성이나 내마모성이 우수한 CM이나 박육화가 가능하기 때문에 경량화도 얻을 수 있는 TPEE가 사용되고 있다.

11.5.8 에어컨계 재료

세계는 지구환경 보호의 기운이 높아져 프론에 의한 오존층 파괴문제가 주목되고 있다. 그 결과 현재에는 세계적으로 프론규제가 행해져 특정 프론은 1995년 말에 전폐의 방향으로 움직임이 있었다.

이에 따라 에어컨용 냉매는 CFC-12에서 HFC-134a로 대체되었다. 또, 공기 압축기 윤활유도 광유로부터 폴리알키렌글리콜(PAG)로 대체되었다. 이들의 변경에 따라 고무재료도 변화될 필요가 있었다. 호스는 비교적 아크릴로니트릴량이 높은 NBR이 사용되

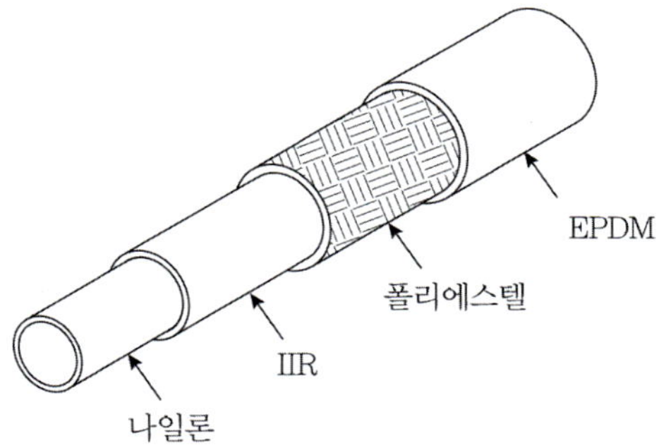

그림 11.13 HFC-134a 에어컨 호스

어 왔지만, 프론의 투과성을 억제하기 위해 변성 폴리아미드나 폴리아미드/EPDM 혼합재 등이 사용되었다.

또, 윤활유가 PAG로 변경되면 PAG는 수분을 흡수하기 쉽기 때문에 수분투과를 억제하는 IIR을 제 2 층으로 배치하고 있다. AC 호스의 구조를 그림 11.13에 나타냈다.

호스 등에는 안을 통과하는 액체에 대한 내성이 우수한 고무를 사용하고 외측에는 내후성이 우수한 재료로 둘러싼 것이 주로 이용되고 있는데, 그 피복재를 커버재라고도 부른다. 최근에는 보다 기능이 높은 재료를 사용한 경우 비용이 상승되는 것을 막기 위해 사용되거나, FKM이나 TPE를 사용할 경우 잘 알 수 있듯이 내유체성의 기능을 가지게 하고, 그 밖에도 고무 탄성체의 기능을 커버재가 가지게 하는 적층체 구조를 가진 부품이 증가하는 경향이다.

커버재로 이용되고 있는 고무는 CR, CM, CSM 등이고 내유도 C~E 클래스의 것이 많다. 그 밖에, 특히 내유성을 필요로 하는 경우에는 NBR/PVC나 GECO 등 HZ 클래스 이상이 사용된다. ACM이나 AEM의 경우 그것에 내오존성이 있기 때문에 커버재로 사용하는 경우는 거의 없다.

그림 11.14에는 연료호스 커버재로 이용되고 있는 CR, CSM, GECO의 연료유 침적 후 건조한 시험의 동적오존 시험의 결과를 나타낸다. GECO는 우수한 내오존성을 가지고 있다.

일부에서는 EPDM이나 TPO가 채용되고 있다.

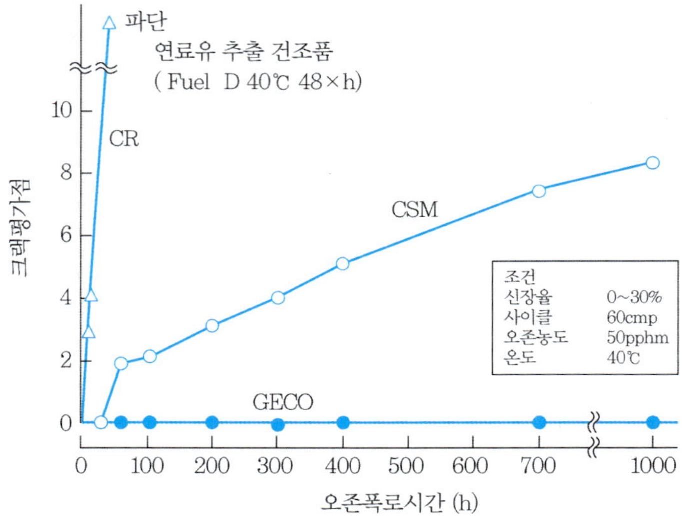

그림 11.14 연료추출 건조품 재료보다 오존 파괴의 경시변화

11.5.9 벨트용 재료

벨트용 재료에는 CR가 기계적 강도, 내후성, 내유성 때문에 오랫동안 사용되어 왔다. 그러나 CR는 중합체 사슬 중에 2중 결합을 가진 불포화형 중합체이고, 그 장기간 사용에 있어서 화학적 안정성이라는 관점에서의 내열성은 110℃ 정도가 한계이다.

특히, 기어형 벨트에서 요구가 강한 내열성 향상에 대해서 포화형 중합체로서 125℃ 내열사양인 CO나 같은 150℃ 사양의 ACM을 벨트재료로서 이용하는 검사는 초기부터 행해졌지만, 기계적 강도의 부족에 의해 채용되지는 않았다. NBR의 내열·내구성 향상을 위하여 개발된 HNBR는 CR의 차세대 치부 벨트용 재료로서 적용이 진행되고 있다.

그림 11.15에 CR와 HNBR를 기어부분 벨트에 요구되는 중요한 재료 대용 특성으로 비교해 나타내었다. HNBR는 i) 실온과 고온(120℃)에서 동적 탄성률의 차이가 적다. ii) 동적 영구 비틀림이 적다. iii) 열 노화 후의 늘어남의 변화가 적다. iv) 굴곡균열 성장이 늦다. v) 윤활유에 대한 팽윤이 적기 때문에 만일 윤활유가 소모되어도 기계적 강도의 저하가 적다는 점에서 치부 벨트재로서 적용된다. 벨트의 주행시험에서의 CR과 비교하면 HNBR는 같은 내구시간에서의 내열성이 40℃ 향상된다. 또한, 실차주행 시험에

서도 약 10만 km 이상 주행하면 CR 제품에 비해 HNBR형은 2배의 수명을 가지고 있다. 그 밖에 HNBR는 구미를 중심으로 보기구동에 사용되는 V 벨트에도 채용되기 시작하고 있다.

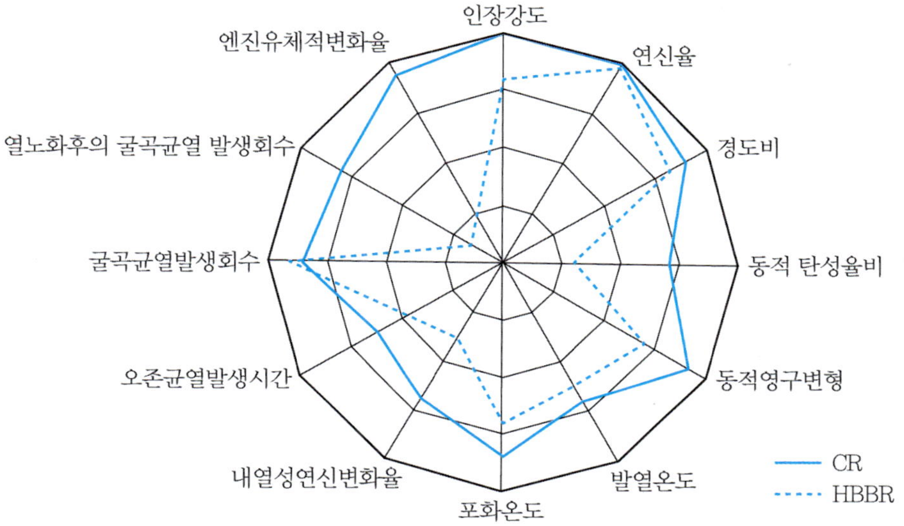

그림 11.15 고무벨트 재료대용 특성에 따른 CR, HNBR의 비교

CHAPTER 12

유리 재료

12.1 자동차용 유리의 변천

유리는 굳으면 광학적으로 투명해지는 특징에 의해 운전자와 외부를 연결하는 최적의 창문용 재료로 널리 사용되고 있다. 자동차용 유리는 장기간 재료개발이라기보다 오히려 가공방법의 발달에 의해 기본적인 조성을 변화하는 것이 아니라, 사용부위에 적당한 제품형태를 만들어내는 것이다. 승객보호와 주위의 안전 확보라는 의미로서 중대한 결함을 가지고 있는 창 재료의 안전성 향상 대책으로 1920~1930년대에 걸쳐 겹유리와 강화유리가 연달아 개발 실용화됨으로서, 잘 부서지는 위험이 있는 유리의 최대 결점이 극복되었다. 그러나 이들은 재료자체로는 특별한 기능이 전혀 없고 소재가 가진 자질을 가공에 의해 나타나게 하는 것이다.

이와 같은 자동차용 안전유리의 개발에 의해 유리는 그 고유의 우수한 내구성을 가져 차량의 안전을 유지하게 되고 창 재료로서의 지위를 확고히 하고 있다. 형상의 변화도 자동차용 유리개발에 있어 큰 흐름으로 되었다. 작은 평판유리를 수직으로 붙인 유

(a)재료(규사, 석회석 등)

(b)용해 공정(용해로 내부)

(c) 판유리 제조공정

(d) 절단 공정

(e) 검사 공정

(f) 이동 공정

그림 12.1 유리의 제조 공정

리에 공력면과 디자인면에서의 요청으로 갖가지 조형이 더해지기 시작하고 1940~1950년대에 걸쳐서는 대형 곡면성형 유리가 출현하였다. 1970~1980년대에 걸쳐서는 2차 곡면에서 복잡한 3차 곡면으로 형상이 크게 변화하였다. 자동차의 스타일 변화가 유리 성형 가공기술의 진보를 재촉해 최신 유행의 플래시 서피스 보디에도 크게 공헌하고 있다.

기능면에서는 1960년대 뒷 유리의 흐림 방지 기능이나 앞 유리에 안테나 기능을 부가시킨 것을 시작으로, 1980년대 이후 앞 유리나 문 유리의 각종 표면처리 기술의 발전과 복합 상품화의 검토가 급속하게 진전되었다.

12.2 자동차용 재료로서의 요구특성과 기본적 특성

유리는 「용융물을 결정화하는 것이 아니라 냉각하여 얻어지는 무기물」로 정의되고, 특정 원자배열 구조를 가지지 않는 것을 특징으로 한다. 자동차용에 사용되는 유리는 소다라임(실리카) 유리라 불리는 것으로서, Na_2O-CaO-SiO_2를 주성분으로 하는 아주 일반적인 유리이다. 그 중에서 유리의 기본적 특성을 결정하는 성분인 SiO2는 조성 비율로 약 70%를 점유하고 있다.

유리의 구조에 관해서는 갖가지 이론이 있고, 원자레벨의 작은 범위로는 SiO_2 결정과 같은 모양의 규칙성을 갖는다. 큰 범위로 보면 전부 무규칙성 망목구조를 갖고 있다고 하는 설이 유력하다(그림 12.2). 소다 라임 유리는 기본성분인 SiO_2에 K_2O, CaO 등의 성분을 첨가하여 용융온도, 점도, 밀도, 그리고 경도 등의 물성값을 변화시켜 가공성을 향상시킨 유리이다. 자동차 용도에 필요한 유리의 대표적인 특성과 물성에 관해서는 다음 절에서 설명한다.

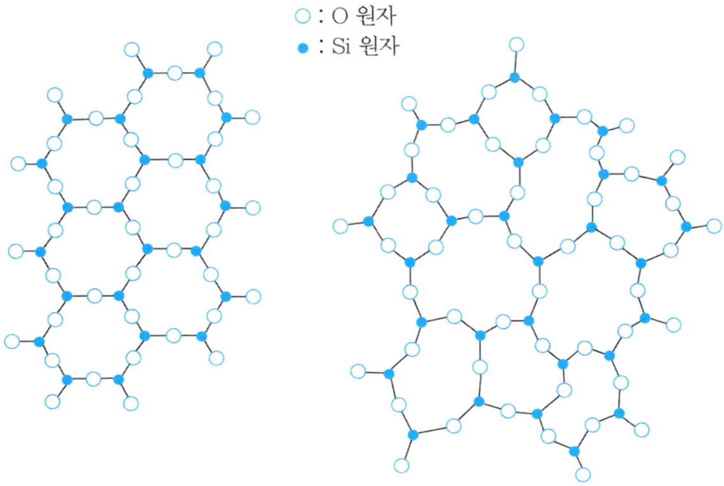

그림 12.2 SiO_2결정(좌)과 SiO_2 유리(우)의 2차원 구조

12.2.1 투명성

재료의 투명성은 시계의 확보라는 관점에서 매우 기본적이고 중요한 특성이다. 유리는 본래 가시영역에의 고유흡수는 대부분 존재하지 않지만, 일반적으로 불순물로써 철분이 혼입되거나 열선흡수나 착색효과를 얻기 위해 천이금속 이온 등을 함유시켜 투과성을 저하시키고 있다. 법규에서 투과율은 가시광선 투과율(T_v)로 규제하는데, 예를 들면 앞 유리에 있어서 위쪽 차광부(sun shade)를 제외한 70% 이상(유럽은 75% 이상)이 필요하다.

투과율과는 다른 개념이지만, 넓은 의미로 창 재료의 투명성을 표시하는 척도로서 헤즈치(전체 투과광 중에서 산란 투과광의 비율을 표시한 값)가 있다. 유리의 페이스값은 0.1% 정도로 산란이 매우 작아서 자동차용 창 재료로 중요한 요소가 되고 있다.

12.2.2 내마모성(경도)

와이퍼나 유리 창문을 올리고 내림에 의해 계속적인 마모가 이루어지는 것은 창 유리의 중요 특성의 하나이다. 유리 경도를 직접 반영하는 경우는 없지만, 재료의 상처받기 쉬운 부분을 나타내는 평가방법으로 법규에는 테이퍼 마모시험이 적용되고 있다. 이것은 연마재를 혼입한 고무제의 마모륜에 500 g의 하중을 가해서 시료 위에 1000회 회전시켜 마모전후의 페이스값의 변화를 보는 시험이다.

전면 창(차 외부)은 변화폭이 2% 이하로 유지되어야 하지만, 유리의 실제값은 1% 전후이므로 어떤 유기 투명재료와 비교해도 압도적으로 우수한 값을 나타낸다.

12.2.3 열팽창률

유리와 투명 플라스틱의 대표적인 아크릴 수지의 열팽창률을 비교하면, (−)40~100℃까지는 사용 온도영역에서 유리는 아크릴의 약 1/9의 값을 나타내고, 자동차의 구성 재료인 철의 값에 가깝다. 이 차이는 자체의 조립기준 치수나 정밀도의 영향을 고려하면, 무시 가능한 수준이다. 또한, 열팽창률은 유리의 강화가공에 있어서 매우 중요한 의미를 가진다. 소다 라임 유리는 알칼리 금속류의 존재에 의해 강화가공에 적당한 값(평균 열팽창 계수 ~90×10−7/℃ : 25~450℃)이 얻어지고 있다.

12.2.4 강성

재료의 강성은 차량의 조립이나 주행시 풍압과 음압에 의한 변형을 받기 때문에 매우 중요하다. 강성률과 판 두께, 그리고 프와송비로 부터 얻어지는 유리의 굽힘 강성 값은 같은 판 두께의 플라스틱보다는 못하지만, 같은 강성을 확보할 경우, 그다지 큰 차이가 나지는 않는다.

12.2.5 밀도

물질의 밀도는 구성원자의 질량과 그 배열에 의해 결정되는 것이라고 널리 알려져 있다. 유리의 경우는 앞서 서술한 재료의 일반적인 원자배열의 규칙성이 부족하고, 보통 금속과 같은 최밀충전 구조를 가지지 않기 때문에 비교적 작은 값을 나타낸다. 소다 라임 유리의 밀도는 약 2.5 g/cm^{3}이고 철의 밀도 7.87 g/cm^3 이므로 1/3 이하이지만, 필요한 강성을 얻기 위해서는 일정한 두께가 필요하므로 실제로는 가볍다고 말할 수 없다. 차체 강성의 확보에 있어서 유리도 중요한 역할을 하므로 현대의 자동차에서는 유리의 경량화도 큰 과제이다.

12.3 부위별 분류와 공법, 그리고 제품

12.3.1 전면 유리

그림 12.3과 같이 현재 대부분 자동차 선진국에서는 한결 같이 자동차에 대한 겹유리의 사용이 의무화되고 있다. 충격은 유연한 중간막에 의해 흡수되기 때문에 머리 부분을 부딪칠 때 입는 손상이 비교적 약하다는 특징을 가지고 있다. 겹유리의 중간막으로는 PVB가 사용되고, 그 두께는 0.38 mm와 0.76 mm의 2종류가 있다. 전면 유리용으로는 내관통성을 향상시킨 후자가 사용되고 HPR(High Penetration Resistance)라 불리고 있다.

겹유리의 제조법은 전개형상에 절단면을 취한 평판유리를 차체에 합쳐 주변형상을 가진 소형(燒型) 위에 얹어 전기 또는 가스에 의해 600℃ 정도까지 가열 연화하여, 중력작용에 의해 주변형상을 소형으로 염색하여 성형하는 기술이 일반적이다. 전면 유리의 취부 각도는 작아서 투시왜곡 등의 광학품질이 법규에도 엄격하게 규제되어 있기 때문에 강제적으로 면 형상을 만드는 성형법의 적용은 매우 어렵지만, 더욱더 복잡한 형상의 대응을 목표로 한 노 내에서의 부분 프레스 성형이나, 컴퓨터 시뮬레이션을 응용한 면 내의 미소한 온도분포 제어 등의 시험이 근래 전개되고 있다.

성형 후의 유리는 일정한 환경인 온도와 습도를 조정한 클린 룸 내에서 PVB를 적층하고, 오토 클레이브로 가열 압착시켜 완성한다. PVB의 접착력은 유리표면과의 수소결합과 유리표면의 미세한 凹凸면의 앵커효과에 의해 얻어진다. 현재의 전면 유리판 두께는 승용차에는 4.7 mm(2 mm+2 mm)가 일반적이며, 최근 차량의 경량화 대책으로

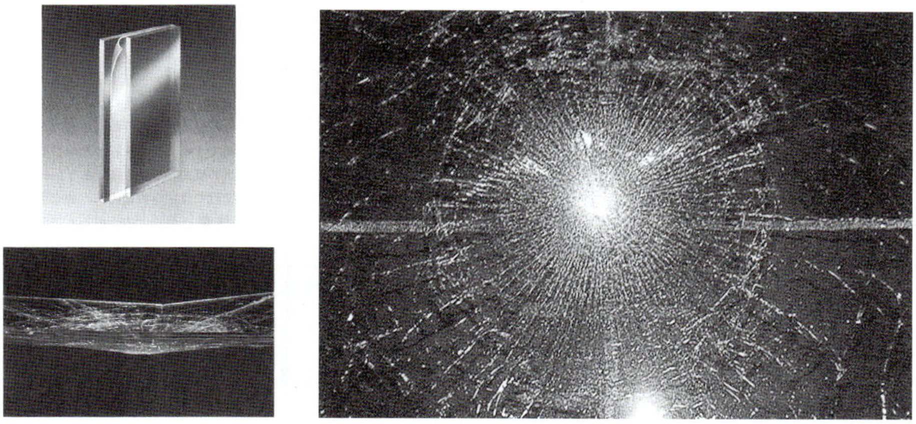

그림 12.3 안전유리구조와 균열형태

써 유리의 박판화가 진행되어 일부 승용차는 4.3 mm(1.8 mm+1.8 mm)의 겹유리도 실용화되고 있다. 전면 유리는 규칙에 의해 최고 엄격한 규제를 받고 있는 한편, 겹유리라는 복합 상품의 특징으로 각종 기능부가가 용이하다는 장점도 가지고 있어 고기능화의 응용성에는 최고로 많은 부위이다.

12.3.2 도어/측면 유리

도어 또는 측면 유리에는 개폐시와 차량 조립시에 발생하는 응력에 견딜 수 있는 강도 때문에 강화유리의 사용이 일반적이며 자동차용 강화유리라는 것은 통상 물리 강화유리를 의미한다.

강화유리는 전기 또는 가스의 가열로에서 연화점 부근인700℃ 까지 유리를 가열시켜 소정형상으로 성형 한 후 에어 제트로 급랭시켜 유리표면에 판 두께의 약 1/6 두께의 잔류압축 응력층을 형성하는 것이다. 유리는 압축력에 대해서 900~ 1000MPa 정도도는 큰 강도를 나타내는 한편, 인장에 대해서는 50~100MPa 정도의 실용 강도 밖에 되지 않는다.

유리의 파괴는 표면을 기점으로 발생하기 때문에 표면으로부터 파괴에 도달하는 인장력과 이에 반하는 압축응력(100~150 MPa)을 잔류시켜 놓은 것에 의해 외형상 큰 강도를 얻는 것이 가능하다. 물리강화의 원리는 점탄성 이론에 의해 설명된다(그림 12.5). 연화점 부근에까지 가열시킨 유리가 표면으로부터 급랭되면 냉각초기에는 표면층의 온도가 급강하되어 수축되고, 온도강하가 작은 내부와의 수축량의 차에 의해 일시적으로 표면에 인장응력이 발생한다. 그러나 온도가 높을 때에는 표면의 인장응력은 내부의 점성유동에 따라 응력이 완화 된다. 더욱이 온도강하가 계속되면 점성유동이 일어나지 않는 왜곡점 이하에 도달할 때 표면층은 고체화되지만, 내부온도의 강하는 표면보다 늦기 때문에 수축량이 표면층보다도 크게 되어, 표면층에는 내부수축으로 인장되어 압축응력이 생기고, 내부에는 이것을 제거한 인장응력이 영구변형으로서 잔류한다.

그림 12.4 강화유리(좌)와 비강화 유리(우)

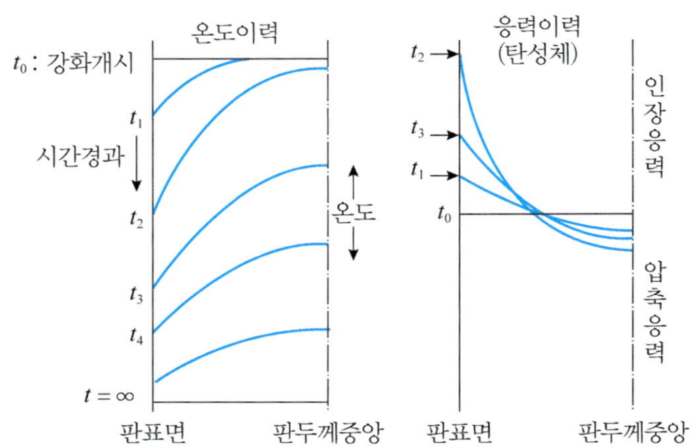

그림 12.5 점탄성 이론에 따른 유리의 강화

강화유리는 파괴되었을 때 내부의 탄성 에너지가 순간적으로 개방되기 때문에 그 파편은 날카롭지 않고 조밀하게 파괴된다. 따라서 부서진 유리 조각의 비산 에너지가 작아 인체의 손상이 적다. 도어/사이드 유리의 공법으로서는 겹유리와 같은 중력 성형법과 수직현수 반송 후의 인발 프레스법, 그리고 세라믹 페이스상에 고열의 가스로 띄워서 중력으로 페이스 형상으로 순염시키는 가스로법 등 다양한 기술이 있으나, 성형형상이나 생산성 등을 고려하여 공법이 결정된다.

도어유리의 판 두께는 현재 최고 얇은 것은 3.1 mm, 두꺼운 것은 5 mm 정도이며, 경량화 때문에 전반적으로 박판화되는 경향이다. 단, 강화가공의 원리에서도 밝혀진 것처럼 판 두께를 얇게 하는 방향은 강화하는 것을 곤란하게 하는 것이고, 차음성능이나 강성도 떨어지기 때문에 주의를 해야 한다. 도어유리는 기계적 마모(승강)를 동반하기 때문에 오랫동안 기능의 부가는 곤란하지만, 최근 각종의 기능상품이 검사되어 실용화에 이르고 있다. 차음성과 단열성을 높일 목적으로 경화의 도어유리(유리 2장의 사이에 건조 공기층을 형성한 것)가 유럽의 고급차에 채용된 경우가 있고 고급차 목적의 특수한 예도 있다.

12.3.3 후면 유리

강화유리가 일반적이지만 일부의 고급차에는 겹유리도 사용된다. 후면 유리에는 복잡한 형상화나 각종의 기능(데포가, 안테나, 센서, 접착제 열화 방지용 세라믹 등)이 부가되어 고기능화라는 의미에서는 앞서가는 부분이다. 이것은 후면유리가 기본적으로 고정식 창이며 전면 유리보다 투명성 등의 광학성능이 엄격하지 않기 때문에 각종 가공이 비교적 용이하다고 생각된다.

공법에서는 가스로 방법을 제외하면 도어/측면 유리와 동일하다. 일반적으로 크기가 큰 3차 곡면의 복잡한 형상이 많기 때문에 1980년대 전반까지는 수직 인발식 프레스법이 일반적이다. 최근에는 롤 하스상을 수평 반송하여 몰드흡착과 중력을 이용한 복잡한 형상을 성형하는 기술이 대부분이며 외관품질이 우수한 후면유리의 공급이 가능하게 되었다. 강화타입의 판 두께로는 개폐시의 응력에 견디는 고강도와 강성확보 때문에 보다 두꺼운 두께가 필요하다. 겹 타입에는 열선반사 기능이나 안테나 기능을 부여하고, 중간 막의 염색에 의해 그늘부분을 만든다. 유럽의 고급차에서는 텅스텐 와이어를 중간 막으로 넣어 도전체로 한 방담(흐림 방지) 유리 등 여러 가지 상품이 보이지만, 가격에서 앞으로 양적인 확대가 그다지 많지는 않을 것으로 예상된다.

12.3.4 천정 유리 등

개구부로서 비교적 새로운 부위이며 강화유리 또는 겹유리가 사용된다. 제조법에서는 각각 앞서 설명한 것에 준하여 열선차단이나 가시광선 저투과에 의한 프라이버시 확보 등이 중요한 요구기능이다.

열선차단 기능으로서는 천이금속 혹은 그의 산화물 박막을 코팅한 유리가 미국이나 일본에서 개발되고, 프라이버시 기능에 관해서는 유리 벌크 자체의 농색화, 중간 막의 착색 등에 의해 이루어지고 있다. 태양의 직사광선을 받기 쉬운 부위인 천정은 태양전지 모듈을 조합하여 주차 때 차내 환기팬의 구동이나 배터리 충전을 행하는 사례도 있다. 장래 전기 자동차에 있어서는 보다 흥미 깊은 상품이지만, 대부분 실험적인 응용개발 단계에 이르고 있다.

천정 이외의 부위에서는 고급 미드 십 카의 뒷문 유리와 차 실내의 칸막이 창으로서 엔진 룸의 열기에 유리가 흐려지지 않도록 강화 페어 유리가 사용되고 있는 경우가 있다.

그림 12.6 각종 두께별 유리

12.4 최신 기술개발

12.4.1 신 유리재료와 건식 표면처리기술에 의한 단열기능

자동차에서의 유리 면적이 4 m^2 이상으로 확대되고 있는 최근 개발 자동차는 70% 이상이 유리로부터 태양에너지가 실내에 유입되고 있어 열선 투과량이 적은 유리의 개발이 대우 중요한 개발 과제의 하나이다.

최근에는 공조의 파워도 한계에 다다랐기 때문에 가능한 한 공조의 부하를 가볍게 하여 연비의 개선에 기여하는 유리의 기대가 크다. 기술적으로는 유리소재 자체에 열선흡수효과를 가지게 하는 방법과 유리표면에 열선 반사막을 코팅하는 방법의 2종류가 있으며, 목적과 필요기능에 따라 방법이나 재료의 제조법이 다르다. 열선 흡수 유리에는 오랫동안 블루나 브론즈 유리 등이 이용되어 왔지만, 최근 기존의 유리보다 열선흡수 효과가 큰 폭으로 개선된 유리소재가 개발되어 사용이 확대되고 있다. 이것은 소재 중의 Fe^{2+} 이온이 근적외선 영역에 강한 흡수대를 갖는 것에 착안하여 벌크 중의 철분 함유량을 높인 유리이다. 근적외선 영역을 중심으로 태양 에너지 투과율을 종래의 유리보다 30% 가까이 저하시켜 직사광에 따른 눈부신 현상의 감소와 주행 중의 냉방부하 경감이 기대된다(그림 12.7).

열선흡수 유리는 태양 에너지의 다수를 흡수해 버리기 때문에 유리로 흡수된 열은 보통 주행 중에는 차 외측으로 대부분 반사되지만, 주차시나 시가지에서의 초저속 주행시에 차안으로 반사되는 것도 피할 수 없다. 이것에 대한 대책으로서는 유리표면에 금속박막을 코팅한 열선반사 유리가 1970년대에 개발되기 시작하였으며, 대형 인라인 마그넷롱 스패터링 장치가 실용화가 되어 1980년대에는 양산 차에 본격적으로 적용되었다.

열선(근적외선) 반사용 금속재료로는 가시역의 흡수가 적은 Ag가 사용되며, 높은 가시광선 투과율을 요구하는 전면 유리 등에는 10 nm 전후의 Ag 박막을 사용하고 있고, 고굴절율의 유리 전체에 샌드위치형태로 하여 가시역에서의 반사율을 억제한 간섭막 형태의 구성이 얻어졌다(그림 12.8). Ag의 박막은 화학적/기계적 내구성에 어려움이 있어 보통 겹유리의 접착면에 코팅하여 외부로부터 보호하면서 사용한다. 강화유리와

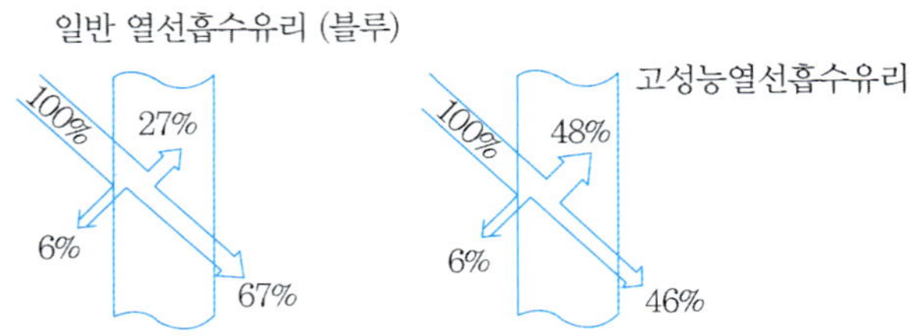

태양 Energy 투과의 비교 (3.5mm 두께)

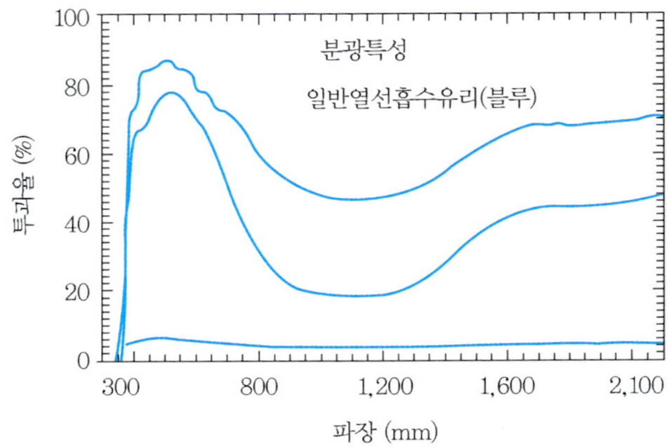

그림 12.7 열선 흡수 유리의 분광 특성 예

같이 단판사양에 대해서는 내구성이 우수한 Ti 등의 천이금속의 질화물이 이용되고 있다. 성능에서는 은을 이용한 타입보다도 저하되지만, 물리적 강도가 요구되는 용도에는 치밀한 탄산물의 보호층과 조합하여 사용되고, 차의 전주를 전부 열선반사 유리로 만드는 것도 가능하다.

열선 반사막은 전파의 차단효과도 높고 휴대전화 등의 전파기기의 사용에 지장을 초래하거나 유리 안테나의 성능에 영향을 미치기 때문에 저전도성 코팅 막도 개발되고 있지만, 열선반사 기능이 큰 폭으로 저하되는 문제가 있다.

한편, 도전성의 열선 반사막을 투명 도막으로 하고 여기에 발전기 등으로 승압한 전압을 가하여 발열에 의한 얼음과 눈을 녹이는 기능이나 성에가 끼는 것을 방지하는 기능을 부가한 전면 유리도 개발 중이다.

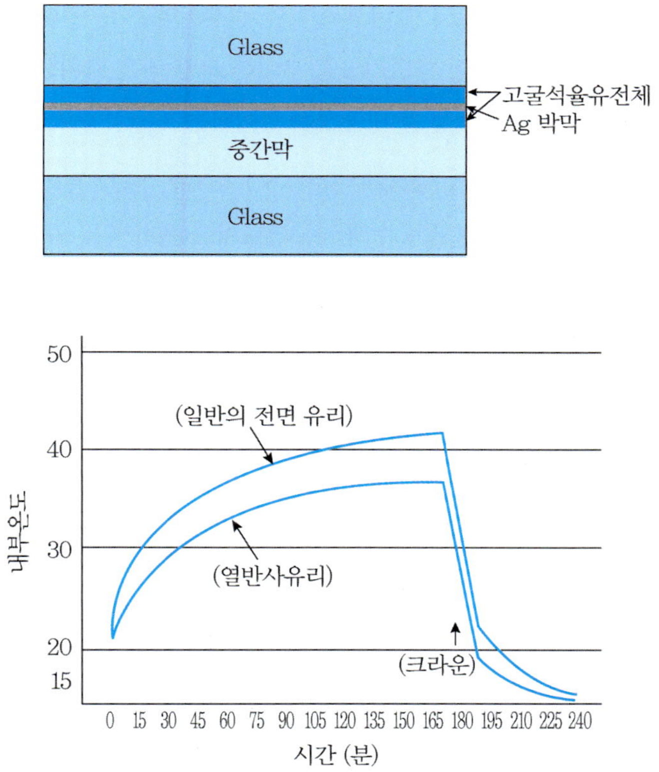

그림 12.8 열선 반사막 구성과 냉방 경감효과

12.4.2 습식 표면처리 기술

환경문제의 관심이 높아지면서 인체 또는 내장재에 의해 유해한 자외선을 유리가 제어기능을 가지도록 하여 유리를 투과한 자외선에 의한 팔의 그을림 방지나 고급차에 사용되는 천연 내장재의 퇴색 방지를 하고자 한다.

겹유리는 중간막의 열화방지를 위하여 PVB 자체에 유기 자외선 흡수재를 함유시켜 충분한 자외선 차단기능을 가지도록 한 제품이지만, 강도와 중량 그리고 비용면에서 보면 강화유리 보다 불리하므로 자외선의 차단기능을 갖는 강화유리의 개발이 요구되고 있다.

앞에 설명한 고성능 열선흡수 유리에는 자외선 흡수효과를 갖는 성분도 첨가하고 있고, 자외선 차단기능도 대폭적으로 높이고 있지만 변색이라는 문제 때문에 선택의 여지가 없다. 그리고 후처리로 자외선 차단기능을 부여한 코팅 액은 자외선 차단으로서는 문제가 없지만 막의 경도나 내찰상성 등 내구성에 있어서는 자동차용으로 역부족이다.

기계적인 내구성을 요구하는 자동차용에는 ZnO, CeO2, TiO2 등의 무기코팅이 효과적이며 기능을 만족시키기 위해서는 수백 nm 정도의 코팅박막을 필요로 하지만, 스패터링법과 같은 진공법으로는 막의 생성속도와 가공비용 때문에 양산은 곤란하다. 유리표면에 금속 산화물을 형성하는 다른 수단으로서는 유기금속 재료를 사용하는 졸겔법이 있다. 이것은 예를 들면 금속 알코올키시드(금속의 알코올 반응체) 용액을 유리표면에 도포한 후, 가수분해 및 고온산화의 소성 공정을 거쳐 치밀한 산화물을 형성하는 방법이다(그림 12.9). 이 방법을 기본으로 내구성과 도포 작업성이 우수하여 강화공정에서의 영향이 적은 자외선 흡수 재료를 큰 면적의 유리에 균일하게 코팅하는 생산기술이 최근에 개발되었다.

졸겔법에 의한 표면처리 상품은 HUD(Head-Up Display)용 컨베이어가 대표적인 응용 예이다. 가시역에서 고반사율이 필요한 것에 응용된 것에는 고굴절률 금속 산화물

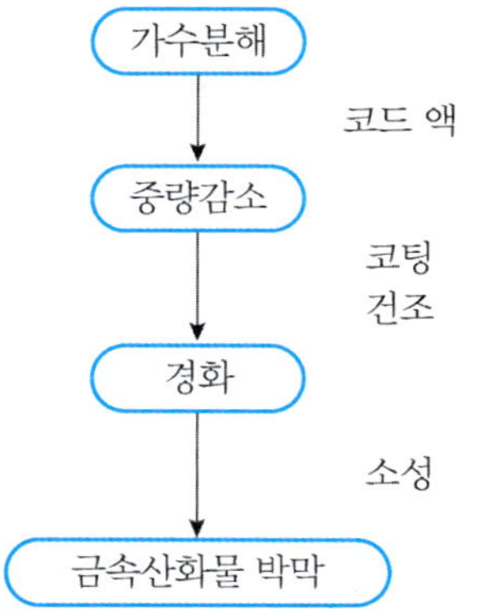

가수분해 Process
Me (OR)$_n$ + nH$_2$O　　Me (OH)$_x$ + nROH

중량감소 Process
Me (OH)$_n$　　(−Me−O−)$_n$　　+ H$_2$O

그림 12.9 졸겔법에 의한 박막형성과정

박막 재료와 부분코팅 공법의 개발이 과제이다. 습식표면 처리기술의 새로운 부분에서는 그 밖에도 표면에 고내구성의 불소계 코트를 실시한 물유리 등이 이미 실용화 단계에 있다.

12.4.3 타 기능과의 통합

유리에 유리 본래의 기능과는 전혀 다른 기능을 부가하는 실험은 비교적 오래 전부터 행해지고 있지만, 실제 널리 상품화된 대표적인 예는 유리 안테나 정도이다. 자동차의 진화에 따라 각종 정보기능은 필요 불가결하게 되었지만, 이동체인 자동차에서 정보를 얻는 매체는 전파가 중심이며, 유리가 안테나 기능을 갖게 되는 이유는 자동차에서 차지하는 면적이 크기 때문이라고 생각된다. 유리에 안테나를 조합한 상품은 1960년대에 와이어를 전면 유리에 삽입하면서 시작되었다. 엔진 소음 등을 줄이는 목적으로 1970년대 이후부터는 주로 후면 유리에 적용되어 뒷면 유리의 상부나 하부의 공간을 이용한 프린트 안테나가 일반적이다.

유리 안테나는 폴 안테나에 비해서 돌기물이 없기 때문에 외관 디자인을 저해하지 않아 파손의 염려가 적고, 파워 안테나에 의한 구동기구를 필요로 하지 않기 때문에 중량과 비용의 저감이 이루어지는 큰 장점을 가지고 있다. 안테나의 기본적 성능으로는 높은 이득(gain)을 얻을 수 있는 것이 제일 좋지만, 이동식 안테나라는 특수한 환경을 고려하여 무지향성도 매우 중요한 특성이다. 또한, 자동차의 차체는 도체이기 때문에 받는 전파가 차체 방향으로 빠져나가지 않도록 전달손실을 가능한 한 적게 하는 방법이 중요하다.

그림 12.10 유리 안테나(패턴 예)

자동차용 유리 안테나는 AM/FM대에서 TV를 수신하고, 전화대로 가능한 고주파수대에까지 확장하고 있다. 장래 GPS 등의 내비게이션용 안테나와 같은 영역에까지 확장하고, 안테나 기능의 복합화도 급속하게 진전될 것으로 보인다.

(a) 조명기기

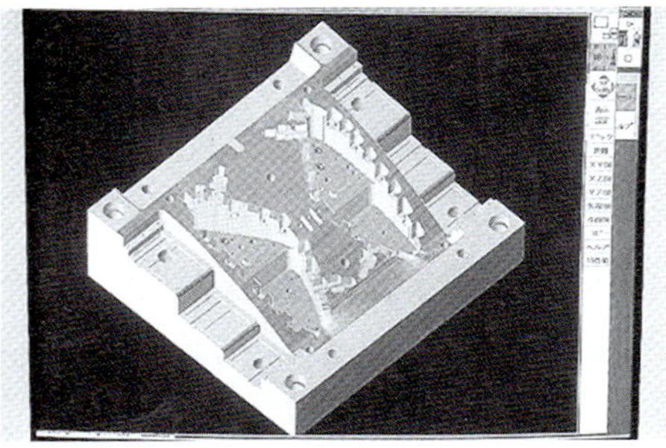

(b) 사출금형 모델링

(c) 사출금형

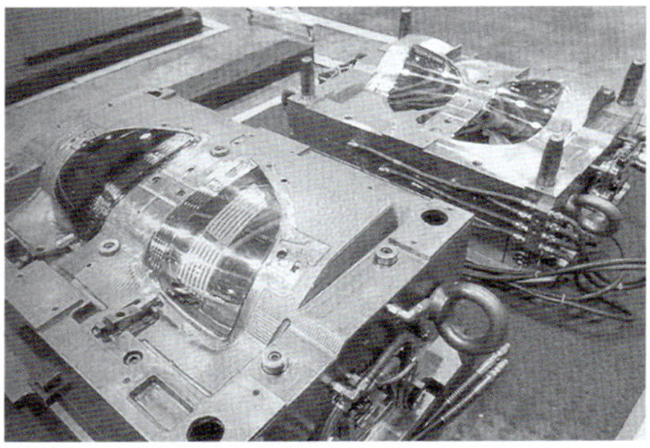

(d) 사출완료

그림 12.11 자동차용 조명기기의 제조과정

12.5 금후의 자동차용 유리의 방향성

자동차용 유리에 대한 요구는 시대에 따라 다양화/고도화되어 왔지만, 잠재적 요구가 정리되어 과제가 명확하게 된 지금, 다음에 서술한 4개의 키워드에서 앞으로의 방향성에 대해 정리해 보았다.

12.5.1 모듈화(부품 통합화)

유리 주변부에 염화플라스틱의 어셈블리 부품을 일체 성형하는 기술이지만, 도어유리의 홀더를 접착하여 출하한 형상이 일반화되어 있고, 이후의 이 흐름은 급속도로 진전하여 보다 집적도가 높은 구성으로의 변화가 예상된다.

12.5.2 복합 기술화

전자부품과의 조합이나 각종 유기재료와의 복합화는 전과 다름없이 고기능화라는 큰 목표는 바뀌지 않는다. 따라서 일반적으로 유리라고 불리는 조광유리나 고도의 안전을 지향하는 바이 레이어 유리, 홀로그램 광학소자의 이용 등이 대표적인 예이다.

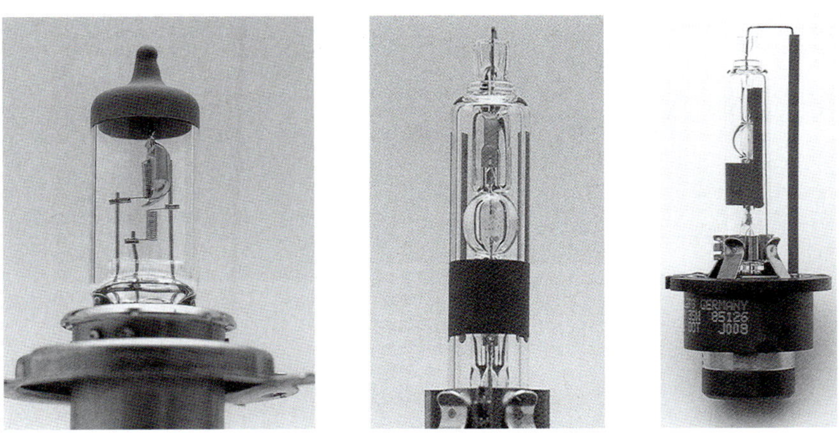

그림 12.12 할로겐 램프의 종류

12.5.3 벌크의 고기능화

소재 자체를 변화시키지 않고 기능을 부여하는 개발과 기본적으로 요구되는 고기능에 대해 재료 자체의 잠재력을 향상시키는 것이 중요하다. 벌크 성능의 개선은 높은 신뢰성과 저비용화를 위한 필수적인 기술이며, 종래의 유리특성에 안주하는 것이 아닌 새로운 기술개발이 필요하다.

12.5.4 재료의 리사이클화

환경문제에 대한 리사이클은 피해갈 수 없다. 유리 자체는 리사이클이 이전부터 행해지고 있지만, 자동차용 유리에 관해서는 보다 효과적인 방법론이 검토되기 시작한 단계이다. 앞에서 제시한 효율적인 방법으로 각종 부가기능을 접근시키기 위해서는 이론적 근거가 필요하게 될 것이다.

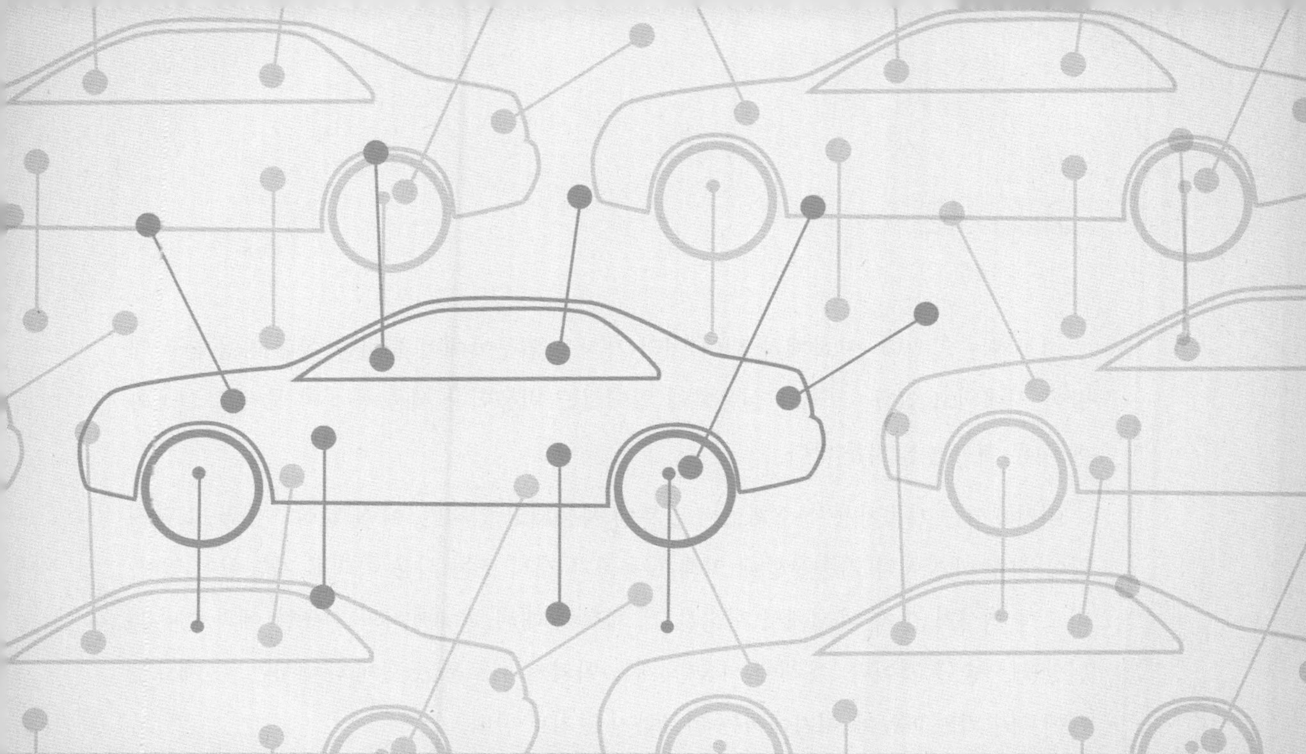

CHAPTER 13

신소재

13.1 서론

신소재는 일찍이 큰 화제가 되어 여러 가지 산업분야에서 특징을 살린 응용연구 개발이 진행되고 있다. 그러나 실용화에 있어서는 비용이나 제품 품질의 문제로 실용화에 이른 재료는 많지가 않다.

여기에서는 자동차용 신소재로써 일부에 사용되고 있지만, 아직 널리 사용되고 있지 않아 향후 개발이나 기술상황에 의해 실용화가 개시 또는 사용 확대될 가능성이 있다. 비교적 역사가 짧아 아래에서 서술한 각 재료에 대해 현재까지의 실용한 예와 이후의 전망을 서술할 것이다. 아래에 서술한 재료 이외의 새로운 소재에 대해서는 각 재료분야에 서술되기 때문에 여기에서는 언급하지 않기로 한다.

- 세라믹
- 금속간 화합물
- 금속기 복합재료
- 티탄합금
- 비정질 금속
- 고기능 표면처리

13.2 세라믹

세라믹은 예부터 도자기나 유리 등 친숙한 재료로써 이용되어 왔지만, 1970년대부터는 특성을 대폭 향상시킨 파인 세라믹스가 주목을 받아 연구개발이 이루어져 왔다. 이 세라믹에는 기계강도의 특성을 주제로 하는 구조용 파인 세라믹과 전기나 자기특성을 주제로 하는 기능성 파인 세라믹으로 분류된다. 다음은 이들 두 가지 세라믹의 중요한 특성과 실용화와 향후 과제의 개요를 기술한다.

13.2.1 구조용 세라믹

구조용 세라믹은 특히 1980년경부터 수년간 신재료로 주목되어 연구개발이 널리 이루어져 왔다. 붐이 일어났을 때는 여러 가지 부품에 대한 응용이 고려되었지만, 비용이나 제품 품질 문제 때문에 실용화된 예는 아주 적다. 현재는 특성을 살린 영역에서 실질적인 개발이 계속되고 있다. 중요한 경합재료인 금속재료와 특성을 비교하면 경량이고 단단하고, 팽창률이 작고, 탄성률·강도가 높지만 가공하기 어렵다는 단점도 있다. 이들의 성질은 세라믹의 화학결합이 주로 결합력이 강한 공유 결합하기 때문이다. 금속재료와 같은 금속 결합에는 원자가 이동하기 쉽기 때문에 변형하기 쉬운 높은 연성을 나타낸다. 실제 세라믹에는 공유결합과 이온결합이 혼재하는 상태로 되어 있다. 세라믹은 이 고영률과 저연성 때문에 일반적으로 감수성이 높기 때문에 충분한 주의가 필요하다. 그리고 높은 강도와 단단한 성질 때문에 기계 가공성이 좋지 않고, 부품성형에서도 정밀도를 맞추기가 어려운 성형이 이루어진다. 일반적으로 분말성형 후 소성에 의해 소재가 만들어지지만, 소성과정에서 수축한 것이나 제품을 제작하는 장소에 따라서도 수축량이 다르기 때문에 충분한 데이터를 가지고 분말 성형의 형상을 결정하지 않으면 안 된다.

재료개발은 재료의 특징을 살리기 위해 고강도화·고인성화의 연구가 행해지고 있다. 고강도화는 주로 재료 조직의 미세화와 결함의 크기를 감소시키는 것이다. 특히, 자동차용 엔진부품과 같은 고온구조 재료로 고순도 원료의 사용과 소결 조제량의 절감, 그리고 유리상의 결정화나 조제의 결정상에 고용 등에 의해 고온강도를 개선한 방법이 제안되고 있다. 나노미터 수준의 탄화규소 입자의 첨가효과 등도 보고되고 있다. 한편, 강인화와 조직을 조대화하여 큰 장주상의 입자를 생성시키는 방법이 일반적이다.

자동차에서 세라믹의 실용적인 예의 대표적인 것으로는 투광성을 이용한 창유리와 헤드라이트 등이나 절연성·내구성을 이용한 점화 플러그가 있고, 1970년대의 배기가

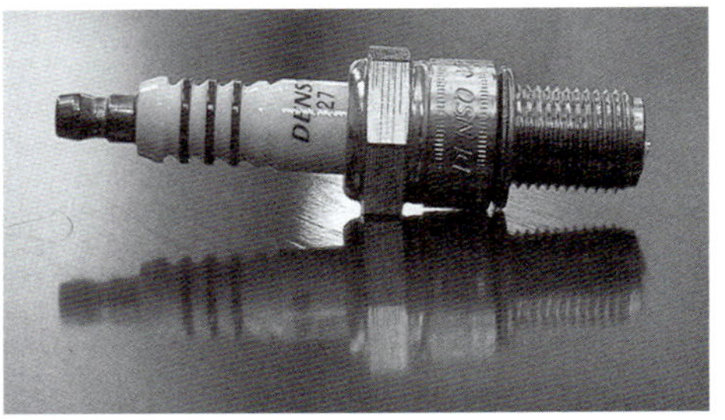

그림 13.1 점화 플러그

스 규제 대책에도 세라믹이 이용되었다.(그림 13.1)

그러나 구조용 재료로써 본격적인 연구 개발이 된 것은 앞서 설명한 세라믹 붐 때였다. 검토되어진 재료는 질화규소(Si_3N_4), 탄화규소(SiC), 질화알루미늄, 지르코니아(ZrO_2), 알루미나(Al_2O_3), 티탄산 알루미늄 등이다. 이것들의 재료 중에 실용화되어진 것은 질화규소 재료가 대부분이며, 이것은 이 재료의 내열강도·내열 충격성·비중 때문이라고 생각된다.

향후 자동차 부품에 대한 응용으로는

- 엔진의 고성능화를 위한 고면압 유동부를 가지는 부품, 예를 들면 밸브 등에 응용
- 고열부하 부품에 단열성이나 고온강도 특성을 이용한 응용, 예를 들면 부연소실이나 단열엔진 등이 기대된다. 단, 소재·가공·성형에서의 가격상승을 방지하기 위해 각 공정에서의 비용절감의 노력이 필요하고, 현재 실질적인 개발이 계속 이어지고 있기는 하지만, 아직 타 재료에 비하여 널리 사용되는 가격대까지 도달하지는 못하고 있다.

최근 세라믹기 복합재료(Ceramics Reinforced Ceramics : CRC)의 연구는 첨단기술개발 분야로서 자리매김을 하고 있다. 그러나 현재 자동차 분야에는 이 같은 고기능 재료개발보다는 종래의 세라믹 재료의 비용절감이 최고 중요한 과제이다.

13.2.2 기능성 세라믹

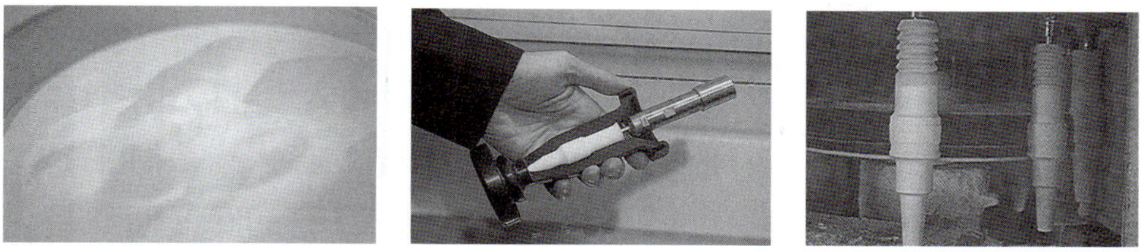

(a) 재료 (b) 성형 (c) 소결성형

그림 13.2 점화 플러그의 제조과정

1975년경부터 배출가스 규제대책을 위해 산소센서나 배기온도 센서가 이용되어졌고, 그 후 연비향상, 쾌적성 향상, 안전성 향상의 이유로, 노크(knock) 센서를 시작으로 한 각종 센서가 기능성 세라믹을 이용하여 실용화되고 있다. 현재에는 구조용 세라믹 재료에 비해 기능성 세라믹은 자동차의 각 분야에 널리 사용되고 있다.

자동차용으로는 전기적 기능을 가진 세라믹이 많고 온도센서·산소센서 등의 센서 부품에 많이 사용되고 있다. 향후, 저자원, 저에너지, 쾌적성 향상, 안전성, 환경파괴 방지가 점점 요구되고 있다고 생각된다.

이 때문에 엔진의 연소효율 향상을 위한 엔진의 고정밀도 제어나 내비게이션 시스템 등 사람의 오감을 만족시키는 차로서 이동을 즐겁게 하는 쾌적성을 더하는 통신기기, 그리고 차의 안전성을 향상시킨 에어 백 등을 위해 가속도센서가 보다 많이 사용될 것으로 예상된다. 따라서 점점 센서의 고성능화나 집적화가 요구되어 기능성 세라믹도 한층 더 재료개발이나 박막기술이 요구되고 있다.

최근에는 광학적 기능을 갖는 세라믹도 자이로(gyro) 등 자동차 관련 주변기기 분야의 적용이 검토되고 있다.

13.2.3 금속간 화합물

금속간 화합물은 구성성분이 금속원소로 되어 있어 그 특성이 세라믹과 금속의 중간을 나타낸다. 구성성분이나 구조에 따라 금속에 가까운 성질을 나타내는 것이지만, 세라믹에 가까운 성질을 나타내는 것도 있다. 중요한 금속간 화합물로는 티탄 알루미늄계의TiAl, Ti_3Al 등과 니켈 알루미늄계의 NiAl, Ni_3Al 등이 있다. 최근 연구개발은 티탄-알루미늄계가 주종을 차지하고 있고, 그 중에도 TiAl이 가장 많다. 니켈-알루미늄계의 NiAl, Ni_3Al은 비중이 6~7.5 g/cm^{3}로서 무겁고, 자동차 부품에 적용할 경우 가격이 가장 많이 나온다. 재료의 특성에서도 결정입자의 직경이 작아서 크리프 강도가 낮은 것도 응용에 있어서 문제가 되고 있다. 따라서 지금부터 티탄-알루미늄계의 금속간 화합물에 대해 설명하고자 한다.

티탄-알루미늄계는 티탄합금의 실용화에 따라 1950년대부터 금속 상태도의 연구가 시작되었다. 이 재료는 크리프 강도와 내산화성이 우수하기는 하지만, 연성·충격성이 떨어지기 때문에 연구가 일시 중단된 적이 있었지만, 1970년대 미국 공군에서 재료연구가 재개되었다. 1980년대가 되면서 경량·내열성이 주목되어 미국·일본·유럽·중국에서 활발한 연구가 시작되었다. 일본에서는 차세대 금속·복합재료 연구개발 협회에서 「초내환경성 선진재료의 연구개발」이 1989년부터 8년간 계획적으로 실시되었고, 현재 사용온도영역 750℃까지도 사용이 가능하다고 보고되고 있다. 또한, 이 재료를 이용한 터보 차저 로터의 과급 타임 래그의 단축효과가 있다는 보고도 있다.

티탄-알루미늄계에는 Ti_3Al, TiAl, Al_3Ti의 세 종류가 있다. Ti_3Al은 밀도가 5 g/cm^{3}으로 비교적 크고, 내열온도도 약 970 K로 낮기 때문에 내열티탄 합금에 비해 우수한 성질 거의 없다. Al_3Ti는 밀도가 3.3 g/m^{3}로 매력적이긴 하지만, 결정구조가 복잡하기 때문에 변형하기 어려운 가공성의 문제가 있어 실용화가 곤란하다.

TiAl은 단순한 결정구조를 가지기 때문에 고온까지 안정하므로 내열 구조용 재료로서는 금속간 화합물 중에서 가장 기대되고 있다. 그러나 금속재료에 비하여 연성이 부족하고, 약 1000 K 이상의 온도에서 고연성을 나타내지만, 보통 금속압연 가공과 같은 고변형 속도 영역에서의 가공은 불가능하기 때문에 특성개량을 위하여 열처리· 열간가공에 의한 조직제어·첨가원소의 연구나 항온단조에 의한 저변형 속도로의 가공법 개발이 이루어지고 있다.

TiAl을 자동차 부품으로 사용하는 곳은 배기밸브, 터보 차저 로터, 브레이크 디스크 등을 들 수 있다.

13.3 복합재료

복합재료는 1940년대에 처음으로 수지 중에 유리섬유를 분산시킨 재료가 강도와 강성에서 크게 향상되면서 개발이 시작되었다. 그 후 유리를 시작으로 세라믹 등의 강화재료와 고무, 수지, 금속, 세라믹 등의 모재와 함께 각종 조합이 연구 개발되고 있다. 그 중에서 섬유강화 플라스틱(Fiber Reinforced Plastics : FRP)은 널리 실용화되었고, 항공우주 기기재료와 레저분야 재료로 많이 이용되고 있다. 섬유강화 플라스틱에 있어서는 수지재료에서 이미 서술되었기 때문에 여기에서는 생략하기로 한다.

한편, 금속기 복합재료(Metal Matrix Composite : MMC)는 모재(구성 재료 중 강화재 이외의 일반부를 모재라 칭한다)가 금속이기 때문에 섬유강화 플라스틱에 비하여 내열성이 있고 열전도율이 높은 것으로 자동차 등의 공업기기 분야에도 사용이 기대된다.

다음에서는 일반적인 성질과 특히 확대사용의 열쇠가 되는 제조공정에 대해서 서술하고자 한다.

13.3.1 일반적인 성질

금속기 복합재료는 종래 사용되었던 철·알루미늄·티탄·마그네슘 등의 단일재료를 모재로 하여 강도와 탄성률이 높은 재료와 조합하는 것인데 비탄성과 비강도나 비마모성을 대폭으로 향상시키려는 것이다. 이러한 특성변화는 다음 식에 나타낸 복합법칙(Rule of Mixture : ROM)으로 대표되지만, 장섬유 복합재료는 비교적 이 식에서 특성이 평가되고, 단섬유나 입자 복합재료로는 다음의 복합법칙으로 충분하지 않아서, 여러 가지 계산식이 제안되고 있다.

$$S_c = S_m V_m + S_f V_f$$

여기서, S_c : 복합재료의 특성　　S_m : 모상의 특성

V_m : 모상의 체적률　　S_f : 강화재(섬유, 입자)

V_f : 강화재의 체적률

이 금속기 복합재료의 특성은 경량성과 어느 정도의 강도, 그리고 제조가 쉽기 때문에 알루미늄 합금이나 마그네슘 합금이 사용되는 경우가 많다. 강화재료로서는 강도와 탄성률, 그리고 모재와의 반응성이 좋은 세라믹 재료가 많고, 그 형태는 장섬유·단섬유·위스커·입자가 사용되고 있다. 장섬유는 섬유축 방향에 양호한 특성이 얻어지지만, 축에 수직한 방향의 강도가 문제가 되는 것, 또는 섬유가 고가로 제조비용이 높아지는 것으로부터 일부의 예를 제외하고는 실용적인 경우가 적다.

단섬유·입자를 이용한 복합재료는 단조·압출 등의 2차 가공 제조가 용이하고, 또한 비용에서도 유리하기 때문에 실용화된 것은 이 강화재를 이용하고 있다. 위스커에 대해서는 균일분산이 어려워 제조 중의 섬유파단 등으로 기대한 강도가 얻어지지 않는 것, 위스커를 취급하는 사람의 건강 문제도 염려되고 있어, 이후의 실용화는 어려울 것으로 예상된다. 입자는 일반적으로 싼 가격에 등방성 재료가 얻어지기 때문에 응용이 기대되지만, 입자의 균일 분산성, 입자계면의 반응, 입경이나 표면의 반응상태에 따른 재료의 특성이 변화하는 것으로 이들의 연구개발이 많이 행해지고 있다.

섬유가격이나 복잡한 제조방법에 기인한 비용 상승에 대응하기 위해 염가섬유의 사용·섬유제조 공정개량에 의한 비용절감, 복합재료 제조공정의 간략화, 제조효율 향상의 노력이 행해지고 있고, 향후의 금속기 복합재료에 있어서는 이들의 기술 확립이 확대사용의 열쇠가 된다.

최근에는 종래의 고성능 섬유나 입자를 모상 중에 분산시켜서 특성의 향상을 행하고 있는 복합재료에 대해서 재료부분에 반응시킨 강화물에 의해 복합 강화한 복합재의 연구가 행해지고 있다. 이 방법에는 입자가 재료내부의 소재와 반응하여 생성하기 때문에, 열역학적으로 안정된 미세입자를 분산시키는 것이 가능하고, 비용을 절감시킬 수 있는 가능성을 가지고 있다.

중요한 강화입자로서는 SiC/Al-Ti 합금용탕 반응에 의한 TiC 입자 등이 있다. 단, 이 방법의 문제점으로는 반응의 균일화를 어떻게 행하는가, 즉 편석의 문제가 실용화의 과제로 된다고 생각된다.

13.3.2 제조공정

복합재료의 제조공정은 섬유강화 복합재료에 있어서는 본격적으로 양산 실용화되고 있는 것은 주조법이고, 입자강화 복합재에 있어서는 주조·분말야금·스프레이 포밍이 극히 일부 실용화되고 있지만, 대부분이 연구개발 중의 상황에 있다. 이후의 확대 사용에 있어서는 위에 서술한 것처럼, 이들의 제조법의 개량이 성공의 큰 한 가지 열쇠가 된다. 대체 재료로서 복합재료를 자동차에 적용하기 위해서는 성능, 생산속도 및 생산비 등을 포함하는 여러 요인을 서로 균형 있게 조절해야 한다. 예를 들 면, 항공·우주분야에서는 성능 향상이 요구 조건이지만 자동차 분야에서는 향상된 성능만이 반드시 가장 필요한 것은 아니다. 그 대신 부품의 생산속도 가 빠르고 생산비가 낮아 가격 면에서 유리해야 한다는 것이다. 자동차용 복합재료 부품은 각 단계에서 1분 이하의 소요시간으로 5분 이내의 전체 공정을 현재의 목표로 삼고 있다.

이와 같이 가격 면에서 유리한 복합재료를 개발하여 적용하기 위해서는 복합재료의 선정에서 짧은 제조(processing) 시간이 중요한 변수이다. 따라서 사출성형(injection molding), 압축성형(compression molding), 반응 사출성형(Reaction Injection Molding, RIM), 구조 반응 사출성형(Structural Reaction Injection Molding, SRIM), 인발 성형(pultrusion)과 수지 이송 성형(Resin Transfer Molding, RTM) 등 복합재료의 높은 재료값을 상쇄할 수 있는, 매우 빠르고 자동화된 제조 방법이 사용된다.

13.3.3 자동차용 복합재료

복합재료는 경량, 높은 무게비 강도 및 강성도, 내부식성, 내충격성, 좋은 피로 특성, 부품 일체화의 용이성 등의 우수한 장점을 가지고 있어, 우수한 재료 특성을 바탕으로 차량 경량화, 내부식성 및 충격, 진동 등의 성능 향상, 금형 가격의 절감 등을 위하여 차체 외판, 외장 부품, leaf spring 같은 기구부품 및 엔진부품 등에 적용하기 시작하여, 현재 그 사용이 증가하고 있는 추세이다.

자동차용 복합재료는 고분자 섬유기지에 유리섬유 혹은 탄소섬유와 같은 강화섬유(Reinforcement Fiber)가 보강된 것이 주로 사용되어 왔다. 이중에서 무작위 상태의 유리 단섬유로 보강된 고분자 복합재료(Randomly Oriented Chopped E-glass Fiber Reinforced Polymeric Matrix Composites)는 가격이 저렴하여 하중을 지지하지 않는 자동차의 부품에 널리 사용되어지고 있다. 장섬유(continuous fiber) 강화 고분자수지 복합재료는 비강도(specific strength)가 연강(SAE 1010) 혹은 고장력강보다(SAE 4340) 10배 이상의 강도를 가지고 있으나, 이들 장섬유 강화 복합재료는 재료의 가격이 비싸기 때문에 과거에는 자동차 부품에 많이 사용되지 않았다. 최근에 화석 에너지의 고갈에 따른 유류의 가격 인상과 이산화탄소 배출 규제에 따른 자동차 중량 감소의 압력 때문에 자동차 선진국을 중심으로 자동차의 하중 지지부분에 장섬유 강화 고분자수지 복합재료가 서서히 사용 영역을 넓히고 있다.

최근에는 미국, 일본의 자동차 업계에서 경량화 효과를 증대시키기 위하여 탄소섬유를 사용한 복합재료 부품의 사용을 추진 중에 있다. 예를 들면, 미국의 Ford 사에서는 100% 탄소섬유 강화 복합재료(CFRP: Carbon Fiber Reinforced Plastics) 시작차를 제조하여 SAEC(The Annual Society of Automotive Engineers Convention)에 전시하였다. 이 차의 연비는 같은 형의 Ford TD의 7.2㎞/l에서 9.7㎞/l로 향상되었다.

13.4 티탄합금

티타늄은 80% 이상이 순 티탄으로 건재나 플랜트 등에 사용되고 있다. 자동차의 사용은 첨가소재를 포함해 매우 적다. 합금강에 비해서 티탄합금은 약 40%가 가볍고, 강도는 합금강의 약 2배, 알루미늄 합금의 약 3배에 달한다. 티탄은 자동차의 경량화를 위한 재료로서 매력적이지만 사용이 되지 않는 원인은 가격에 있다.

이 티탄이 고가격인 이유는 정련공정이 전소비형으로 연속화가 곤란한 것, 금속티탄을 재용해하여 잉곳을 제조하는 공정으로 진공용해가 필요한데, 보통 공정에는 스크랩을 원료로 하는 리사이클 용해가 불가능한 것 등을 들 수 있다. 이후 기술개발 중에 위에서 서술한 과제가 해결되면 사용이 확대될 가능이 있지만, 이들의 기술해결이 곤란하여 당분간 자동차 재료로서 티탄은 레이스 등의 특별한 용도에 한정될 것이다.

13.4.1 순 티탄

순 티탄은 결정구조가 조밀 6방정으로 이것을 α상이라고 칭한다. 순 티탄의 기계적 성질은 산소와 철의 함유량에 따라 변화되기 때문에 3종류에 분류되어 있다. 순 티탄은 내식성에 매우 우수하지만 인장강도는 500MPa 정도이며, 자동차용 재료로는 더욱 강도가 요구되기 때문에 일반적으로는 합금화되어 사용된다.

13.4.2 $\alpha+\beta$형 티탄합금

티탄합금 중에 기계 구조용으로서 가장 일반적인 것이 Ti-6 Al-4V 합금이다. 이 합금은 위에서 서술한 α상과 체심입방정의 β상과의 혼합조직을 가지고 기계적 성질, 성형성, 용접성 등 우수한 합금이다. 이 합금은 일부의 레이서 자동차나 스포츠카의 엔진용 밸브, 밸브 리테이너, 커넥팅 로드에 사용되고 있다. 또한, 이 합금의 기계적 성질을 유지하면서 피삭성을 향상시키는 Ti-3 Al-2 V-0. 1S가 개발되어 있고, 스포츠카용 커넥팅 로드로 사용되고 있다.

13.4.3 β형 티탄합금

Mo, V, Nb, Fe, C, Ni 등의 합금원소를 첨가하면, 그 첨가량에 따라 β상의 양이 증가하여, β상 단상의 합금을 얻는 것이 가능하다. β상은 가공성이 우수하고, 또한 그 후의 시효처리에 의해 고강도를 얻는 것이 가능하기 때문에 기계 구조용으로서 각종 합금이 개발되고 있다. 예를 들면, Ti-3 Al-8 V-6 Cr-4 Mo-4 Zr(상품명 Beta C : RMI사)을 사용하여 밸브 스프링 시험을 할 때 90%의 냉간 선인이 가능하고, 그 후의 시효처리에 의해 약 500 Hv의 경도가 얻어지는 것이 보고되고 있다. β합금은 냉간 단조도 가능하며, 밸브 리테이너 시험 제조도 보고되고 있다.

13.5 비정질 금속

현재, 자동차를 시작으로 하는 공업 분야에 사용되는 주요재료의 한 가지가 금속재료이고, 이 금속재료의 구성상은 결정과 비정질, 그리고 준결정의 3종류가 있다. 비정질이나 준결정은 자연 상태에서 존재하지 않고 인공적으로 만들어진 상태이다.

비정질 상태를 만들기 쉬운 합금상이 수십 년 전에 발견되어 재료·특성의 연구가 행해졌고, 여러 가지 우수한 특성이 발견되었으며, 일부 공업재료로서 사용되고 있다. 다음에 비정질 합금의 성질과 제조법의 개요를 서술한다.

비정질 합금에는 2원계로서 i) 천이금속(Ni, Fe, Co 등) 또는 비금속(P, B, Si 등)과의 조합(Ni-P, Fe-B, Co-B, Nb-Si), ii) 천이금속 동종(Fe-Zr, Co-Zr, Cu-Zr), iii) 금속동종(Mg-Zn, Ca-Al),

3원계로서는 i) Fe-Si-B 등의 천이금속-반금속계 합금, ii) Fe-Co-Cd 등의 천이금속 동종의 합금, iii) Al-Ni-Mn 등의 전형금속-천이 금속계 등이 있다.

철계 합금은 고강인성 재료, Fe, Co, Ni계 재료는 자성재료, Fe-Cr계 합금은 고내식성, Ti, Zr계 합금은 수소 저장재료, Nb, Mo계 합금은 초전도 재료로서 사용되고 있다. 제조방법으로서는 급랭법과 가스에 의해 생성하는 방법이 있고, 그 밖에 세 가지가 있다.

급랭방법은 냉각되어진 드럼이나 디스크에 금속용탕을 급랭하여 비정질을 얻는 것이다. 이외에 있어서는 무전해 도금법이 있다. 최근에는 비정질 상을 일부 결정화하여 나노 입경의 결정상과 잔류 비정질 상으로부터 나노 혼합 상이 얻어지고 있고, 이것이 비정질 단일재료나 결정재료에는 얻어지지 않는 우수한 특성을 나타내는 것이 확인되어 연구가 계속되고 있다.

비정질 합금은 강도, 내식성, 자기성, 이외의 것을 생성한 실용화나 검토가 있다. 더욱이 제조상의 제약으로부터 작은 부재에 응용은 한정되어 있다.

13.6 고기능 표면처리

종래의 표면처리는 철강의 침탄이나 질화로 대표되는 열처리나 도금으로 대표되는 표면의 화학적 밀착이 주류였다. 이들 방법은 사용기재의 재료가 제한되거나 경화층이 두텁게 되지 않는 등의 문제가 있다. 그러나 최근 전자빔이나 레이저 빔 등으로 고밀도 에너지를 이용하여 모재를 부분적으로 개질하는 방법이 검토되어 실용화되고 있다. 다음에 이들의 실용화한 예를 소개한다.

디젤용 피스톤 링의 내마모성 향상을 위해 모재인 알루미늄 합금 AC8A를 재용융 가공하면서 구리를 첨가한 것으로, $CuAl_2$의 경질입자를 정출시켜 내마모성을 향상시키고 있다. 이 방법에 의한 것은 내마모성이 얻어질 뿐만 아니라 열전도가 좋아져서 성능향상에 기여하고 있다. 그리고 엔진 실린더 헤드의 밸브 시트 사이에 이 기술을 이용하여 조직을 미세화하고 연소실 표면에 균열이 발생하는 것을 방지한다. 그러나 어느 쪽의 방법도 진공 중이나 가스 중의 처리이며 비용 문제로 대폭적인 적용확대는 현재에도 이루어지지 않고 있다. 앞으로 비용절감의 기술이 개발되면 적용이 확대될 가능성이 있다.

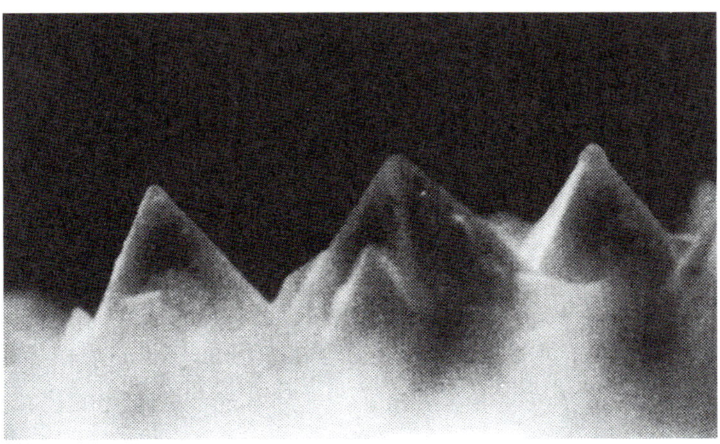

그림 13.2 메탈 표면 형상

한편, 도금기술에 있어서도 전성 조건을 제어하여 석출층의 결정 방향성을 제어하는 것이 확인되어(그림 13.2) 마모 특성, 특히 내소부성이 향상되는 것이 확인되었다. 이 결정방향성 제어기술은 마모 특성을 향상시킬 수 있는 가능성이 있기 때문에 앞으로 응용발전이 주목된다.

저자 소개

김순경 동의과학대학교 자동차계열

김운회 대덕대학교 자동차학과

박재우 경남정보대학교 자동차과

이진우 동의과학대학교 자동차계열

자동차 **재료공학**

발 행 일 • 2016년 2월 29일
수정발행 • 2017년 7월 30일

저 자 • 김순경 · 김운회 · 박재우 · 이진우
발 행 자 • 최봉조
발 행 처 • 진샘미디어
주 소 • 서울특별시 은평구 연서로5길 28
부호아파트 102동 상가 5호
전 화 • 02)353-4421
F A X • 02)353-4431

Home-page • www.jinsaem.co.kr
신고번호 • 제311-2005-000025호
I S B N • 979-11-85504-58-2 93550

정가 20,000원